音遊び！ Blackfin DSP基板で ディジタル信号処理体験 初

24ビット・オーディオCODEC搭載

エフェクト・プログラムで楽器サウンド自由自在！

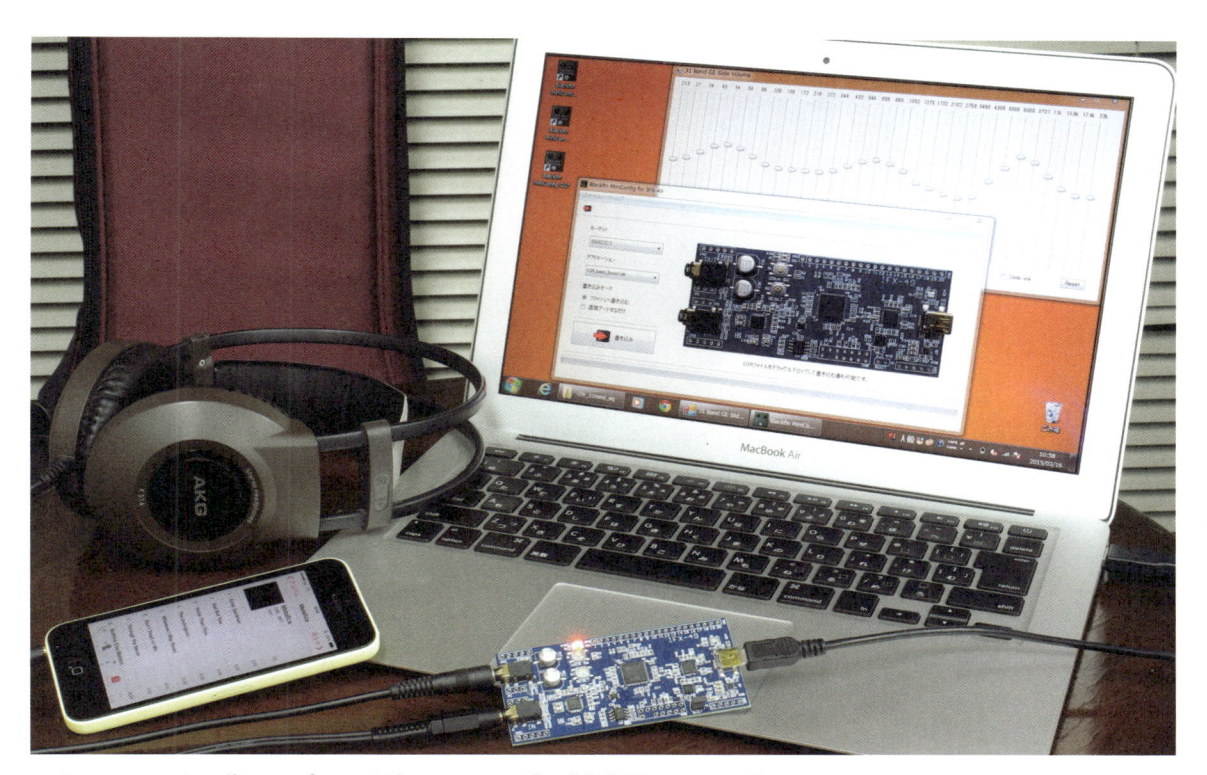

イコライザ・プログラムで自分好みの音に！

特製基板でディジタル信号処理ざんまい!

● 付属DSP基板「IFX-49」

400MHz動作の"Blackfin" DSP ADSP-BF592

オーディオ用A-D/D-Aコンバータ&入出力端子付きですぐに試せる!

24ビット96kHzオーディオ用A-D/D-AコンバータADAU1361

● エフェクタ開発プラットホーム基板も用意しました(オプション)

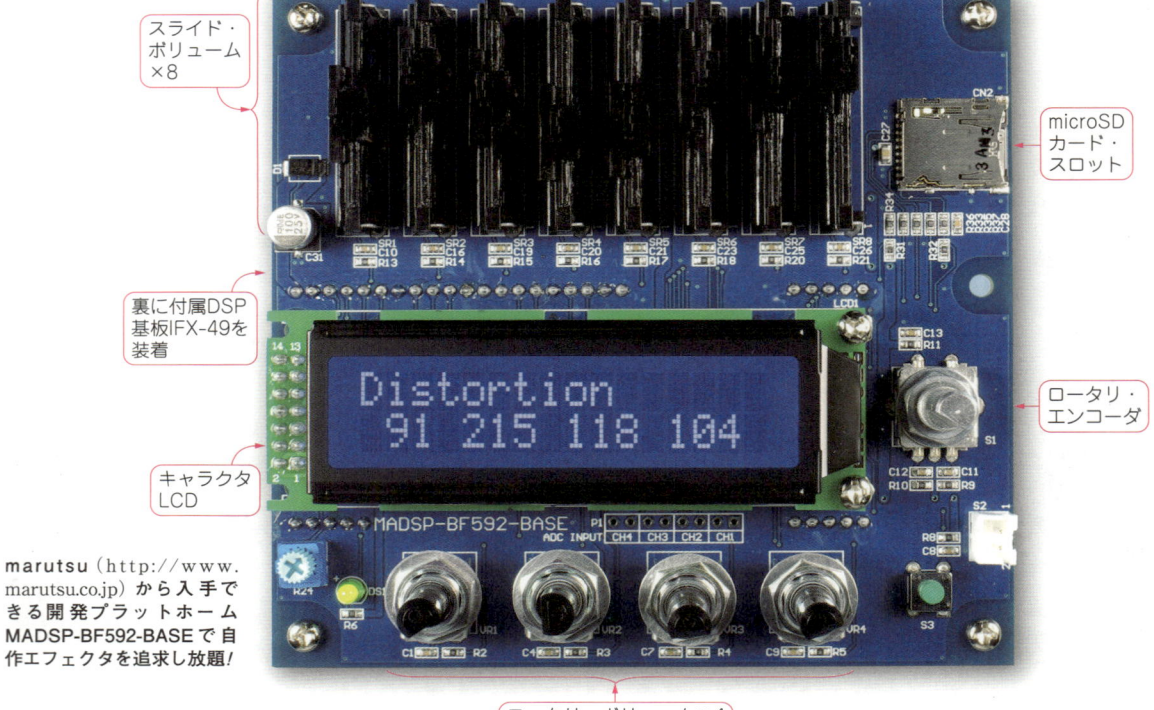

スライド・ボリューム×8

microSDカード・スロット

裏に付属DSP基板IFX-49を装着

ロータリ・エンコーダ

キャラクタLCD

marutsu(http://www.marutsu.co.jp)から入手できる開発プラットホームMADSP-BF592-BASEで自作エフェクタを追求し放題!

ロータリ・ボリューム×4

トライアルシリーズ

歪み系/イコライザからディレイ/
モジュレーションまで！

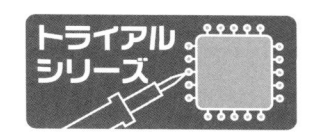

音遊び！
Blackfin DSP基板で
ディジタル信号処理初体験

24ビット・オーディオCODEC搭載

金子 真也 / 祖父江 達也 / 中村 晋一郎 / 坂口 純一 著

400MHz動作
"Blackfin" DSP
ADSP-BF592

USB cable

Guitar

Amplifier

24ビット96kHz
オーディオ用D-A/
A-Dコンバータ
ADAU1361

Amplifier

To Guitar

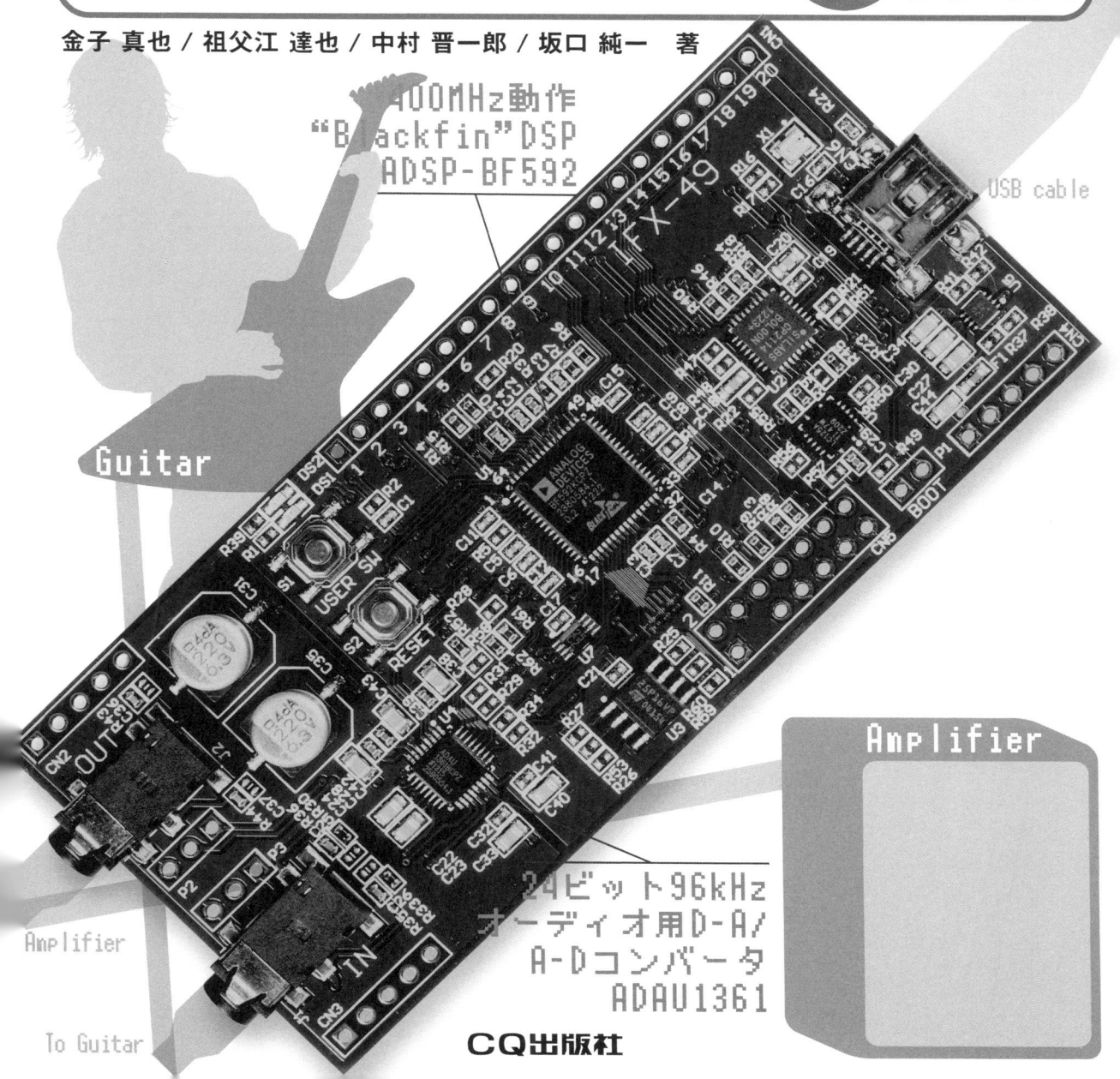

CQ出版社

目 次

特製基板でディジタル信号処理ざんまい！ …………………………………………………… II
付属CD-ROMについて …………………………………………………………………………… 6

第1章 オーディオ回路完備で音を自由自在！ アルゴリズム試し放題
Blackfin DSP基板でディジタル信号処理に挑戦　金子 真也 ……………… 7

信号処理って何だ？ …………………………………………………………………… 7
付属基板でディジタル信号処理に挑戦！ …………………………………………… 8
信号処理プロセッサ「DSP」 ………………………………………………………… 10

第2章 高速演算向きレジスタ構成/メモリでバッチリ！
信号処理に欠かせない工夫が盛りだくさん！
Blackfinプロセッサ　祖父江 達也 ………………………………… 13

こんなプロセッサ …………………………………………………………………… 13
DSP付属基板搭載！ BF592の特徴 ………………………………………………… 14
DSPが高速演算できるしくみ ……………………………………………………… 16
DSPのソフトウェア実行 …………………………………………………………… 18

第3章 ピンをショート，基板を接続，ドラッグ＆ドロップの3ステップ
本書特製！ プログラム書き込みツールの使いかた　中村 晋一郎 ……… 20

超簡単！ 3ステップでプログラム入れ替え ……………………………………… 20
準備1…ツールチェーンのインストール …………………………………………… 21
準備2…フラッシュROM書き込みツールのインストール ……………………… 25
書き込みツールBlackfinMiniConfigの使いかた ………………………………… 28
Blackfinプロセッサのブート・メカニズム ……………………………………… 30

Appendix 1 より使いこなすためのヒント
プロセッサに欠かせないフラッシュROMのしくみ　中村 晋一郎 …………33

Appendix 2 バッチ・ファイルで書き込みを効率よく
コマンドラインで本格プログラミング　中村 晋一郎 ……………………………35

第4章 信号処理を書き換えるだけのひな形を用意しました
全28種類！ 専用エフェクト・プログラム　金子 真也 ………………………39

第5章 ちょいと面倒だけどDSPの性能をフルに引き出せる
高速演算に必須！ 固定小数点プログラミング　金子 真也 ……………43

固定小数点と浮動小数点 …………………………………………………………… 43
固定小数点 …………………………………………………………………………… 43
信号処理で使われる固定小数点形式 ……………………………………………… 44
固定小数点を計算するには ………………………………………………………… 44

Appendix 3　あると便利！変換コネクタやUSB給電アダプタ
Myエフェクト開発前にそろえておきたい機材　編集部　……………46

第6章　高い周波数域をカット！ベース・ブーストにチャレンジ
足し算と平均だけのシンプルな移動平均フィルタを試す　金子 真也……………47
- 信号処理の効果を初体験　47
- 信号処理の基本…フィルタ　47
- しくみ　49
- プログラムにしてみる　50
- ベース・ブーストに改造する　52

第7章　ディジタルだからこそ！アナログにないキレ味バツグンのイコライザ
設計ツールでスパッと！FIRフィルタを作る　金子 真也　……………55
- 移動平均フィルタの弱点　55
- FIRフィルタとは　56
- FIRフィルタを設計してみる　57
- FIRフィルタをプログラムする　58
- フィルタを改造してみる　60
- ベース・ブーストにトライ！　61

第8章　安定させればしめたもの！フィードバック構造でアナログ感を出せるベース・ブースト
計算量が少なく実用的！IIRフィルタを試す　金子 真也　……………65
- こんなフィルタ　65
- IIRフィルタ係数を計算してみる　65
- IIRフィルタの伝達関数　68
- 実験1…直接形の伝達関数を試す　69
- 実験2…縦続形の伝達関数を試す　71

第9章　Excel&アセンブラで限界にチャレンジ！21.5Hz～22kHzまでをコントロール
IIRフィルタを直列！31チャネル・グラフィック・イコライザ　金子 真也…75
- こんな製作物　75
- 使用するフィルタ　76
- フィルタ係数の設計　78
- プログラムの作成　80
- 実験結果　84

第10章　250msの時間差で音を出力！反射音もシミュレートできる
19.2Kバイトのメモリに貯めて遅延操作！ディレイ／リバーブ　金子 真也…85
- こんな信号処理　85
- 予備検討　86
- ディレイのプログラム　87
- 動かしてみる　87
- リバーブのプログラム　88

Appendix 4
スイッチでエフェクト切り替え＆ロータリ・ボリュームで効きを調節
これぞ自作！ コンパクト・マルチ・エフェクタの製作　金子 真也 …………… 90

第11章
周波数発振器LFOと原音を乗算して周期的に出力の強弱をつける
正弦波を生成してコントロール！ 左右のチャネル音量を自動的に変えるオート・パン　金子 真也，坂口 純一 …………… 91
- こんな信号処理　91
- 正弦波発振器のプログラム　93
- オート・パンのプログラム　96
- 実験結果　98

第12章
原音に乗算する正弦波の帯域を変えるだけ！ オート・パンのプログラムをちょこっと改造
AM変調で音量や音程を変える！ トレモロ／リング・モジュレータ　金子 真也 …………… 99
- トレモロの信号処理　99
- トレモロのプログラム　100
- 応用…リング・モジュレータ　101

第13章
出力サンプリング速度を変えて音程をゆらす！ 補間でよりなめらかに
FMラジオと同じ周波数変調を試す！ ビブラート　金子 真也 …………… 104
- こんな信号処理　104
- プログラム　105
- 動かしてみる　107

第14章
サッと試せる！ ビブラートのプログラムをちょこっと改造するだけ
変調信号を原信号に加算して音を多重化！ コーラス　金子 真也 …………… 109
- こんな信号処理　109
- プログラム　109

第15章
音量に合わせて中心周波数をうねうね！ 低域と高域をカットして特徴的に
係数を動的に変える便利なフィルタを試す！ オート・ワウ　金子 真也 …………… 110
- こんな信号処理　110
- 状態変数型フィルタSVF　111
- プログラム　112
- 動かしてみる　114

第16章
アセンブラ命令で高速クリップ！ オーディオでは使わない「ひずみ」に挑戦
ゲインを過剰に上げてフィルタでなめらかに！ ディストーション　金子 真也 …………… 117
- こんな信号処理　117
- プログラム　118
- 改造する　119

第17章 オート・ワウ／ディストーション／リバーブの3段構成！パソコンからパラメータを調整できる
音の特性を可変！マルチエフェクタに挑戦　金子 真也 …………………… 122
- ステップ1…そのまま連結してみる …………………………………………… 122
- ステップ2…使いやすく改造する ……………………………………………… 122

第18章 ボリューム，スライド・スイッチ，ロータリ・エンコーダ，液晶，microSDスロットでパワーアップ！
持ち運び放題！専用拡張基板で作る
グラフィック・イコライザ　金子 真也 ………………………………………… 127
- 拡張基板の構成 ………………………………………………………………… 127
- 7バンド・グラフィック・イコライザを作って試す ………………………… 128
- タイマ割り込み ………………………………………………………………… 131
- LCDの使い方 …………………………………………………………………… 131
- ロータリ・エンコーダの使い方 ……………………………………………… 131

- 参考文献 ………………………………………………………………………… 133
- 著者略歴 ………………………………………………………………………… 133

付属CD-ROMについて

■ コンテンツ
- 本書で紹介するサンプル・プログラム一式
- Blackfin用コンパイラGCC（blackfin-toolchain-win32-2014R1.exe）
- 書き込み用ソフトウェア（Blackfin Miniconfig）
- フィルタ設計ソフトウェア
- エフェクト・サンプル音源

　詳細は本書の第4章（p.39〜），および付属CD-ROM内readme.txtをご覧ください．Mac OS Xを使ってプログラム開発する方法については，本書サポート・ページ（http://www.kumikomi.net/interface/contents/ifx49.php）をご覧ください．

■ 注意事項
- 本CD-ROMに収録してあるプログラムの操作によって発生したトラブルに関しては，著作権者，収録ツール・メーカ各社ならびにCQ出版株式会社は一切の責任を負いかねますので，ご了承ください．
- 本書に収録の記事，回路図，基板，搭載のICや各電子部品の使用によって発生したトラブルに関して，著作権者，メーカ各社ならびにCQ出版株式会社は，いっさいの責任を負いかねます．またメーカ各社は，記事掲載の全ての基板，それらの基板搭載のICや各電子部品についてのご質問やご要望などについては，いっさい受け付けをいたしませんので，ご了承ください．
- 本CD-ROMに収録してあるプログラムやデータ，ドキュメントには著作権があり，また産業財産権が確立されている場合があります．したがって，個人で利用される場合以外は，所有者の承諾が必要です．また，収録された回路，技術，プログラム，データを利用して生じたトラブルに関しては，CQ出版株式会社ならびに著作権者は責任を負いかねますので，ご了承ください．
- 本CD-ROMに収録してあるプログラムやデータ，ドキュメントは予告なしに内容が変更されることがあります．
- 本CD-ROMのプログラムおよびデータ，ドキュメントは，CQ出版株式会社が各著作権者から許諾を得て収録したものです．これらの転載，複製には許可が必要です．

本書サポート・ページについて

　本書の補足情報やFAQ，参考資料はサポート・ページに掲載しています．
http://www.kumikomi.net/interface/contents/ifx49.php

第1章 オーディオ回路完備で音を自由自在！アルゴリズム試し放題

Blackfin DSP基板でディジタル信号処理に挑戦

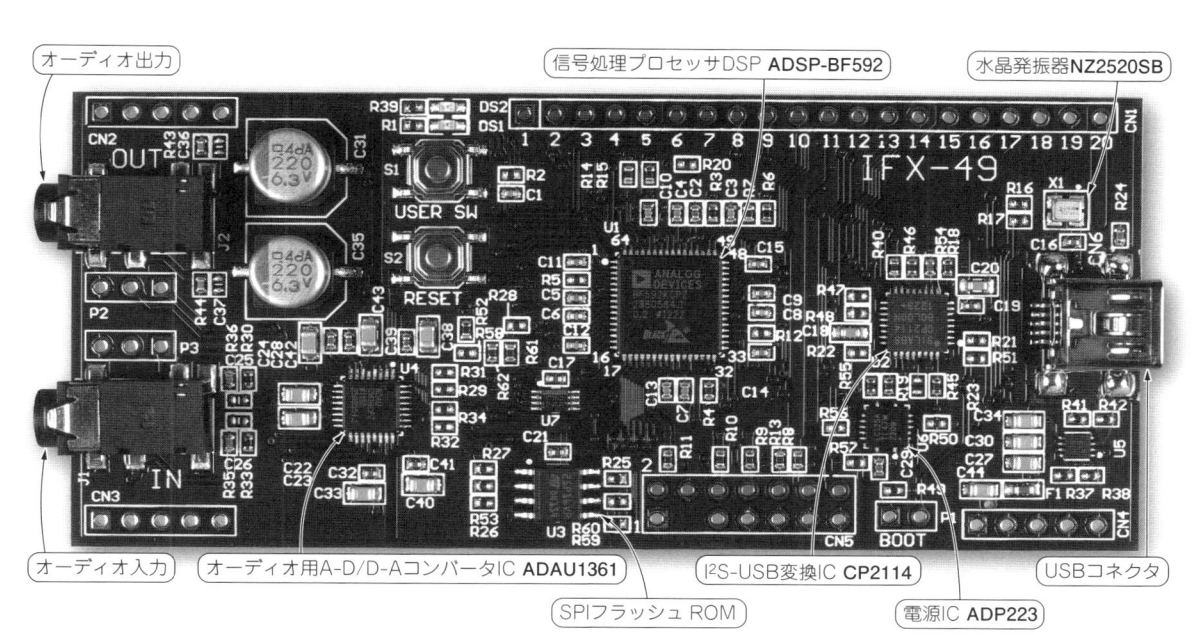

写真1 DSP付属基板「IFX-49」でディジタル信号処理にチャレンジ！

図中ラベル：
- オーディオ出力
- 信号処理プロセッサDSP ADSP-BF592
- 水晶発振器NZ2520SB
- オーディオ入力
- オーディオ用A-D/D-AコンバータIC ADAU1361
- SPIフラッシュROM
- I²S-USB変換IC CP2114
- 電源IC ADP223
- USBコネクタ

● 音を加工するプログラムでディジタル信号処理を試してみよう！

本書では，オーディオや楽器用エフェクタのプログラムを実装して遊びながら，ディジタル信号処理を体験していきます．

本書の付属基板「IFX-49」(**写真1**)は，信号処理用プロセッサ「DSP」や，オーディオ用A-D/D-Aコンバータを搭載しています．音を加工するプログラムを作れば，音を自由自在に変えることができます．

プログラムをパソコンで作ったら，DSPに書き込むだけです．書き込み用ソフトウェアやサンプル・プログラムは付属CD-ROMに収録してあり，すぐに試せます．

本書で試せるプログラムを**表1**に示します．これらのプログラムをとりあえずそのまま試したり，自分流にアレンジしたり，楽しみ方はみなさん次第です．

信号処理って何だ？

● 電気信号を加工して取り出す技術

信号処理とは，**図1**のように音声や画像，センサの情報などいろいろな信号を数学的に処理して加工・変化させることです．

例えば音声信号に対して，高い周波数をカットするローパス・フィルタや，低い周波数をカットするハイパス・フィルタなどを使い，欲しい信号を取り出します．

● 回路やプログラムで実現する

信号処理は，大きく分別すると，アナログとディジ

表1 本書で試せる信号処理プログラム

信号処理	サンプル・プログラム
移動平均フィルタ/FIRフィルタ	ベース・ブースト
IIRフィルタ	31バンド・グラフィック・イコライザ
遅延器（メモリ）	ディレイ
	リヴァーブ
sin関数	オート・パン
AM変調	トレモロ，リング・モジュレータ
FM変調	ビブラート，コーラス
状態変数型フィルタ（SVF）	オート・ワウ
波形のクリップ	ディストーション
おまけ機能	USBヘッドホン・アンプ，マルチ化

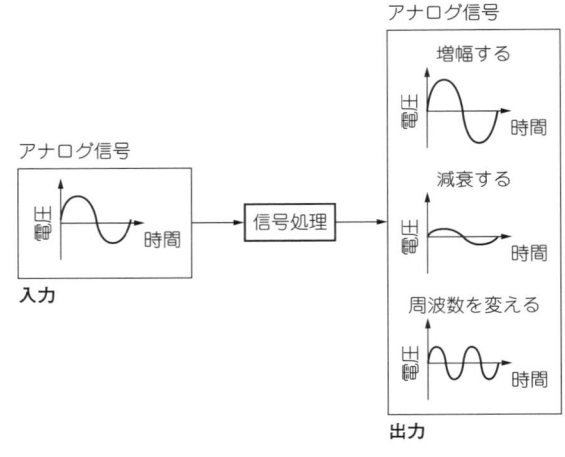

図1 信号処理＝信号を加工して取り出す技術

タルに分かれます．

アナログ信号処理は，図2のようにセンサやマイクを使って音声や振動などの物理現象を電気信号に変換し，電子回路によって目的の信号に変換したり，目的の信号に加工したりします．

ディジタル信号処理は，図3のようにセンサの電気信号をA-Dコンバータによってディジタル値に変換し，マイコンや，ディジタル信号処理に特化したプロセッサなどで計算を行うことで実現します．

アナログ，ディジタルどちらも数学的な理論による処理が基本となりますが，アナログ信号処理の場合は電子部品，ディジタル信号処理はプロセッサによる演算が実現手段となります．

● 信号処理用のプロセッサ「DSP」

信号処理には，DSPと呼ばれるプロセッサが使われます．DSPはDigital Signal Processorの略で，そのものズバリ，信号処理用プロセッサという意味です．

付属基板でディジタル信号処理に挑戦！

● オーディオ信号処理をすぐに試せる構成

付属基板IFX-49は，DSP「Blackfinプロセッサ」を

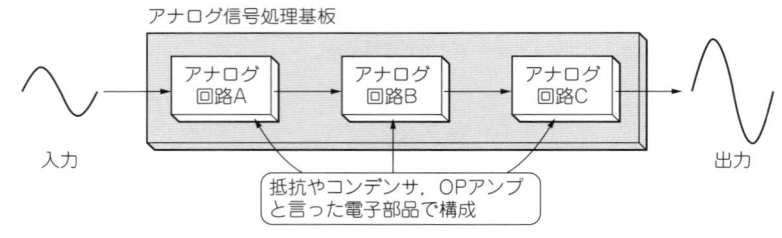

図2 抵抗やコンデンサなどの電子部品を組み合わせたアナログ回路で信号を加工する

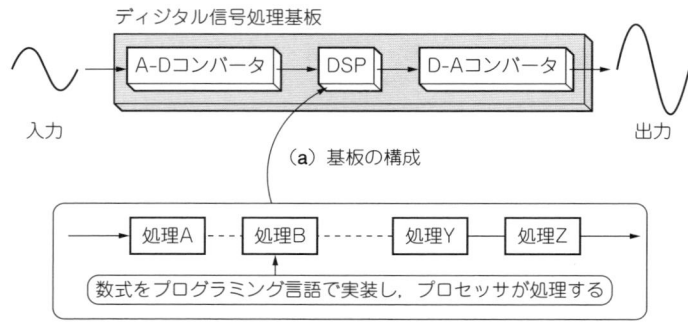

図3 ディジタル信号処理はプログラムに書いた加工する内容をプロセッサが処理する

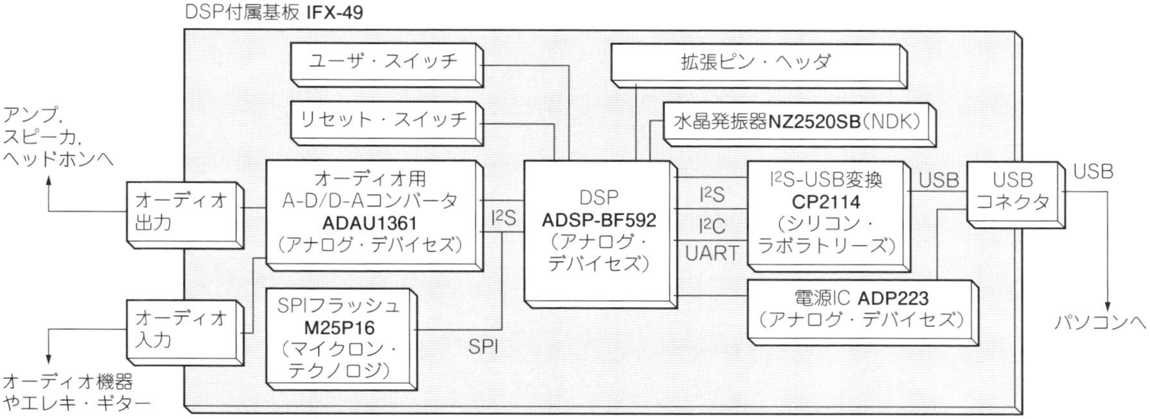

図4 信号処理用DSPとオーディオ回路を搭載！付属基板「IFX-49」基板の構成

中心に，図4のように構成しています．仕様を表2に示します．オーディオ信号を使って信号処理をすぐに試せるハードウェアです．

搭載されている主なICは以下です．
- DSP：Blackfinプロセッサ ADSP-BF592
- A-Dコンバータ/D-AコンバータIC：ADAU1361
- メモリ（SPIフラッシュROM）：M25P16
- I²S-USB変換IC：CP2114
- 水晶発振器：NZ2520SB（49.152MHz品）
- 電源IC：ADP223

● 音声信号の入出力

オーディオ機器やギターのケーブルからの電気信号（アナログ）は，オーディオ入力ジャックから入力され，A-Dコンバータでディジタル値に変換されます．その信号がI²S通信でDSPに入力されます．DSPで処理を行い，D-Aコンバータでアナログ値に変換，オーディオ出力ジャックから出力されます．

DSPは，SPIフラッシュROMとI²S-USB変換ICに接続されています．SPIフラッシュROMには信号処理プログラム（ファームウェア）を書き込みます．I²S-USB変換ICは，パソコンからプログラムを書き込んだり，USBオーディオ・データを取り込んだりするためのものです．

● ディジタル信号処理の心臓部！Blacfkinプロセッサ

Blackfinとは，16ビットの固定小数点DSP命令を備えた32ビットRISCプロセッサです．低消費電力性と演算性能が高いため，オーディオ機器，工業製品やバッテリ駆動の計測器によく採用されています．アナログ・デバイセズとインテルが共同開発し，アナログ・デバイセズが製造・販売しています．

特に，A-DコンバータやD-Aコンバータと直結できるI²SやI²Cなどのインターフェースを備え，DMAチャネルが多いため，ディジタル信号処理の中でも音声信号処理用途に向いています．

特徴は以下の通りです．
(1) 演算性能が高い
(2) ハーバード・アーキテクチャで，コア・クロックと同じクロックで高速内蔵SRAMを動かせる（キャッシュとしても利用可能）
(3) 多チャネルのペリフェラル-メモリ間DMAを搭載
(4) 複数チャネルのメモリ-メモリ間DMAを搭載
(5) オーディオ向けのA-Dコンバータ/D-Aコンバータと接続に便利なI²Sに対応するシリアル・ポートやパラレル・ポートを搭載
(6) アナログ・デバイセズ社純正コンパイラVisual DSP++やCrossCore Embedded Studioで最適化を行うとプログラム・サイズをとても小さくできる
(7) 低消費電力

表2 DSP付属基板IFX-49の主な仕様

項目	仕様
型名	IFX-49
プロセッサ	ADSP-BF592（アナログ・デバイセズ），最高動作周波数400MHz注，インストラクションRAM32Kバイト，データRAM36Kバイト
SPIフラッシュROM	M25P16（マイクロン），16Mビット
A-D/D-A変換	ADAU1361（アナログ・デバイセズ），最大96kHzサンプリング
I²S-USB変換	CP2114（シリコン・ラボラトリーズ）
水晶発振器	NZ2520SB（日本電波工業），49.152MHz
インターフェース	オーディオ入力，ヘッドホン出力，オーディオ出力，SPI×1，I²C（IFX-49をUSB-DACとして使用時の同時使用は不可），USB 2.0

注 サンプル・プログラムでは393.216MHzで動作

表3 信号処理向けの回路を内蔵! ADSP-BF592の仕様

項目	詳細
型名	ADSP-BF592
コア・クロック	最高400MHz
コア機能	RISCライク命令セット 16ビット・デュアルMAC 40ビット・デュアルALU メモリ保護ユニット（MPU）など
内蔵インストラクションRAM	32Kバイト
内蔵データRAM	36Kバイト
内蔵インストラクションROM	64Kバイト（※書き換え不可） 標準ライブラリやDSP関数を内蔵
SPORT（高速シリアルI/F）	2チャネル
PPI（高速パラレルI/F）	1チャネル
SPI	2チャネル
UART	1チャネル
I²C	1チャネル
ペリフェラルDMA	9チャネル
メモリ間DMA	2チャネル
I/Oピン数	32ピン
チップサイズ	9×9mmのLFCSPパッケージ

表4 A-Dコンバータ/D-AコンバータIC ADAU1361の主な仕様

項目	仕様
型名	ADAU1361
A-D変換 SNR	98dB
D-A変換 SNR	98dB
量子化ビット数	24ビット
インターフェース	データ用：I²S，制御用：I²C/SPI
PLL	内蔵
アンプ	プログラマブル・ゲイン・アンプ，ヘッドホン・アンプ

今回は，Blackfinの中でも安価で小さいADSP-BF592を使用しました．ADSP-BF592の仕様を表3に示します．

● 音声信号には欠かせない! A-D/D-Aコンバータ

A-Dコンバータ/D-AコンバータIC：ADAU1361は，オーディオ・コーデックICと呼ばれるものです．ADAU1361の主な仕様を表4に示します．

24ビットのA-Dコンバータ回路と，24ビットのD-Aコンバータ回路を搭載しています．サンプリング周波数は96kHzまで対応しています（サンプル・プログラムでは48kHzで処理）．

このICには，ヘッドホン・アンプ回路も搭載しています．本書では詳しい使いかたは省略しますが，DSP付属基板はヘッドホン・アンプとしても使えます．

信号処理プロセッサ「DSP」

● DSPはマイコンとほぼ同じ

実は，信号処理を得意とするDSPと，PICやAVRといった電子工作におなじみな汎用マイコンとの間には，極端に大きな違いがありません．メモリに保存されているバイナリ・コードを読み込み，実行し，結果をメモリやI/Oに保存する，両者ともこの一連の処理を繰り返すだけです．開発手順にもほとんど違いはな

く，C言語やアセンブラなどで書かれたソース・コードをコンパイラがビルドし，プロセッサにプログラミングします．

● 信号処理用の演算命令やメモリ転送に工夫がある

それでは何が違うのかというと，一番の違いは信号処理用に最適化されているかどうかです．DSPでは1サイクルでメモリから複数のデータをロードしたり，複数の乗算・加算が同時にできたりと演算用の命令が多く，データ転送するためのDMAの数が多いなど，演算を短い時間で終わらせるための機能が豊富です．その分，汎用マイコンにはない制約があったり，DSPの能力を引き出すためにそれなりの知識と経験が必要なこともあります．

▶演算時間を短く終わらせられないと…

信号処理では処理時間の制約を大きく受けます．汎用マイコンではms～μs単位の時間で一連の処理をこなしますが，DSPに要求される処理は，μs～nsというもっと小さな時間処理で処理を終わらせなければならないことも多くあります．

例えば，図5のようにエレキ・ギターとスピーカが接続されているシステムで，DSPが信号処理を行っているとします．ギターの弦の振動をピックアップで電気信号に変換し，DSPの処理を経てスピーカから再生しますが，信号処理に時間がかかっていると，ギターのピッキングとスピーカの再生に間が空くことになり，非常に違和感があります．

ディジタル信号処理は，図5のようにA-D変換，プロセッサの処理，D-A変換を経て電気信号として出力されます．プロセッサが信号処理に時間がかかっていると，図6のようにA-Dコンバータから送られてくるサンプリング・データがあふれて処理できなくなり，システムとして成り立たなくなります．

● 信号処理の要：乗算と加算演算用の「MAC」命令

ディジタル信号処理では，処理の中に乗算と加算が頻繁に出てきます．逆に乗算と加算のみで完結するこ

とも少なくありません．そこで，DSPでは，乗算と加算が一つにまとまった命令が用意されています（最近のマイコンでも搭載されている）．この命令は，Multiply and Accumlationの頭を取ってMACと呼ばれ，以下の式で示されます．

C+=A・B

MAC命令があるというだけで処理能力が極端に上がるわけではありませんが，信号処理では非常に便利な命令です．

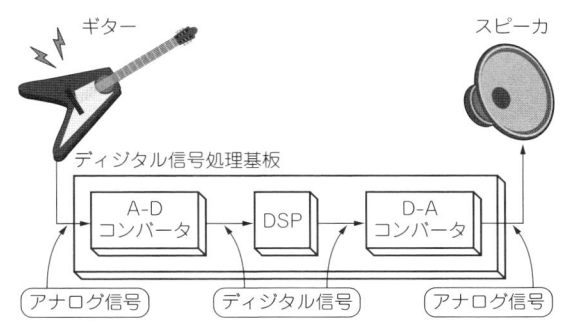

● 「DMA」でコアを処理に専念させる

BlackfinによらずDSPではDMAの数が多く搭載されています．DMAとは「Direct Memory Access」の略で，プロセッサがI/Oをポーリング（定周期で処理を行う）しなくても，専用の回路でI/Oまたはメモリからデータを転送する機能です．

DSPでは，各通信ペリフェラルに対して送信と受信の2個以上のDMAを備えていることも珍しくあり

図5 ギターを使った信号処理システム

コラム1 オーディオだけじゃない！ DSPが得意な分野

● 通信機器や工業用機械に向いている

DSPのメリットを挙げてきましたが，マイコンでも処理能力が十分あれば，DSPを使わずとも信号処理を行うことは可能です．一般的にマイコンよりDSPのほうが高価なので，コストの制約がきつい民生品では，癖のあるDSPは採用されにくいのも確かです．

DSPが一番能力を発揮できるのは，コストの制限が比較的緩く，計算量が非常に多くてマイコンでは処理が追いつかないような，高速な通信機器や工業用機械などです．

● 安全を担保すると演算量が増える

特に，工業機械では安全を重視するため，安全性を担保するために演算量が民生品の数倍になるケースがあります．

安全性を担保する図Aのようなシステムでは，各センサ1個に対して，必ず複数のA-Dコンバータがついています．これは，A-Dコンバータ1個だけではA-Dコンバータ自身の故障を検知できないためです．またD-Aコンバータで出力したアナログ信号を再度A-Dコンバータで取り込んで，D-Aコンバータから正しい信号を出力しているか常時確認します．場合によっては，DSPや電源も二重になっており，ほかのDSPとデータ交換をしながら，演算結果まで一致するかDSP同士で監視します．

こういう安全面を配慮した構成になると，演算量が極端に増えます．また，処理時間に対する制限も多くなり，マイコンでは処理が追いつかなくなります．信号処理はDSPに専念させ，他の処理はマイコンで制御というように，処理の範囲を明確に分ける場合もあります．

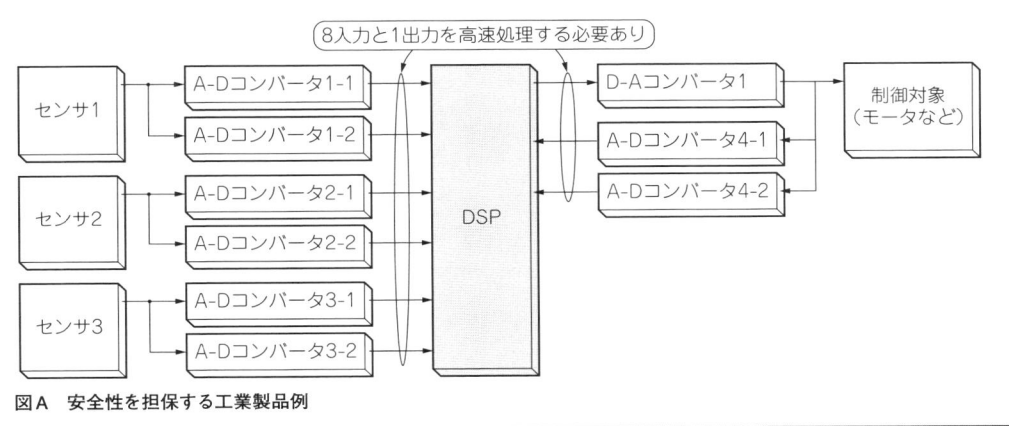

図A 安全性を担保する工業製品例

信号処理プロセッサ「DSP」　11

図6 A-D変換−信号処理−D-A変換を高速回転！プロセッサの処理が間に合わないと全体が成立しなくなる

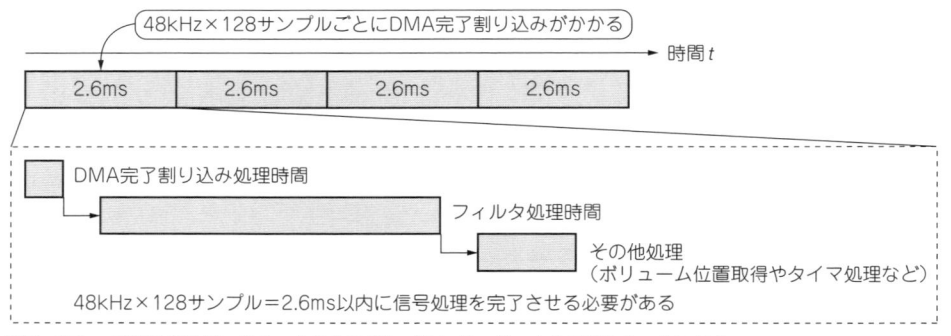

図7 2.6msの間に128個×2チャネル分のサンプリング・データを処理しないといけない

ません．例えば，UARTやSPIに対してもDMAが備わっています．この機能のおかげで，プロセッサは通信に関わる処理コストを消費することなく，処理に専念できるわけです．

本書付属のCD-ROMに格納してあるDSP付属基板のサンプル・コードでもDMAを使用しています．A-DコンバータおよびD-Aコンバータからの送受信データを，DMAを使ってデータ転送しています．

DMAは常時動作しており，一定数転送を完了すると，転送完了通知として割り込みがかかります．今回は，A-DコンバータおよびD-Aコンバータのサンプリング・レートが48kHzで，DMAで128個×2チャネル（ステレオ）分転送したら，DMA転送完了割り込みがかかるしくみとしています．割り込みがかかる間隔は，次の式で算出できます．

1チャネル当たりのDMA転送数/サンプリング周波数
=128/48000=2.666666…ms

これは，図7のようなイメージです．この2.6msのブロックの間に，128個×2チャネル分のサンプリング・データを処理する必要があります．

このように，DSPでは信号処理の演算時間を短くする工夫がされています．それでは，付属基板を使って，音の加工をしながら信号処理DSPに触れてみましょう．

> **コラム2 ちょっと前のDSPはint, short, char型の大きさがすべて同じだった**
>
> ひと昔前のDSPのアーキテクチャには癖があるものがあり，扱いにくいものでした．
>
> 例えばアナログ・デバイセズのSHARCプロセッサの場合，C言語の型であるint, short, charのサイズがすべて同じです．32ビット・マイコンでは，sizeof(char)=1, sizeof(short)=2, sizeof(int)=4ですが，SHARCの場合はすべて1となります．これはSHARCが扱うメモリ・サイズを同じにしてアーキテクチャを最適化し，高速転送できるように工夫された結果です．逆にいうと，メモリの使用効率が悪く，命令が多いために命令長も固定で長くなります．
>
> こういった制約はプロセッサの癖として表れ，扱いにくいと敬遠される原因になっていました．最近のDSPでは制約は薄れ，ほとんどマイコンと同じ感覚で使えます．逆に最近のマイコンは，DSPが得意とする演算命令を追加されることがあり，マイコンとDSPの境目が薄まってきています．

第2章 高速演算向きレジスタ構成/メモリでバッチリ！

信号処理に欠かせない工夫が盛りだくさん！ Blackfinプロセッサ

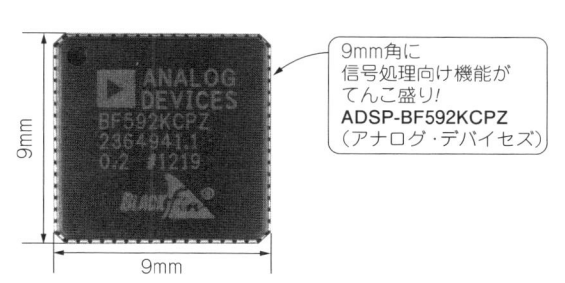

写真1 信号処理のキー・デバイス！ Blackfinプロセッサ ADSP-BF592

9mm角に信号処理向け機能がてんこ盛り！
ADSP-BF592KCPZ（アナログ・デバイセズ）

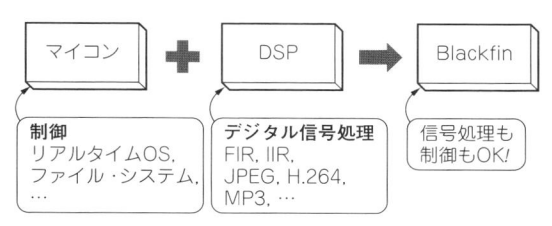

図1 ディジタル信号処理とマイコンが合体！ Blackfinプロセッサ

マイコン（制御：リアルタイムOS，ファイル・システム，…） ＋ DSP（デジタル信号処理：FIR, IIR, JPEG, H.264, MP3, …） → Blackfin（信号処理も制御もOK！）

DSP付属基板の心臓部である信号処理用プロセッサ「Blackfin」について解説します．付属基板に搭載されているのは，Blackfinファミリのうち，「ADSP-BF592（以下，BF592）」という品種です．BF592の外観を写真1に示します．

こんなプロセッサ

● ワンチップで信号処理と制御ができる

Blackfin DSPは，柔軟性の高い16/32ビットのプロセッサです．信号処理をしながら，ファイル・システムを通してSDカードにデータを書き込むといったことがワンチップでできるように設計されています．信号処理向けに音や映像の信号を扱うインターフェースはもちろん，システムの制御も行えるように，USBやイーサネットMAC，SDカード・インターフェースといった多様なペリフェラルを持つラインアップから選べます．

● 信号処理/マイコン/メディア・プロセッサの三つの顔がある

Blackfinは，図1のようにマイコンやDSP，メディア・プロセッサの機能を取り込んでいます．以下のような特徴があります．

(1) 信号処理や制御処理，メディア処理を効率よく実行できるように最適化されたアーキテクチャ
(2) アセンブラやC/C++言語およびそれらの混合でプログラミング可能
(3) DSPの命令セットや，複数の演算ユニットを拡張/追加しただけではない

(1)については次節で紹介します．また，(2)と(3)については本章後半で紹介します．

● Blackfinファミリの特徴

Blackfinプロセッサのファミリを表1に示します．型名はすべてADSP-BFxxx（xには数字が入る）という表記です．デバイスごとに特徴があり，以下のようにいくつかのグループで分けられます．

- BF53x…ベーシックな機能
- BF54x，BF60x…強力なマルチメディア機能
- BF561，BF60x…デュアル・コア搭載
- BF52x…低消費電力
- BF51x，BF592…コスト・パフォーマンスよし
- BF50x…A-Dコンバータやフラッシュ・メモリを内蔵
- BF70x…最新Blackfin＋コア（後述）

▶プロセッサ・コア

プロセッサの心臓部であるコアはすべて同じBlackfinコアです（後述しますがBF70xはBlackfin+という新しいコアです）．Blackfinコアの数や最大動作周波数，内蔵メモリの大きさや構成，そして周辺機能（ペリフェラル）の取捨選択によってファミリが構成されています．

こんなプロセッサ　13

表1 Blackfinプロセッサのラインアップ

デバイス名	コア名	シリアル・ポート/UART/SPIなど	USB,イーサネットMAC,SDIOなど	フラッシュ・メモリやA-Dコンバータ,オーディオ・コーデックなど	低消費電力	セキュリティ	動作周波数600MHz以上	マルチコア	低価格
BF592	Blackfin	●	―	―	●	―	―	―	●
BF504, BF504F, BF506	Blackfin	●	●	●	●	―	―	―	●
BF512	Blackfin	●	―	●	●	●	―	―	●
BF514, BF516, BF518	Blackfin	●	●	●	●	●	―	―	●
BF522, BF524, BF526	Blackfin	●	●	●	●	―	―	―	●
BF523, BF525, BF527	Blackfin	●	●	●	●	―	●	―	●
BF531, BF532	Blackfin	●	―	●	●	―	―	―	●
BF533	Blackfin	●	―	●	●	―	●	―	●
BF534, BF535, BF536	Blackfin	●	●	●	●	―	―	―	●
BF537	Blackfin	●	●	●	●	―	―	―	●
BF538, BF539	Blackfin	●	●	●	●	―	―	―	●
BF542, BF544, BF547, BF548, BF549	Blackfin	●	●	●	●	―	―	―	●
BF700, BF702, BF704, BF706	Blackfin +	●	―	●	●	●	―	―	●
BF701, BF703, BF705, BF707	Blackfin +	●	●	●	●	●	―	―	●
BF561	Blackfin	●	―	―	●	―	●	●	―
BF606, BF607, BF608, BF609	Blackfin	●	●	●	●	―	●	―	●

価格性能比 ← 高性能

▶ペリフェラル

　表1に示すように，各デバイスとも一般的なマイコンが持つUARTやSPI，TWI（I²C），パラレル・ポート，タイマ，GPIO（汎用ポート）などを備えています．また，イーサネットMACやUSB，SD/SDIOコントローラなどを搭載するデバイスもあります．ただし，表に●がついていても，イーサネットMACを持っていてUSBがないデバイスもあります．

DSP付属基板搭載！BF592の特徴

● 低消費電力でコスト良し！

　本書の付属基板に実装されているBF592は，コストパフォーマンス，低消費電力が特徴です．まとめると以下のようになります．

(1) Blackfinファミリで最高のコスト・パフォーマンス：400MHzで3.55ドル※1（1,000個受注時の単価）
(2) シングル・コアBlackfin製品群の中で最高の性能面積比：9mm×9mmパッケージ（10MMAC/mm²）
(3) 低消費電力：88mW@600MMAC※2（300MHz）

● ADSP-BF592の構造

　BF592の構成を図2に示します．BF592には，以下の回路が搭載されています．

▶Blackfinコア：最高動作周波数400MHz
▶L1メモリ：データ用SRAM 32Kバイト，命令格納用SRAM 32Kバイト，命令用ROM 64Kバイト（VDK，ランタイム・ライブラリを格納）
▶L3メモリ：ブートROM 4Kバイト
▶ペリフェラル：シリアル・ポート（SPORT）2本，

※1：米国Webでの参考価格．
※2：million MACの略で100万回の積和演算性能を示す単位．10MMACは1秒間に1000万回の積和演算を実行できることを示している

ADSP-BF592

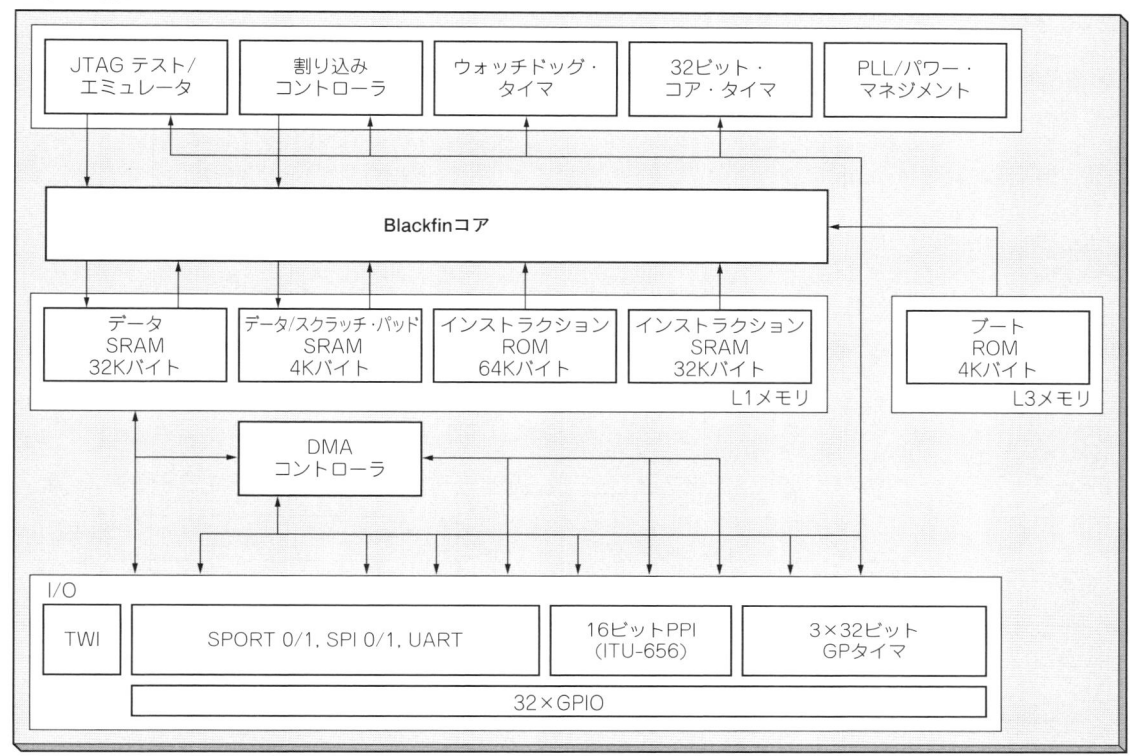

```
┌─────────────────────────────────────────────────────────────────────┐
│  ┌──────────┐ ┌──────────┐ ┌──────────┐ ┌──────────┐ ┌──────────┐  │
│  │ JTAGテスト/│ │ 割り込み  │ │ウォッチドッグ・│ │ 32ビット・ │ │PLL/パワー・│  │
│  │ エミュレータ│ │コントローラ│ │  タイマ   │ │ コア・タイマ│ │マネジメント│  │
│  └──────────┘ └──────────┘ └──────────┘ └──────────┘ └──────────┘  │
│                                                                     │
│  ┌───────────────────────────────────────────────────────────────┐ │
│  │                      Blackfinコア                              │ │
│  └───────────────────────────────────────────────────────────────┘ │
│                                                                     │
│  ┌──────┐ ┌──────────┐ ┌──────────┐ ┌──────────┐   ┌──────┐      │
│  │データ │ │データ/    │ │インストラクション│ │インストラクション│   │ブート │      │
│  │SRAM  │ │スクラッチ・ │ │   ROM    │ │   SRAM   │   │ ROM  │      │
│  │32Kバイト│ │パッドSRAM │ │ 64Kバイト │ │ 32Kバイト │   │4Kバイト│      │
│  │      │ │4Kバイト   │ │          │ │          │   │      │      │
│  └──────┘ └──────────┘ └──────────┘ └──────────┘   └──────┘      │
│                                           L1メモリ        L3メモリ   │
│             ┌──────────┐                                            │
│             │   DMA    │                                            │
│             │コントローラ│                                            │
│             └──────────┘                                            │
│                                                                     │
│  I/O                                                                │
│  ┌────┐ ┌───────────────────────┐ ┌──────────┐ ┌──────────┐       │
│  │TWI │ │SPORT 0/1, SPI 0/1, UART│ │16ビットPPI│ │ 3×32ビット│       │
│  │    │ │                       │ │(ITU-656) │ │  GPタイマ │       │
│  └────┘ └───────────────────────┘ └──────────┘ └──────────┘       │
│         ┌───────────────────────────────────────────┐              │
│         │              32×GPIO                      │              │
│         └───────────────────────────────────────────┘              │
└─────────────────────────────────────────────────────────────────────┘
```

図2 ロー・コストBlackfinプロセッサADSP-BF592の構成

SPI×2, TWI(I²C), UART×1, 16ビット・パラレル・ポート(PPI)×1, 汎用I/O(GPIO)最大32ピン, タイマ×3, ウォッチドッグ・タイマ(WDT), DMA

ペリフェラルとBlackfinコア, メモリなどは, 100MHzで動作する内部バスで接続されています. 動作電圧やパッケージの大きさは以下の通りです.

▶ **動作電圧**：コア電圧 1.4 V@400MHz, I/O電圧 1.8V/2.5V/3.3V
▶ **パッケージ**：9mm角64ピンLFCSP
▶ **動作温度範囲**：−40～+85℃, 0～+70℃（付属基板搭載品）
▶ **BF5xxファミリと完全ソフトウェア互換**

● **内蔵ライブラリが充実！ 少ないメモリで十分やりくりできる**

図2に示すように, BF592はSDRAMなどの外部メモリを接続するためのメモリ・インターフェースが実装されていません. そのためユーザは基本的にBF592に内蔵されているメモリだけでやりくりすることになります. その内蔵メモリもデータ用SRAM, 命令用SRAMを合わせても64Kバイトと多くはありません.

そこで, よく使う関数やルーチンをROMに持たせておくことで, より多くの内蔵SRAMをユーザが使えるようにしています.

内部メモリの中に, 命令用ROMが64Kバイトとありますが, この中にはROM内蔵コードとして, C言語標準ライブラリとDSPライブラリがあらかじめ書き込まれています. TMK[※3]（VDKのコア部分）とRTL（ランタイム・ライブラリ）という呼び名です.

ランタイム・ライブラリには以下のものあります.
(1) C言語標準ライブラリ
(2) コアDSPアルゴリズム（FFT, フィルタ, ベクトル, マトリックス, 統計関数）
(3) 16ビット固定小数点型, 32ビット浮動小数点型と64ビット浮動小数点型の関数
(4) 複素数型をサポートする関数
(5) コンパイラ・サポート・ルーチン（整数除算, 整数から浮動小数点への変換およびその逆変換など）
(6) 浮動小数点のエミュレーション・ライブラリ

※3：アナログ・デバイセズのDSP向け統合開発環境VisualDSP++にバンドルされているリアルタイムOS「VDK」のコア部分をTMKと呼んでいる.

コラム1　最新コアBlackfin+搭載！BF70xシリーズ

　BF70xは今年2014年6月に発表されたばかりの最新Blackfinプロセッサです．Blackfinが14年前に世に出てからコアそのものの変更はありませんでしたが，BF70xではコアが新しくなり，Blackfin+コアを搭載しています．

　Blackfin+コアの主な改良点としては，ネイティブで32ビット演算をサポートしたことです．それに伴う命令セットの追加などにより，従来のBlackfinコアとの互換性は維持しつつ，FFTでは約1.3倍，FIRやIIRでは約2倍〜3倍の処理を行えます．また，デバイスの内部バスも改良され，バス全体のスループットが向上しています．

　BF70xの構成を図Aに示します．BF70xはBlackfinプロセッサの伝統を受け継ぎ，パフォーマンス/使いやすさ，コスト，消費電力を特徴としています．0.25mW/Hz以下で動作し，12mm×12mm（BGA/QFN）パッケージ，最大1MバイトのSRAM，USB，SDIO/eMMC，4チャネル-10ビットA-Dコンバータ搭載品などを選べます．また，暗号化エンジンも搭載しており，暗号化されたバイナリからでも高速で起動できる機能を備えています．

Blackfin+プロセッサADSP-BF70x（アナログ・デバイセズ）

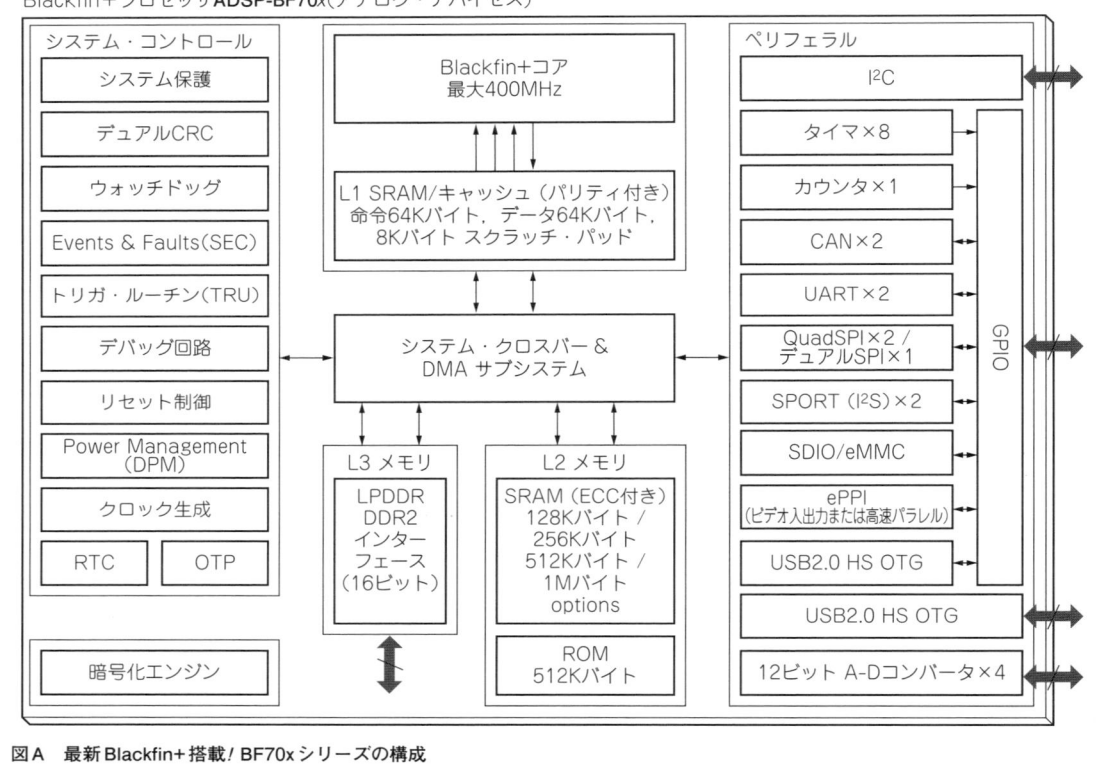

[システム・コントロール]
- システム保護
- デュアルCRC
- ウォッチドッグ
- Events & Faults(SEC)
- トリガ・ルーチン(TRU)
- デバッグ回路
- リセット制御
- Power Management (DPM)
- クロック生成
- RTC
- OTP
- 暗号化エンジン

Blackfin+コア 最大400MHz

L1 SRAM/キャッシュ（パリティ付き）
命令64Kバイト，データ64Kバイト，8Kバイト スクラッチ・パッド

システム・クロスバー & DMA サブシステム

L3 メモリ
LPDDR DDR2 インターフェース（16ビット）

L2 メモリ
SRAM（ECC付き）128Kバイト / 256Kバイト / 512Kバイト / 1Mバイト options
ROM 512Kバイト

[ペリフェラル]
- I²C
- タイマ×8
- カウンタ×1
- CAN×2
- UART×2
- QuadSPI×2 / デュアルSPI×1
- SPORT (I²S)×2
- SDIO/eMMC
- ePPI（ビデオ入出力または高速パラレル）
- USB2.0 HS OTG
- USB2.0 HS OTG
- 12ビット A-Dコンバータ×4

GPIO

図A　最新Blackfin+搭載！BF70xシリーズの構成

DSPが高速演算できるしくみ

● コアの構造…信号処理でよく使われる「積和演算」を高速で行える作りになっている

　Blackfinコアの構造を図3に示します．信号処理（DSP）と制御（MCU）それぞれの用途向けに命令（インストラクション），レジスタ群，アドレッシング方式が実装されています．

　演算ユニットは，信号処理を高速に実行するために設計されており，複数の演算を同時に処理できるように演算ユニットそのものを複数持ちます．またレジスタや演算ユニット同士とのアクセス・バスも複数張られています．このアーキテクチャは，例えばVLIW（並列命令発行）やソフトウェア・パイプラインといったプログラミングにその効果が表れてきます．

　このような構成は，ディジタル信号処理で頻繁に登場する「積和演算」を高速に実行するためです．積和演

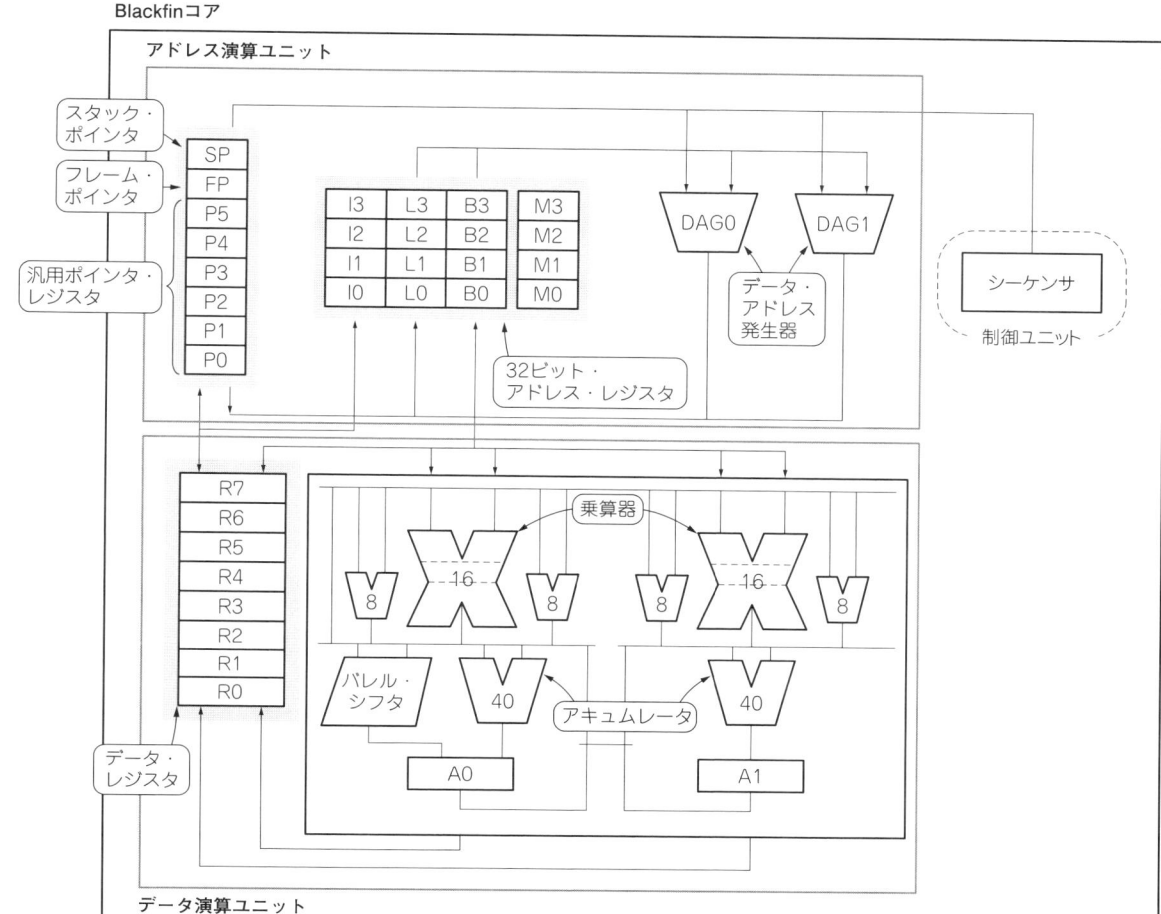

図3 Blackfinコアのアーキテクチャ

算とはデータと係数を掛けて結果を足し込んでいくといった処理です．MAC（Multiply and Accumulate）演算とも呼ばれます．この積和演算を高速に，短い時間でたくさんの量を実行できれば，例えばFIRフィルタであればタップ数を増やすことができますし，積和演算以外の処理に空いた時間をまわすことができます．

Blackfinコアに限らずDSPと呼ばれているプロセッサでは，このようなアーキテクチャに加えて，積算をしながら同時にデータのロードが可能になっているなど，高速演算のための工夫が随所にほどこしてあります．

● メモリが用途に合わせた階層構造になっている

高速演算を実現するためのしくみはコアだけの話にとどまりません．特にメモリの使いかたも工夫されています．例えば積和演算は，Blackfinコア内部の演算ユニットとレジスタだけではできません．演算するためのデータや命令を持ってくる（ロード），結果を保存（ストア）するためのメモリが必要になります．

いくら演算が速くても，メモリとのやりとり（ロード／ストア）に時間がかかっていてはコアの高速処理が無駄になってしまいます．そのためBlackfinプロセッサのメモリ構成は図4のように階層構造になっています．

シングル・サイクル（1回の処理）でアクセス可能なL1メモリ，アクセスするには複数サイクル（複数回の処理）かかるものの容量の大きなL2メモリ，そして外付けのSDRAMなどのメモリといった構成になっています．L1メモリについてはメモリとしてだけではなく，キャッシュとしてコンフィグレーション可能です．BF592の内蔵SRAMはキャッシュ非搭載です．

これにより例えばL2メモリからデータやプログラムをロードした際に，自動的にL1メモリにデータや命令がキャッシュ（保持）され，次回以降はL1のキャッシュにアクセスするようになるため，高速にロードすることができます．

こうしたプロセッサ全体に組み込まれた信号処理を高速に実現するための仕組みが，DSPを一般的な制御

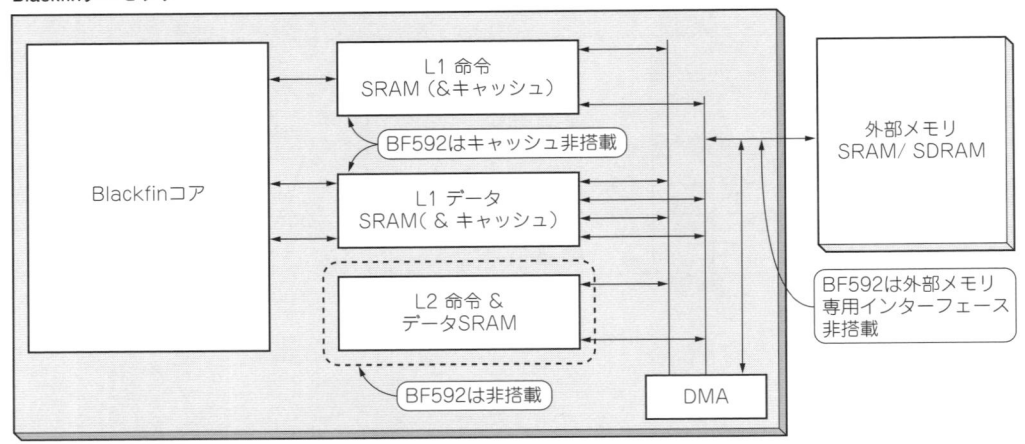

図4 Blackfinプロセッサはメモリの使いかたが工夫されている

処理向けマイコンと区別しているところと言えます．

DSPのソフトウェア実行

● アセンブラ1命令を1クロックで処理する

コアやメモリ，内部バスなどのアーキテクチャを信号処理（連続した積和演算）を高速に行うために設計した結果，Blackfinでの積和演算処理は，

```
A1:0 += R0 * R1(IS, NS)|| R0 = [P1++] || R1 = [I0++];
```

という，たった一行のアセンブラ文に結実されます．これは文字化けや印刷ミスではありません．Blackfin

コラム2 プロセッサのドキュメントの歩き方

　ここでドキュメントについて整理しましょう．たいていのプロセッサのドキュメントは，役割や利便性などの観点から複数に分かれています．アナログ・デバイセズの場合は，デバイスごとのデータシート，プロセッサ・マニュアル，ソフトウェア・マニュアル，アノマリー，アプリケーション・ノートといった具合に種類があります．重要なものから順に紹介します．

- **データシート**：デバイスまたはファミリごと（例えばBF700/701/702/703/704/705/706/707）に存在します．デバイスの使用条件や各ペリフェラルの信号タイミング，デバイスの寸法，型名などが記載されています．Revisionという形で版を重ねますので，必ず最新版を参照してください．
- **アノマリー（リリース・ノート）**：デバイスのエラー情報と対策方法（ある場合）が記されています．こちらも必ず最新版を常に参照してください．また，基板設計時にはデータシートとともに参照することが必須です．
- **プロセッサ・マニュアル**：データシートには，例えばシリアル・ポートの具体的な使い方までは記されていません．使うための初期化手順や，設定レジスタの内容（データのビット幅の指定など）が記載されています．
- **ソフトウェア・マニュアル**：プログラミングするときに参照するマニュアルです．現在DSP用の開発ツールとしては，VisualDSP++（略称VDSP++）と，CrossCore Embedded Studio（略称CCES）という2種類の統合開発環境があります．VDSP++は以前からあるもので，CCESはBF60xの発表と同時にリリースされたVDSP++に替わる新しいものです．新しめのBF60xやBF70xではCCES内にもマニュアルがあり，コンパイラやリンカの情報（ビルド・オプションの詳細）や，アセンブラ命令の仕様などが記されています．
- **アプリケーション・ノート**：EE-xxxという管理番号がついています．マニュアルよりももう少し具体的な事例，例えばフラッシュ・メモリへのプログラムの書き込み方であるとか，製作したターゲット・ボードが動作しなかった時のトラブルシューティングといったものがあります．

プロセッサのアセンブラ記述です．

アセンブラは基本的に一行を一度（シングル・サイクル）で実行しますので，Blackfinプロセッサは，この式を1クロックで実行します．プロセッサが400MHzの速さで動作していれば，その逆数の2.5×10^{-9}s（2.5ns）で実行していることになります．

この式は，手書きしたものではなく，C言語のforループ文で囲まれた積和演算部分をコンパイラが，アセンブラに変換したものです．C言語の記述は以下になります．

```
for(i=0; i<num; i++){
    sum += *x++ * *y++;
}
```

変数numの回数分だけ，xとyが示すポインタのデータ同士を掛けてsumに足し込んでいくというものです．シンプルな式ですが，ここには掛け算，足し算，ポインタ参照，データロード／ストア，ループ回数といったさまざまなアーキテクチャを必要とする要素が含まれています．

● マイコンだと1命令が数サイクルになることも

上記のforループ文をDSPではないマイコンで同じようにコンパイルすると，積和演算の部分だけも以下のように複数サイクルを要します．
(1) データxのロード命令
(2) データyのロード命令
(3) 繰り返し回数変数のデクリメント
(4) 積和演算命令
(5) 繰り返し回数変数のチェックと分岐命令

この処理が，プログラムの中で数回実行されるだけであれば大した影響はないでしょう．しかしこの積和演算が遅れて出力されては演奏にならないエフェクト処理や，ハイビジョン映像（1192×1080ピクセル）に対する処理などでは致命的なボトルネックとなってしまいます．また，一つのDSPで制御も信号処理も行う場合は，お互いの処理の合間を縫ってさまざまな関数を実行することになりますから，一つの処理を短い時間で実行できることはシステム全体のパフォーマンスの向上に大きく寄与します．

● DSPとマイコンが近づいているけど信号処理にはやっぱりDSPが向く

半導体の製造プロセスの微細化などにより，DSP，マイコンを問わず，処理能力や集積度が全体的に底上げされていることもあり，中低度の信号処理であればマイコンでも処理できるような状況になっています．カタログ・スペックだけで見ると，マイコン，DSP，FPGAといったデバイスの処理能力は近づきつつあると言えますが，カタログには表れてこないさまざまな工夫や，対応する動作周波数範囲，ペリフェラルや内蔵メモリ容量に応じた豊富なラインアップという点で，高速な信号処理にはDSPをおすすめします．当たり前ですが，アプリケーションに対して適切なプロセッサを選択するということが重要なポイントです．

コラム3　アナログ・デバイセズってこんな会社

Blackfinは，約14年前にアナログ・デバイセズから発表されました．それが本書の付属基板に使われているBF592が属するラインアップの始まりです．DSPとしては，浮動小数点演算命令を備えたSHARCというシリーズもあります．

アナログ・デバイセズは，OPアンプやコンバータをはじめバリー・ギルバートによるギルバート・セル，アナログ乗算器や対数アンプといったアナログ信号処理用のIC，ディジタル信号処理向けDSPなどの半導体メーカです．電波，音，映像，センサなどの信号処理に対してさまざまな製品を提供しています．

本書では，Blackfin DSPを紹介していますが，DSPだけではなく，マイコンもラインアップしています．8052やARM7の時代から「プレシジョン・マイクロ・コントローラ」という名で，高精度なA-Dコンバータ，D-Aコンバータ"に"マイコンを搭載したという他社とは少し異なるコンセプトです．最新のものでは24ビット高精度ΣΔ A-DコンバータにARM Cortex-M3コアを内蔵したものなどがあります．

また，ARM Cortex-M4Fコアを内蔵したプロセッサもあります．こちらはBlackfinと同じくADSPという型名表記から始まるプロセッサ群で，ADSP-CM40xというシリーズのプロセッサです．こちらはCortex-M4コアとしては高速の最高240MHzで動作します．そのほかに384Kバイトの大容量SRAMや最大2MBのフラッシュ・メモリを内蔵，16ch入力のデュアル16ビットSAR型A-DコンバータやD-Aコンバータ，PWMやSINCフィルタなどを搭載しています．

第3章 ピンをショート，基板を接続，ドラッグ&ドロップの3ステップ

本書特製！プログラム書き込みツールの使いかた

図1 エフェクタ書き込みプログラム「Blackfin MiniConfig」

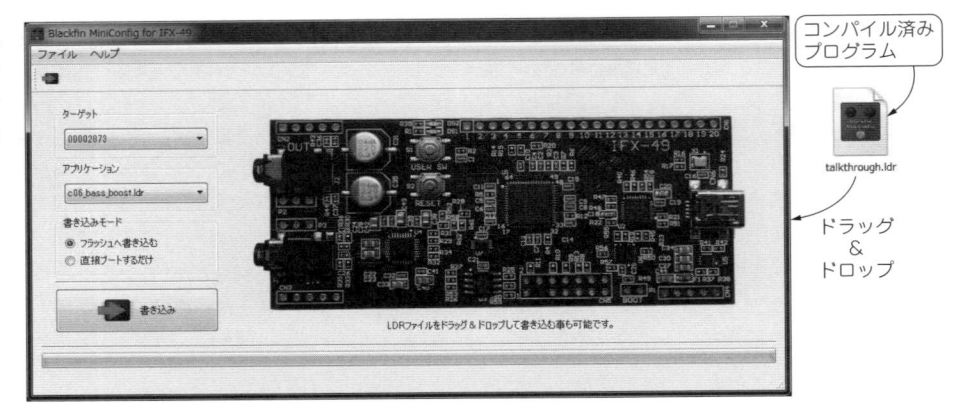

図2 ドラッグ&ドロップだけでプログラム書き込み完了！

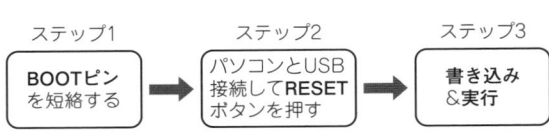

図3 3ステップで書き込み完了！エフェクト・プログラムを試しまくれる

超簡単！3ステップでプログラム入れ替え

● ドラッグ&ドロップで超簡単！着せ替えエフェクタ・プラットホーム登場！

本誌に付属するDSP基板IFX-49を手軽に試せるように，簡単にプログラムを書き込める図1のフラッシュ書き込みソフトウェア「Blackfin MiniConfig CQ出版特別限定版」（以下，Blackfin MiniConfig）を付属CD-ROMに収録しました．

これを使うと，ドラッグ&ドロップで図2のように書き込みができます．この書き込みソフトウェアは，本書に掲載されている各種プログラムの実行バイナリを同梱しており，面倒な環境設定やビルド（コンパイル）作業を行わなくても，さまざまなエフェクト処理を気軽に楽しめます．

● ピン短絡→RESET→書き込みの3ステップ！

付属基板は簡単な操作でエフェクト入れ替えができます．図3のように，BOOTピンを短絡して，RESETボタンを押し，書き込みを実行するだけの簡単な操作です．

▶ステップ1：BOOTピンをはんだ付けする

写真1のように，付属基板上にあるBOOTと書かれたジャンパ・ピンにピン・ヘッダをはんだ付けします．

▶ステップ2：書き込みモードで起動する

ピン・ヘッダをジャンパで短絡した状態でパソコンとUSBケーブルで接続します．写真2のリセット・ボタンを押すと，搭載されたBlackfinプロセッサが書き込みモード（ブート・モード）で起動します．ブート・モードで動作させる場合，このジャンパは常に短絡状態にします．

▶ステップ3：プログラムを書き込む

付属基板専用の書き込みプログラム，Blackfin MiniConfigを起動します．付属基板を書き込みモードで起動した後，Blackfin MiniConfigを起動すると，図2のようにターゲットと書かれた項目に固有番号が

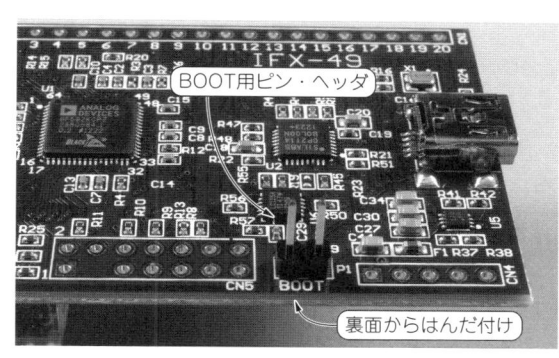

写真1 ピン・ヘッダをDSP付属基板IFX-49にはんだ付けしてジャンパ・プラグで短絡する
（a）ピン・ヘッダをはんだ付け
（b）付属のジャンパ・プラグで短絡

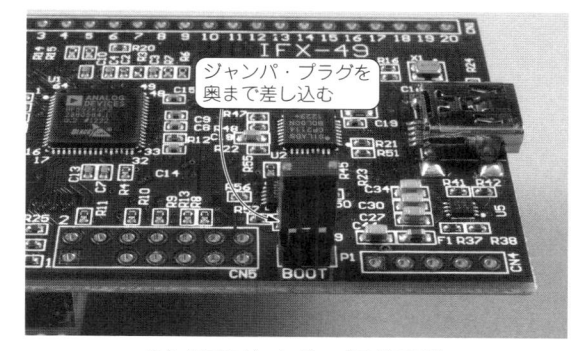

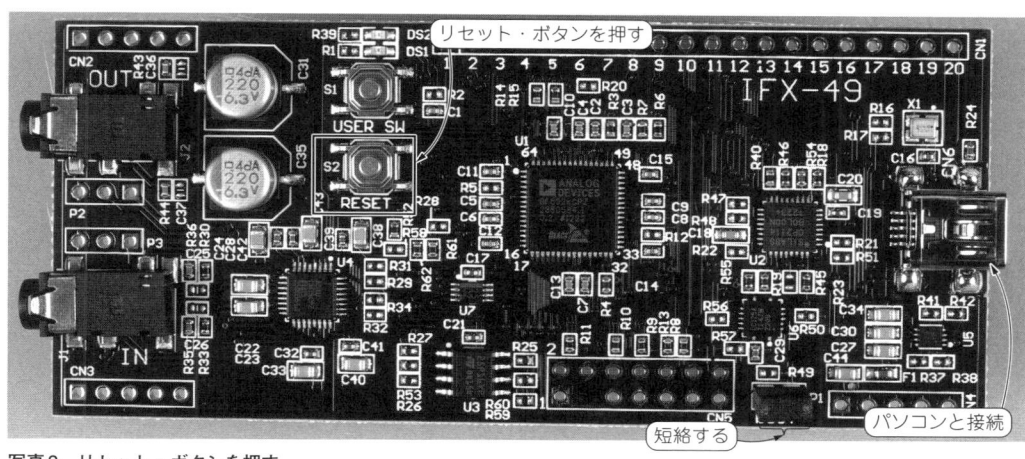

写真2 リセット・ボタンを押す

表示されます．アプリケーションと書かれた項目から実行したいプログラムを選択し，［書き込み］ボタンを押すとすぐに書き込みが開始されます．

準備1…ツールチェーンのインストール

● コンパイル・ツール群「ツールチェーン」

DSPで実行するコードを得るには，ソース・コードから何らかの処理を経て，プロセッサが解釈可能な機械語に変換しなければなりません．この何らかの処理を行うのがツールチェーンです．ツールチェーンは，ビルド（コンパイル）に必要なコマンドライン・ツールの集まりです．

Blackfinプロセッサでは，ツールチェーンはメーカ純正のものとgccを利用できます．今回はgccを使った開発環境を構築してプログラムを書き込めるようにします．

● ツールチェーンを入手する

sourceforge.netで公開されているビルド済みの

図4 インストールその1…ツールチェーンを入手する
本書では付属CD-ROM内のファイルを使う

ツールチェーンを使用します．本書では，付属CD-ROM内のファイルを使いますが，以下のリンクのものと同じものです．

```
http://sourceforge.net/projects/
adi-toolchain/files/2014R1/2014R1-
RC2/blackfin-toolchain-win32-
2014R1.exe/download
```

図4の公開サイトにおける個別バージョンへのリンクは，ツールのバージョンが更新されるたびに変更されます．バージョンが更新され，リンクが切れている

準備1…ツールチェーンのインストール　21

図5 インストールその2…インストーラを起動する

図6 インストールその3…インストーラを起動するとバージョンが表示される

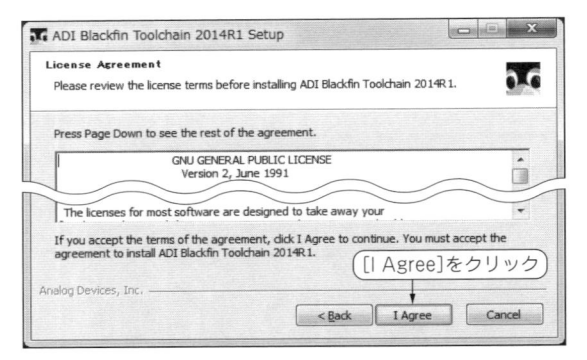

図7 インストールその4…[I Agree]をクリックしてライセンスへ同意する

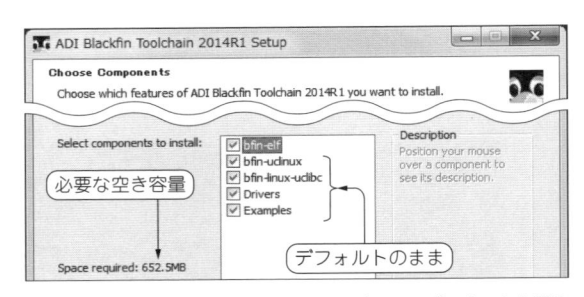

図8 インストールその5…インストールするコンポーネントを選ぶ

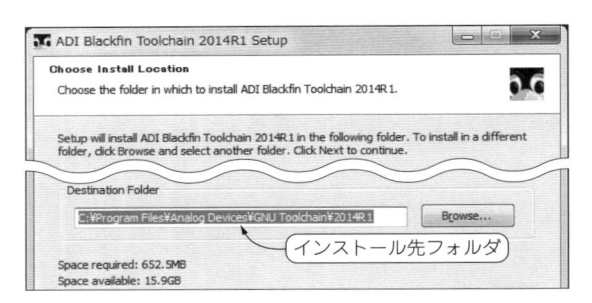

図9 インストールその6…インストール先のフォルダ名はデフォルトのままにする

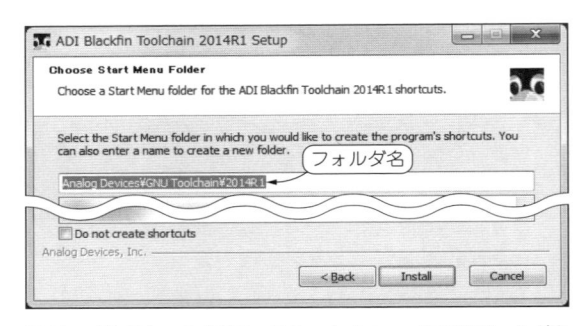

図10 インストールその7…スタートメニュー内でのフォルダ名を指定して[Install]をクリック

場合には，以下のアドレスから最新バージョンを探します．

http://sourceforge.net/projects/adi-toolchain/files/

付属CD-ROMには，blackfin-toolchain-win32-2014R1.exeが格納されているので，それをそのまま使えます．

● ツールチェーンをインストールする

ダウンロードしたインストーラは，図5のアイコンを持つプログラムです．このアイコンをダブルクリックすると，インストール作業を開始します．

インストールしようとしているバージョンが図6のように表示されます．期待している内容とバージョンであることを確認し，[Next]をクリックします．すると，ライセンス画面が表示されます．このプログラムは，GNU GENERAL PUBLIC LICENSE Version 2に従ったライセンスです．図7のように[I Agree]をクリックしてライセンスに同意して次へ進みます．

インストールするコンポーネントを図8のように選択します．これはデフォルトのままで構いません．続いてインストール先を選択します．特別な理由がなければ，図9のようにそのままにしておきます．

同様にスタートメニュー内でのフォルダ名を指定します．特別な理由がなければ，図10のようにそのままにしておきます．[Install]をクリックすると，図11のようにインストールが開始されます．

インストールが完了すると，ダイアログが図12のように表示されます．[Finish]をクリックして終了します．

図11 インストールその8…インストール開始!

図12 インストールその9…インストール完了!

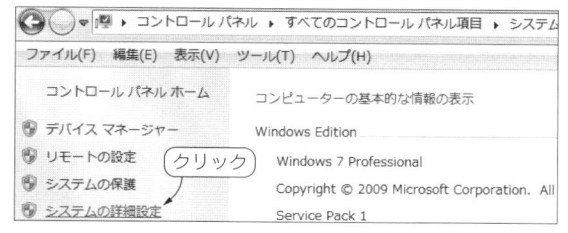

図13 環境変数の設定を確認する1…設定画面への入り口はコントロールパネルにある

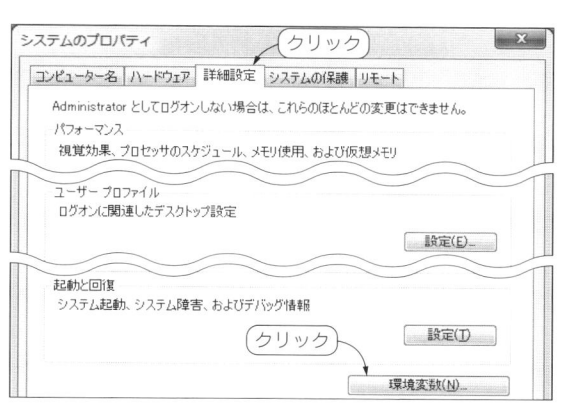

図14 環境変数の設定を確認する2…[環境変数]をクリックする

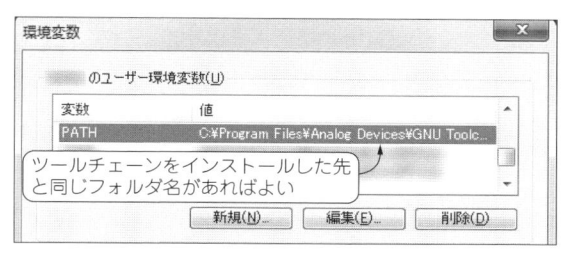

図15 環境変数の設定を確認する3…ツールへのパスが追加されているかどうかを確認する

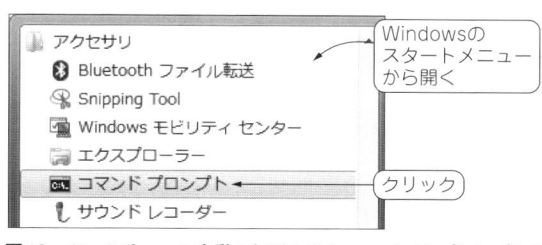

図16 ツールチェーンを動かしてみる1…コマンド プロンプトを起動する

図17 ツールチェーンを動かしてみる2…手打ちでツールチェーンのバージョンを確認する

● 環境変数を確認する

ADI Blackfin Toolchainのセットアップ・プログラムによって，環境変数PATHにツールチェーンのディレクトリが自動的に追加されます．これによって，コマンド・プロンプトを開くだけで，どのディレクトリからもBlackfinのツールチェーンを呼び出せます．

ここで，ツールチェーンがどのディレクトリから実行されているのか知る意味でも，環境変数を確認しておきましょう．

図13のように，コントロールパネルの「システム」項目から「システムの詳細設定」をクリックします．図14の「詳細設定」タブにある[環境変数]ボタンをクリックします．

図15のようにユーザ環境変数のリストにあるPATHを確認します．インストールされたディレクトリの中から，ツールが格納されているディレクトリへのパスが複数追加されていればOKです．

● ツールチェーンを試しに動かしてみる

パスが設定されていることを確認できたので，図16のようにWindowsスタートメニューの「アクセ

```
コマンド プロンプト

C:¥TEMP¥led_blink>dir ← dirコマンドでディレクトリの中身を確認
 ドライブ C のボリューム ラベルは BOOTCAMP です
 ボリューム シリアル番号は D281-BE44 です

 C:¥TEMP¥led_blink のディレクトリ

2014/09/24  06:13    <DIR>          .
2014/09/24  06:13    <DIR>          ..
2014/09/24  05:51             9,621 bf592.ld
2014/09/23  17:21               850 main.c
2014/09/24  06:07               472 Makefile
               3 個のファイル              10,943 バイト
               2 個のディレクトリ  15,915,200,512 バイトの空き領域

C:¥TEMP¥led_blink>make ← makeとコマンドを入力
bfin-elf-gcc (ADI-2014R1-RC2) 4.3.5
Copyright (C) 2008 Free Software Foundation, Inc.
This is free software; see the source for copying conditions.  Ther
warranty; not even for MERCHANTABILITY or FITNESS FOR A PARTICULAR 

   text    data     bss     dec     hex filename
   1396    1088      36    2520     9d8 led_blink.dxe
Creating LDR led_blink.ldr ...
 Adding DXE 'led_blink.dxe' ... [jump block to 0xFFA00000] [ELF blo
FF800000] [ELF block: 1384 @ 0xFFA00000] OK!
Done!

C:¥TEMP¥led_blink>dir ← dirコマンドで中身を確認
 ドライブ C のボリューム ラベルは BOOTCAMP です
 ボリューム シリアル番号は D281-BE44 です

 C:¥TEMP¥led_blink のディレクトリ

2014/09/24  06:13    <DIR>          .
2014/09/24  06:13    <DIR>          ..
2014/09/24  05:51             9,621 bf592.ld
2014/09/24  06:13            32,096 led_blink.dxe
2014/09/24  06:13             2,564 led_blink.ldr ← ldrファイルが作成された
2014/09/24  06:13            39,529 led_blink.map
2014/09/23  17:21               850 main.c
2014/09/24  06:07               472 Makefile
               6 個のファイル              85,132 バイト
               2 個のディレクトリ  15,915,122,688 バイトの空き領域

C:¥TEMP¥led_blink>
```

図18　LEDを点滅させるサンプル・プログラムをDSPに書き込める形式に変換する

サリ」から「コマンドプロンプト」を開いて動作させてみます．**図17**のように，

`bfin-elf-gcc --version`

と入力して期待するバージョンが呼び出されることを確認します．このように，セットアップされたプログラムを確認すると，期待する開発環境が構築されたのか，どのようにコマンドを呼び出すことができているのかを正確に知ることができます．開発環境を構築する場合，ちょっとした確認をしておくだけで，何か問題があった時にも敏速に対応できるようになります．

図19 簡単書き込みプログラム「miniconfig」のインストーラをダブルクリックする

図20 インストーラが起動したら［次へ］をクリックする

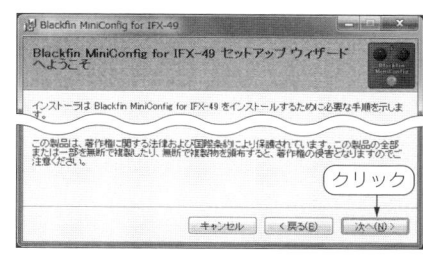

図21 「Blackfinセットアップ ウィザードへようこそ」画面で［次へ］をクリックする

図22 リリース・ノートを確認して［次へ］を確認する

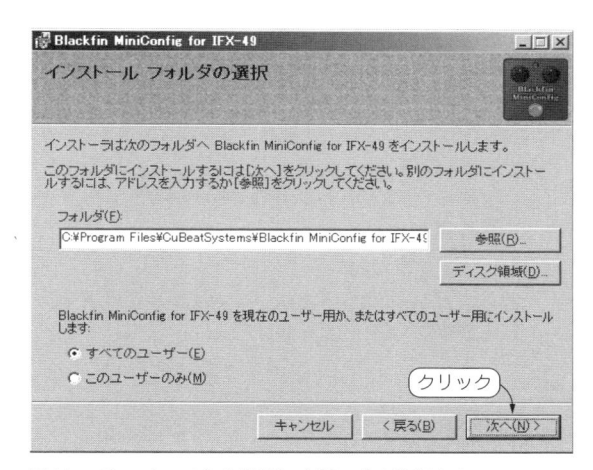

図23 インストール先を確認して［次へ］を確認する

● LEDチカチカ・プログラムをビルドしてみる

付属基板用に作られたサンプル・プログラム"led_blink"を使って，開発環境が期待通りに構築されていることを確認します．

led_blinkのサンプル・プログラム・ディレクトリをコピーして，コマンドプロンプトからmakeとタイプしてビルドを実行します．

図18のようにdirとタイプして，ビルドされたバイナリを確認すると，led_blink.ldrの存在を確認できます．付属基板と専用書き込みプログラムでは，このLDR形式を使ってプログラムを書き込み，実行します．

準備2…フラッシュROM書き込みツールのインストール

● 簡単操作で書き込みできる特製ツール

付属基板用の特製フラッシュROM書き込みツール「Blackfin MiniConfig Special Limited Edition」を用意しました．このツールを使うと，ターゲットとアプリケーションを選択して書き込みボタンを押すだけで簡単に付属基板の機能を書き換えることができます．付属基板用に作られたアプリケーションのビルド済みバイナリも同梱しているため，開発環境をセットアップしてビルドしなくても，すぐにアプリケーションを動作させることができます．Blackfin MiniConfig for Windowsは，Windows XP，Windows 7，Windows 8系で動作します．

● インストール

以下の手順でインストールを行います．

(1) 付属CD-ROM内の図19のminiconfig-1.6.3.msiをダブルクリックしてインストールを開始します．初めにスプラッシュ画面が表示されます．図20のようにBlackfin MiniConfig Special Limited Editionと表示されているのを確認し，［次へ］をクリックします．

(2) 「セットアップ ウィザードへようこそ」という図21の画面が表示されるので，さらに［次へ］をクリックします．

(3) 図22のようにリリース・ノートが表示されます．新機能や以前のバージョンからの変更点が記載されています．このリリース・ノートは，インストール後にも確認できます．

コラム1　ADSP-BF592に格納できるプログラム・サイズは32Kバイト

図Aは，DSP付属基板に搭載されているプロセッサADSP-BF592の構成です．コアからアクセス可能なメモリは64Kバイト搭載されており，32KバイトがL1インストラクションSRAM，32KバイトがL1データSRAMとして使用されます．

図BにADSP-BF592のメモリ・マップを示します．実際にBF592の場合，内部でコアからアクセス可能なメモリは，三つのブロックになっています．

最初のブロックは，L1インストラクション・メモリと呼ばれ，32KバイトのSRAMで構成されています．2番目のブロックは，L1データ・メモリと呼ばれ，32KバイトのSRAMで構成され，このブロックはプロセッサのフルのスピードでアクセスできるようになっています．3番目のブロックは，L1スクラッチ・パッドSRAMと呼ばれ，スタックやローカル変数情報などの格納に使用され，他のL1メモリと同速度で動作します．

プログラムは，32KバイトのL1インストラクション・メモリに格納されます．

アドレス	内容
0xFFFF FFFF	コア・メモリ・マップト・レジスタ (2Mバイト)
0xFFE0 0000	システム・メモリ・マップト・レジスタ (2Mバイト)
0xFFC0 0000	RESERVED
0xFFB0 1000	L1スクラッチ・パッドRAM (4Kバイト)
0xFFB0 0000	RESERVED
0xFFA2 0000	L1インストラクションROM (64Kバイト)
0xFFA1 0000	RESERVED
0xFFA0 8000	L1インストラクション・バンクB SRAM(16Kバイト)
0xFFA0 4000	L1インストラクション・バンクA SRAM(16Kバイト)
0xFFA0 0000	RESERVED
0xFF80 8000	データSRAM(32Kバイト)
0xFF80 0000	RESERVED
0xEF00 1000	ブートROM(4Kバイト)
0xEF00 0000	RESERVED
0x0000 0000	

図B　ADSP-BF592のメモリ・マップ

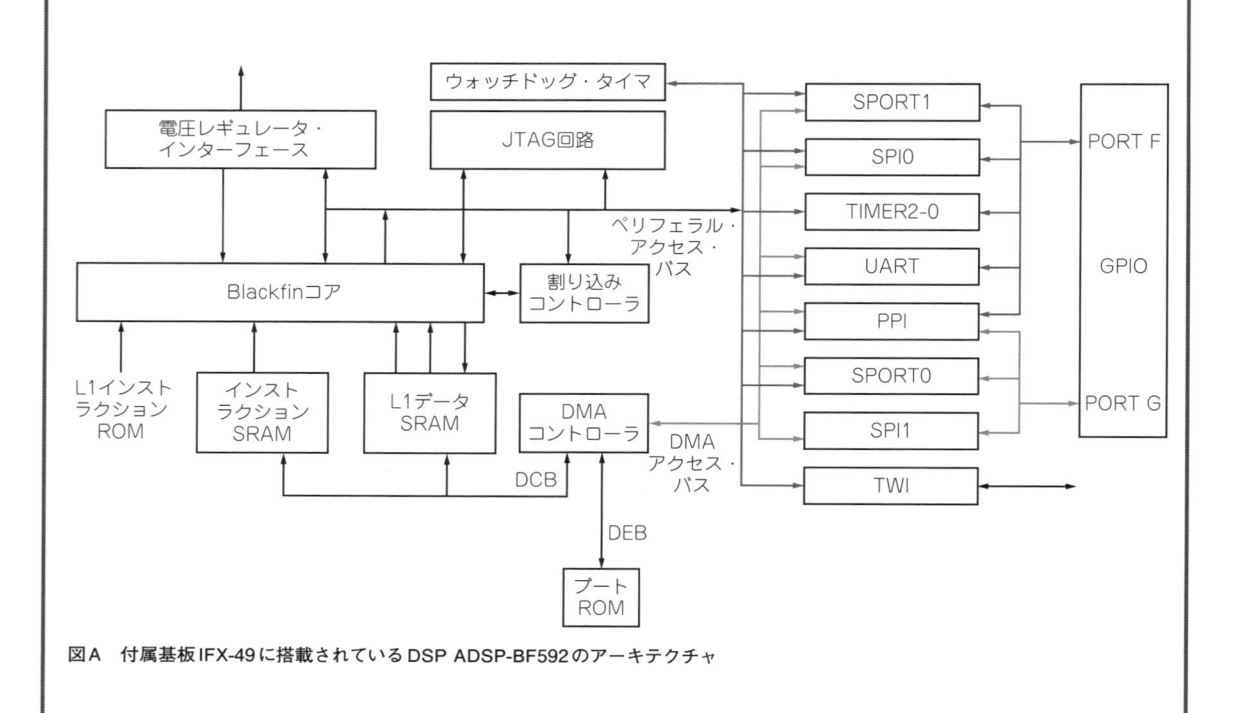

図A　付属基板IFX-49に搭載されているDSP ADSP-BF592のアーキテクチャ

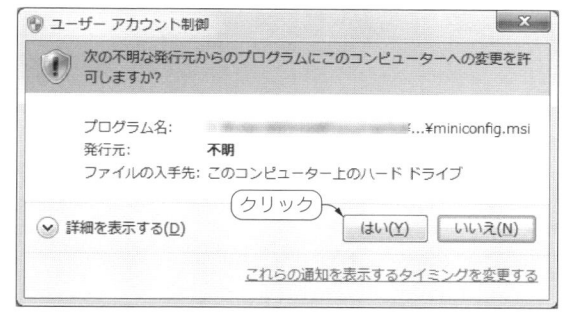

図24 ユーザーアカウント制御ダイアログが表示されたら［はい］をクリック

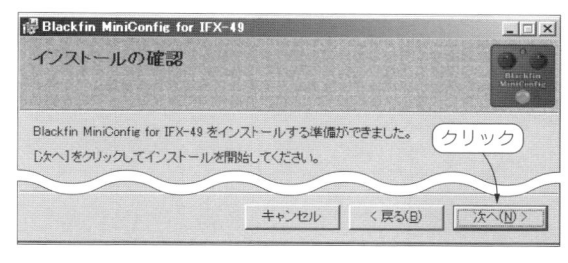

図25 インストール開始画面で［次へ］をクリック

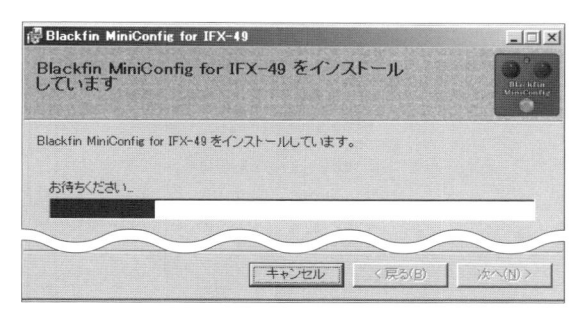

図26 インストールが開始された

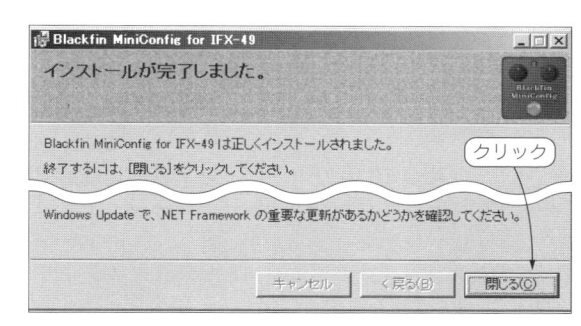

図27 インストール完了！デスクトップにBlackfin MiniConfigのショートカットが作られる

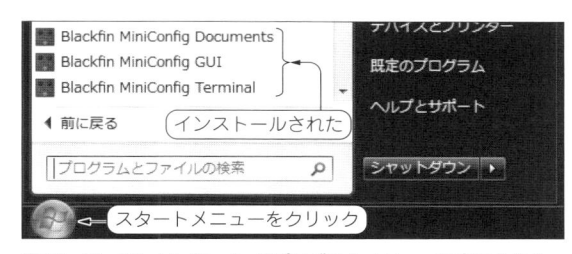

図28 Blackfin MiniConfigがプログラムメニューに表示された

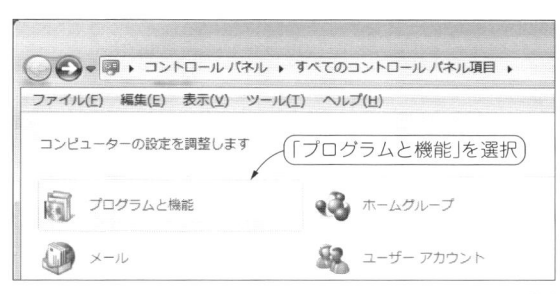

図29 アンインストール方法その1…コントロールパネルから［プログラムと機能］を選択

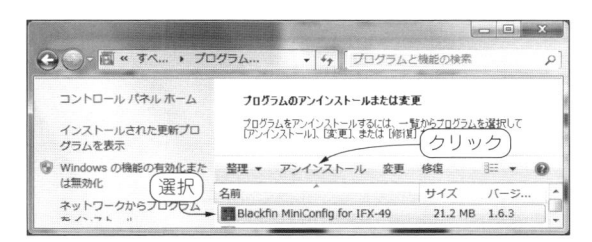

図30 アンインストール方法その2…Blackfin MiniConfigを選択して「プログラムのアンインストールまたは変更」をクリック

(4) 図23のインストール先フォルダの選択画面が表示されます．特別な理由が無い限り変更せずにそのまま使用します．［次へ］をクリックしてインストールを続行します．
(5) すると，図24のユーザーアカウント制御ダイアログが表示されます．これは，セットアップ・プログラムがシステムに変更を加えることを確認するためのWindowsによるダイアログです．［はい］を押して操作を承認してインストールを続行します．
(6) 図25のインストール開始画面が表示されるので，［次へ］をクリックします．
(7) 図26のようにインストール中の画面が表示され，完了すると図27の画面が表示されます．［閉じる］を押してインストーラを終了します．図28のようにプログラムメニューに登録され，デスクトップにショートカットが作られます．

● アンインストール方法
(1) 図29のようにコントロールパネルから［プログラムと機能］を選択します．インストール済みプログラムのリストからBlackfin MiniConfigを探します．

準備2…フラッシュROM書き込みツールのインストール　27

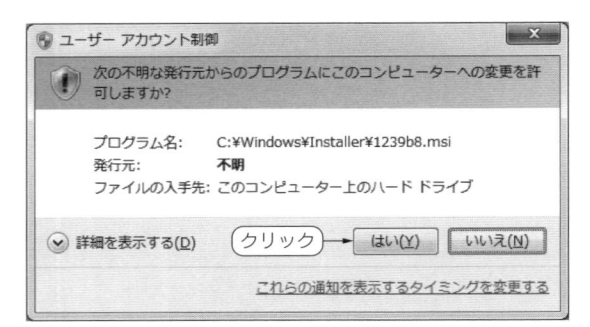

図31 アンインストール方法その3…ユーザーアカウント制御ダイアログが表示されたら[はい]をクリック

図32 アンインストール方法その4…Blackfin MiniConfigをアンインストール中

図33 Blackfin MiniConfig GUI のアイコンをダブル・クリック

(2) 探し出したら図30のようにクリックして選択状態にして「プログラムのアンインストールまたは変更」をクリックします．アンインストールが実行され，プログラムが環境から削除されます．
(3) Windowsの場合，図31のユーザーアカウント制御ダイアログが表示されることがあります．これは，セットアップ・プログラムがシステムに変更を加えることを確認するためのダイアログです．[はい]を押して操作を承認して図32のようにアンインストールを続行します．

書き込みツールBlackfin MiniConfigの使いかた

Blackfin MiniConfigでは，記事中で取り上げているプログラムを手軽に試すことができるように，あらかじめ全てのサンプル・プログラムを内包した状態でインストールされます．アプリケーション選択画面で試したいプログラムを選択するだけで，ターゲットへの書き込みを実行できます．

本書の付属基板に搭載されているCP2114には，HIDクラスを使ったUART機能が搭載されています．ポート名称は独自のユニークなIDが割り振られるた

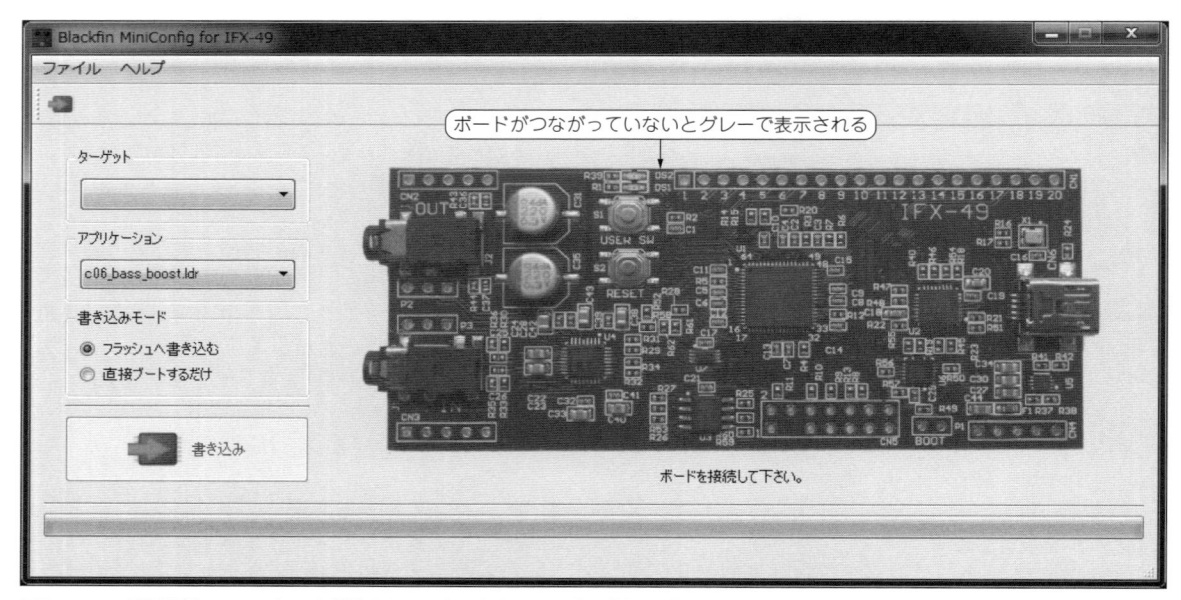

図34 DSP付属基板IFX-49がPCと接続されていないときは画面内の基板がグレーで表示される

第3章 本書特製！プログラム書き込みツールの使いかた

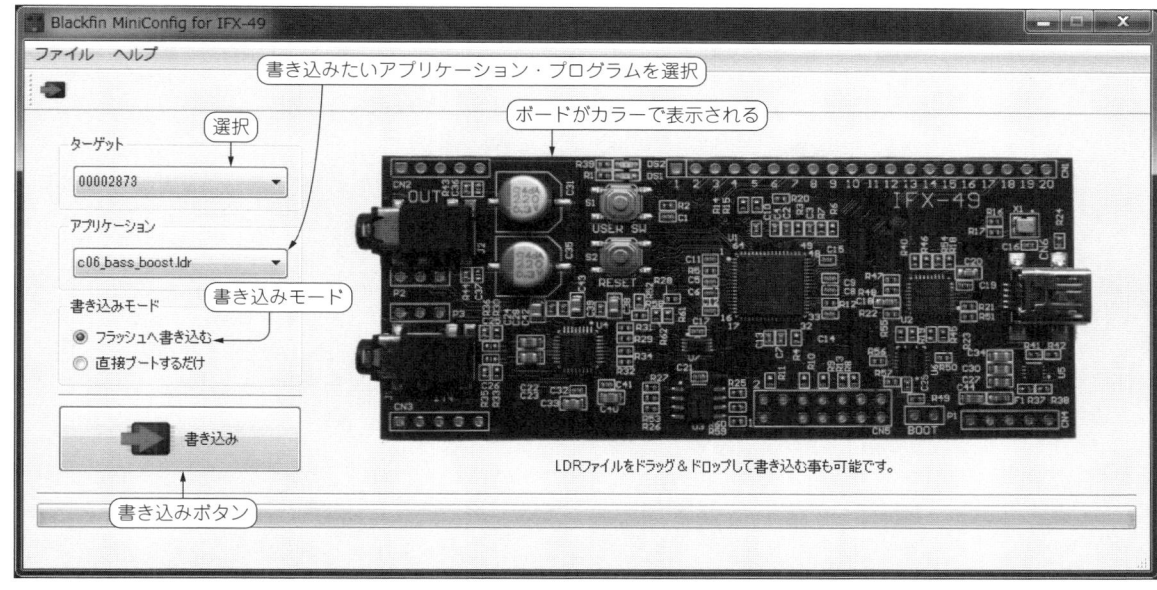

図35　DSP付属基板IFX-49がPCと接続されると画面内の基板がカラーで表示される

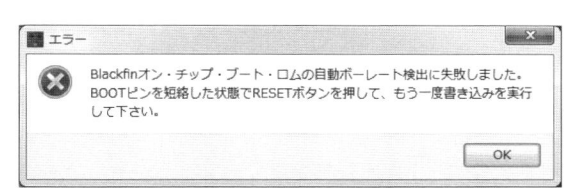

図36　エラーが出たときはBOOTピンが短絡できているかを確認したりRESETボタンを押したりするとよい

表1　フラッシュ書き込みと直接ブートの2モードを比較する

比較項目	フラッシュ書き込みモード	直接ブート・モード
書き込みにかかる時間	比較的時間がかかる	比較的時間がかからない
書き込みの準備	BOOTピンを短絡してRESETボタンを押す	BOOTピンを短絡してRESETボタンを押す
書き込み直後の挙動	BOOTピンを開放してRESETボタンを押すと起動	即座に起動
プログラム	フラッシュROMへの書き込み．次回電源投入時に保持される	SRAMへの書き込み．次回電源投入時に保持されない

め，1台のコンピュータに複数の付属基板を接続することもできます．

● 書き込み手順
▶手順1：書き込みプログラムを起動
　図33の"Blackfin MiniConfig GUI"アイコンをダブルクリックして書き込みプログラムを起動します．
　書き込みを実行するには，始めに付属基板をUARTブート・モードに移行させる必要があります．UARTブート・モードへの移行は，BOOTピン・ヘッダにジャンパ・ピンを差し込んでリセット・ボタンを押すだけです．
▶手順2：基板を接続する
　Blackfin MiniConfigを起動すると，図34のような画面が表示されます．
　付属基板が接続されていない状態では，GUIに表示されている付属基板が図34のようにグレー・アウトされています．この状態では書き込み操作はできません．そこで，ホスト・コンピュータに付属基板を接続します．付属基板を接続するとターゲットが選択可能になり，図35のようにGUIに表示されている付属基板がカラー表示されます．
▶手順3：[書き込み]ボタンをクリックする
　付属基板を接続した状態でアプリケーションを選択し，図35の書き込みボタンを押すと書き込みが開始されます．図36のようなエラー・ダイアログが出て書き込みができなかった場合，BOOTピンが短絡されているかどうか，RESETボタンを押したかどうかを確認します．

● フラッシュROM書き込みと直接ブートの2種類を選べる
　Blackfin MiniConfigには，用途に合わせて二つの便利な書き込みモードが用意されています．
（1）フラッシュROM書き込みモード
（2）直接ブート・モード

図37 フラッシュROMにプログラムを書き込む

図38 プログラムをちょっと改造して確かめたいときは直接ブートする

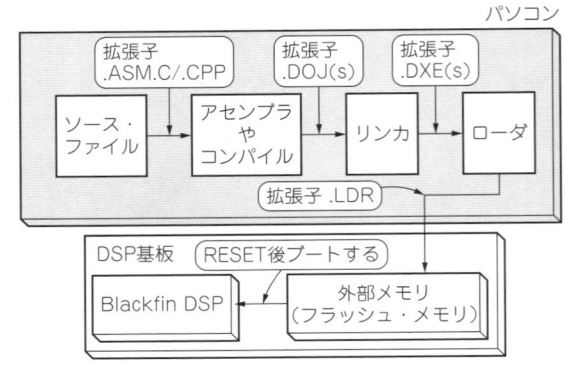

図39 Blackfin DSPがプログラムを起動するまで

　二つの書き込みモードを表1に比較しておきます．
　一つは，プログラムをフラッシュROMに書き込むモードで，GUI上では「フラッシュへ書き込む」と表現されています．このモードは，Blackfin MiniConfigのメインの機能の一つです．書き込んだプログラムは，BOOTピンを開放し，RESETボタンを押した時点でBlackfinプロセッサのSRAM領域にロード後，実行されます．
　もう一つは，プログラムを直接起動するモードで，GUI上では「直接ブートするだけ」と表現されています．このモードを使うと，フラッシュROMへの書き込みを行わず，直接Blackfinプロセッサ上でプログラムを実行できます．フラッシュROMに書き込む時間が必要ないので，プログラムをすぐに試したい時に便利です．このモードを使って起動したプログラムは，RESETボタンを押した時点で消えてしまいます．

● フラッシュ書き込みモード

　エフェクタとして動作させる場合，スタンドアロンで動作するようにフラッシュ書き込みモードで書き込みます．
　図37のフラッシュ書き込みモードで，Blackfinのオンチップ・ブートROMと通信を実行します．オンチップ・ブートローダにフラッシュ制御プログラムを転送して起動し，その後フラッシュ制御プログラムとBlackfin MiniConfigが通信しながら，プログラムを書き込みます．コールド・ブート時（電源オフからの起動時）には必ずフラッシュROMへプログラムを書き込む必要があるので，こちらの書き込みモードを選択します．

● 直接ブート・モード

　フラッシュROMへプログラムを書き込んで動作させる場合，まずBOOTピンを短絡してRESETボタンを押し，プログラムを書き込んだらBOOTピンを開放してRESETボタンを押す…と手間がかかります．また，二段階構成の書き込み処理によって，少なからず時間がかかります．そのため，プログラムを少し改造して動作確認をしたい場合などは不便です．
　図38の「直接ブートするだけ」機能は，Blackfinのオンチップ・ブートローダに実行プログラムを流し込むだけの動作を行います．この機能は，UARTブート・モードになった付属基板に対して，LDRファイルを送信してそのままブートできます．プログラムの細かな動作を確認しながら設計，実装，検証をすばやく行いたいときに便利です．

Blackfinプロセッサのブート・メカニズム

　マイコンのフラッシュ・ライタ（書き込み器）はデバイス・ベンダから提供されていることが多いのが現状です．Blackfinの場合，メーカ製の有償開発環境に付属するもの以外に見つかりません．本書の付属基板では，無償で入手可能なgccを使った開発を行うため，新しく専用のフラッシュ書き込みソフトウェアを設計し，付属CD-ROMに収録しました．このソフトウェア内で行われている処理の中心である，Blackfinプロセッサのブート・メカニズムを解説しておきます．

● Blackfinをスタンドアロン動作させる

　Blackfinでスタンドアロン動作するシステムを実現する場合，外付けSPIフラッシュROMからのブートを選択するのが普通です．図39に示すのは，スタンドアロン動作するシステムを実現するための過程です．初めにソース・コードからコンパイラを経てリンクを実行し，DXE形式を得ます．その後，ローダ・プログラムでLDR形式に変換し，LDR形式を外付けフラッシュ・メモリに格納すれば，RESETをきっかけにブートしてくれます．
　外付けSPIフラッシュROMへの書き込みを実現するのに一番簡単な方法は，実際にブート対象となるBlackfinプロセッサから制御することです．しかし，仮に外付けSPIフラッシュROMからしかブートできないとしたら，そもそもブートができないことになります．これでは卵と鶏の関係です．

図40 ブート情報がメモリに格納されている

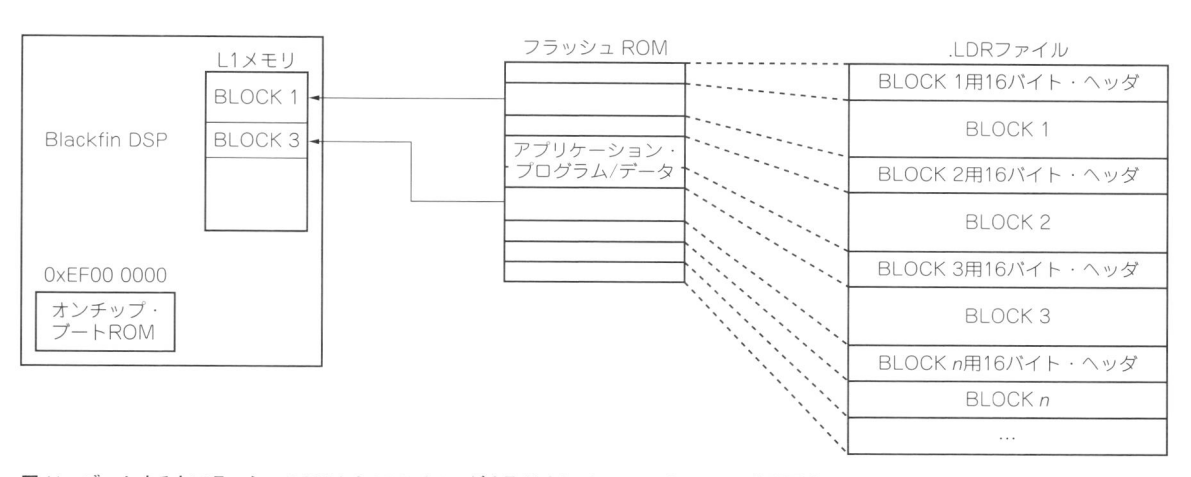

図41 ブートするとフラッシュROMからLDRイメージを取り出してL1メモリにコードを配置する

そこで注目したいのが，ADSP-BF592に搭載されているUARTブート・モードです．このモードは，ホスト・コンピュータからUARTインターフェースに対してプログラムを直接流し込んで，BF592上のSRAMですぐに実行できるものです．外付けSPIフラッシュの内容に依存せずに済むため，フラッシュ書き込み処理などを実現するにはもってこいの機能です．Blackfin MiniConfigでは，UARTブート・モードでフラッシュ書き込み制御プログラムをターゲットに流し込み，外付けSPIフラッシュROMへの書き込みを実現しています．

● Blackfinのブート・モード選択

Blackfinは，RESETが解除された時点でブート・モード選択ピン（BMODE2-0）を確認し，命令実行アドレスを決定します．

表2にBF592のブート・モードを示します．付属基板の場合，BOOTピンを短絡した場合にBMODE2-0が110となり，UART0ホストからのブート待ち状態になります．

このUART0ホストからのブート・モードに遷移した場合，BlackfinのROM上にあらかじめ搭載された内蔵ブートROMのブート・カーネルが起動します．

表2 Blackfin DSP BF592のブート・モード

モード	内容
000	ブートしない（アイドル）
001	予約
010	外部SPIフラッシュROMからSPI1を使ってブート
011	SPIホストからSPI1を使ってブート
100	外部SPIフラッシュROMからSPI0を使ってブート
101	PPIホストからブート
110	UART0ホストからブート
111	内部L1ROMからブート

コラム2 基板をケースに入れてみよう

● ぴったり収まるケース発見！

付属基板は，ケースに内蔵することも考慮されており，オーディオ入出力コネクタとUSBコネクタが基板から少し出るように配置されています．この基板にジャスト・サイズのケースを発見しました．写真Aのプラスチック・ケースSW-95（タカチ電機工業）がそれです．アナログ・オーディオとUSBコネクタの場所に穴を開けるだけで，写真Bのエフェクタ実験ボックスの完成です．スイッチとLEDをケースの外に出せば，ミニ・エフェクタ・プラットホームができそうです．

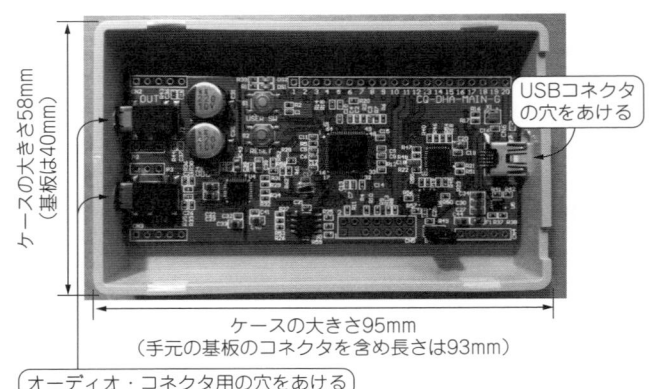

写真A　市販のプラスチック・ボックスにジャスト・イン！

写真B　フタを閉めればエフェクタ実験ボックスの完成！

このブート・カーネルは，外部メモリやホスト・デバイスからアプリケーション実行コードを受け取って実行させる起動プログラムの機能を持ちます．

逆に，BOOTピンを開放した場合にBMODE2-0が100となり，SPI0に接続された外部シリアルSPIメモリからブートします．

Blackfin MiniConfigは，フラッシュROM書き込み実行時に，このブート・カーネルと通信を行い，初めにフラッシュ制御プログラムをBlackfinに送り込みます．その後，起動したフラッシュ制御プログラムと通信しながら，所望のアプリケーション・プログラム・イメージをフラッシュROMに書き込みます．

このように設計することで，BF592に搭載されたSRAMを超えるサイズのデータを，外付けSPIフラッシュROMに書き込めるようにしました．

● 書き込むファイルの形式…LDR

先ほどからLDR形式というものが出てきます．この形式は，BlackfinプロセッサのROM上に搭載されているブート・カーネルでブートを可能にするための形式です．

Blackfinプロセッサのブート・カーネルはブート・ストリーム・ヘッダを参照しながら，適切なアドレスにプログラムを配置します．ブート・ストリーム・ヘッダとそれに付随するペイロード情報が格納されているようすを図40に示します．

図41にブート・プロセスを模式的に示します．0xEF000000に配置されているオンチップ・ブートROMに格納されたブート・カーネルがFLASH/PROMからLDR形式のイメージを取り出し，L1メモリにアプリケーション・コードとアプリケーション・データを配置します．

Appendix 1 より使いこなすためのヒント

プロセッサに欠かせない フラッシュROMのしくみ

フラッシュROMは，セクタ単位での消去，ページ単位での書き込み，ページ単位での読み込みなどを基本操作とするデバイスです．書き込み前には消去操作（通常，全ビットを1にする操作）を実行します．

1セクタあたりのページ数，1ページあたりのバイト数はフラッシュROMによって異なりますが，基本的な論理構造はどのフラッシュROMも大きく変わりません．

表2 DSP付属基板搭載フラッシュROM M25P16の書き込みや消去の特性

項　目	Min	Typ	Max
ステータス・レジスタへの書き込み [ms]	―	1.3	15
ページング（256バイト）[ms]	―	0.64	5
ページング（1～4バイト）[ms]	―	0.01	5
ページング（5～256バイト）[ms]	―	int(n/8)×0.02 ※n＝5～256	5
セクタ消去 [s]	―	0.6	3
バルク消去 [s]	―	13	40

● M25P16フラッシュROMの構造

付属基板に搭載されているフラッシュROM M25P16の場合，以下のようなパラメータを持っています．

- 総バイト数 ＝ 2,097,152
- セクタ数 ＝ 32
- ページ数 ＝ 8,192

M25P16の内部ブロックを図1に示します．外部とのインターフェースとして制御ロジック回路があり，データはシフト・レジスタを介して入出力を実行します．書き込みには高電圧が必要なので内部に高い電圧の生成回路があり，これも制御ロジック回路から制御されます．内部には256バイトのデータ・バッファがあり，ページ書き込み時のデータ保持用としています．ステータス・レジスタは書き込み状態をホストに伝えるために，操作対象アドレスの書き込みが完了したかどうかを参照できるようになっています．

▶フラッシュROMのコマンド

本書の付属基板で採用しているフラッシュROMのコマンドを表1に示します．

表1 DSP付属基板搭載フラッシュROM M25P16のコマンド

命令	内　容	1バイト命令コード		アドレス・バイト数	ダミー・バイト数	データ・バイト数
WREN	ライト・イネーブル	0000 0110	06h	0	0	0
WRDI	ライト・ディセーブル	0000 0100	04h	0	0	0
RDID	ID読み出し	1001 1111	9Fh	0	0	1～3
RDSR	ステータス・レジスタ読み出し	0000 0101	05h	0	0	1～∞
WRSR	ステータス・レジスタ書き込み	0000 0001	01h	0	0	1
READ	データ・バイト数読み出し	0000 0011	03h	3	0	1～∞
FAST_READ	データ・バイト数高速読み出し	0000 1011	0Bh	3	1	1～∞
PP	ページ・プログラム	0000 0010	02h	3	0	1～256
SE	セクタ消去	1101 1000	D8h	3	0	0
BE	バイト消去	1100 0111	C7h	0	0	0
DP	ディープ・パワー・ダウン	1011 1001	B9h	0	0	0
RES	ディープ・パワー・ダウン解除＆電気信号読み出し	1010 1011	ABh	0	3	1～∞
	ディープ・パワー・ダウン解除			0	0	0

▶フラッシュROMの書き込み時間

本書の付属基板に搭載されているフラッシュROM M25P16の書き込みや消去に関する基本特性を**表2**に示します．

● プロ愛用！2段階書き込み

余談ですが，2段階に渡るフラッシュROMの書き込みメカニズムはさまざまなプラットホームで用いられており，例えばXilinx社の開発環境Xilinx SDKでも見ることができます．

このSDKの場合，**リスト1**のようにflashwriter. elfがターゲット上のソフトコア・プロセッサMicroblazeに流し込まれ，このソフトコア・プロセッサ上で動作するフラッシュ書き込み処理プログラムとホスト側のプログラムが通信しながら書き込み処理を実現しています．

リスト1　FPGAの開発でも2段階書き込みが使われている

```
Downloading Program -- ./etc/flashwriter/
flashwriter.elf
  section, .text: 0xd0000000-0xd0000a2f
  section, .data: 0xd0000a30-0xd0000c47
  section, .bss: 0xd0000c48-0xd001faef
  section, .stack: 0xd001faf0-0xd001fe6f
Setting PC with Program Start Address 0xd0000000
* Programming the flash part(s) with the image...
.............* Programming completed:  22%
.............* Programming completed:  45%
.............* Programming completed:  68%
.............* Programming completed:  91%
.....* Programming completed: 100%
* Flashwriter completed successfully!
```

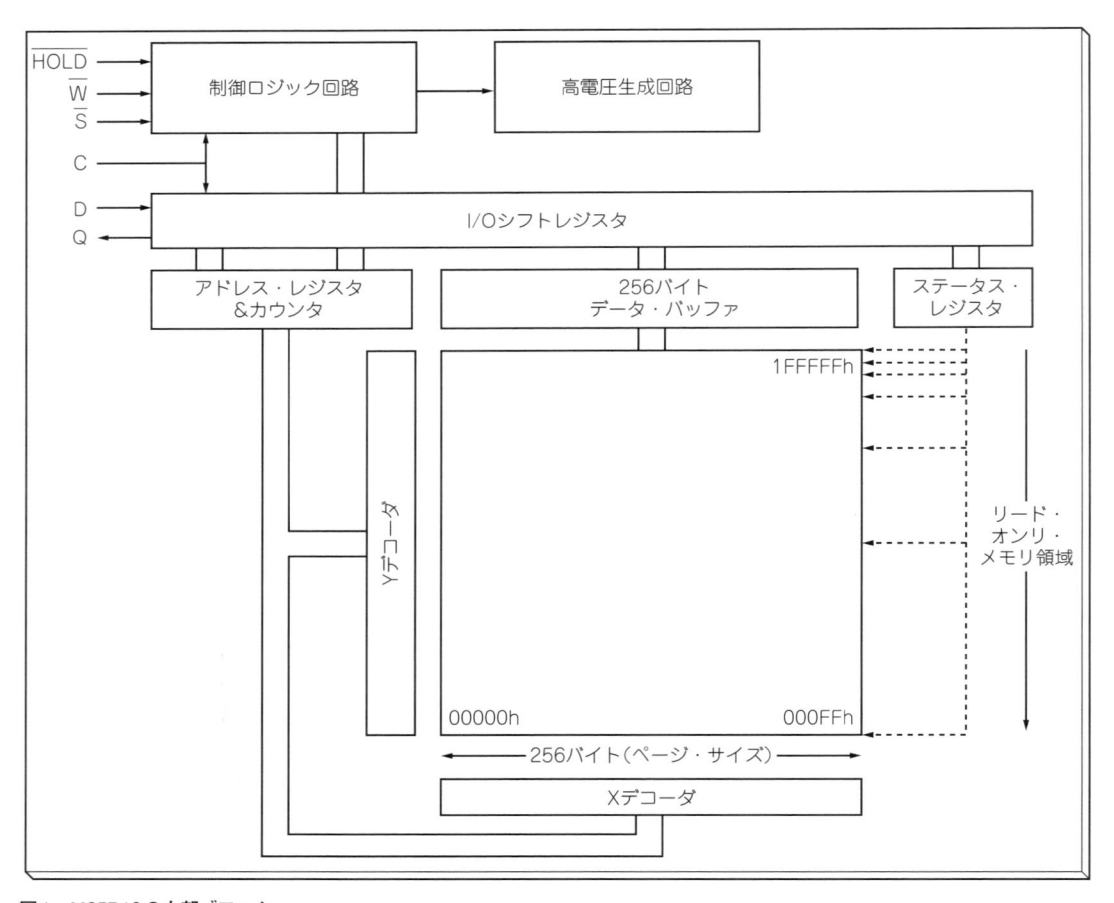

図1　M25P16の内部ブロック

Appendix 2

バッチ・ファイルで書き込みを効率よく

コマンドラインで本格プログラミング

図1
コマンドライン用のBlackfin MiniConfig Terminalを起動する

図2 コマンドライン用のBlackfin MiniConfig Terminalが起動した

図3 miniconfig-cui.exeと入力するとターゲット・ポートを確認できる

● キーボードだけで書き込めれば効率UP！

Blackfin MiniConfig GUIは，マウスひとつで操作できて手軽ですが，キーボードを使ってコマンド・ライン上でビルド操作をした後，マウスを持ち替えて書き込み操作をするとなると，実は意外に面倒です．

そのような問題を解決するために，Blackfin MiniConfig Special Limited Editionには，コマンドラインから書き込めるminiconfig-cuiが付属しています．

これは，パラメータを与えるだけで動作するように設計されているコマンドライン・ツールです．Makefileなどに miniconfig-cui.exe を呼び出す記述を追加すれば，ビルド直後，自動的にターゲットに対してプログラムを流し込むことが可能になります．

コマンドラインだけで操作を完結でき，開発中のプログラム動作確認をサッと行えます．

使いかた

図1のBlackfin MiniConfig Terminalアイコンは，Blackfin MiniConfigの機能をコンソールから使用できるコマンド・プログラムminiconfig-cuiを使うためのコマンド・プロンプト画面を開くショートカットです．アイコンをクリックすると，コマンドプロンプトが開きます．

図2のようにBlackfin MiniConfig Terminal上でminiconfig-cui.exeを呼び出すと，コマンドライン上での動作を確認できます．コマンドプロンプトが開いたらminiconfig-cui.exeと打ち込んでみてください．図3のように，オプションが表示されると同時に，認識されているターゲットのリストも表示されます．

● フラッシュ書き込みモード

フラッシュ書き込みモードで使用する場合，-xオプションに専用ブートローダのLDRファイル名，-yオプションにユーザ・アプリケーションLDRファイル名をそれぞれ与えます．表1に各オプションと引数を，リスト1に記述例を示します．書き込み後，BOOTピンを開放して，RESETボタンを押すとアプリケーションが実行されます．

使いかた 35

リスト1　フラッシュ書き込みモードのコマンド記述例

```
miniconfig-cui.exe -p auto -b 57600 -x .¥config¥bootloader¥bootloader.ldr -y .¥config¥application¥led_blink.ldr
```

- ポート番号はautoを指定
- ボー・レート
- IFX-49専用ブートローダを指定
- 作成したアプリケーション・プログラムを指定

リスト2　直接ブート・モードのコマンド記述例

```
miniconfig-cui.exe -p auto -b 57600 -x .¥config¥application¥led_blink.ldr
```

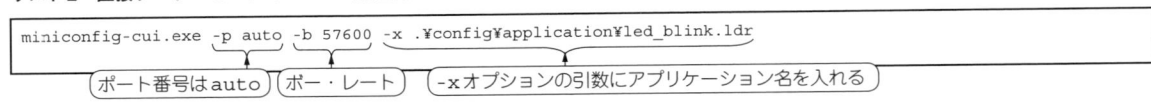

- ポート番号はauto
- ボー・レート
- -xオプションの引数にアプリケーション名を入れる

表1　フラッシュ書き込みモードで使うオプションと引数の例

オプション	引数
-p	auto
-b	57600
-x	専用ブートローダLDRファイル名（あらかじめBlackfin MiniConfigにバンドルされている bootloader.ldrを使用する）
-y	ユーザ・アプリケーションLDRファイル名

表2　直接ブート・モードで使うオプションと引数の例

オプション	引数
-p	auto
-b	57600
-x	ユーザ・アプリケーションLDRファイル名

表3　作成したMakefileの仕様

ターゲット	処理内容
all	buildとconvertを実行する
build	bfin-elf-gccのバージョンを表示する．bfin-elf-gccを使ってソースをコンパイルする．bfin-elf-sizeを使ってビルド結果のサイズを表示する
convert	bfin-elf-ldrを使ってDXE形式からLDR形式に変換する
write	miniconfig-cuiを使ってフラッシュに書き込む
boot	miniconfig-cuiを使って直接ブートする
clean	二次生成物を削除する

● 直接ブート・モード

　直接ブート・モードで使用する場合，-xオプションに直接ユーザ・アプリケーションLDRファイル名を与えてください．表2に各オプションと引数を，リスト2に記述例を示します．書き込み後，即座にアプリケーションが実行されます．

● 書き込みまで自動実行できるMakefileを作っておくと便利

　ここで，miniconfig-cui.exeを使って，makeコマンド一発でビルドとLDR形式への変換まで処理可能なMakefileの例をリスト3に示します．コマンドラインだけで処理を完結でき手軽なので，パラ

リスト3　makeコマンド一発で書き込みファイルを作れるようにするMakefile

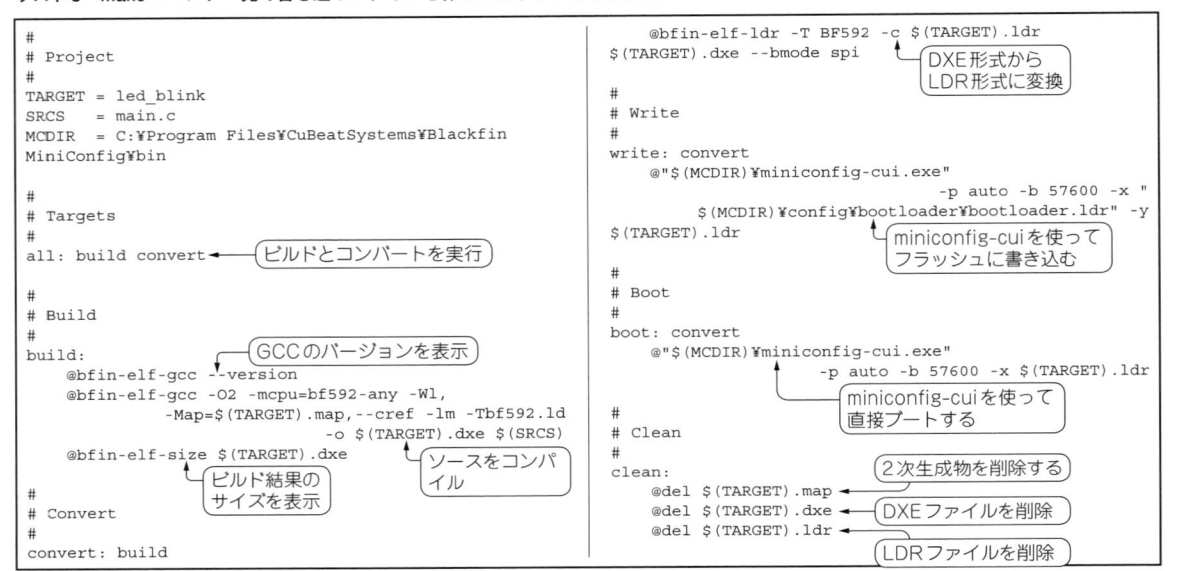

```
#
# Project
#
TARGET = led_blink
SRCS   = main.c
MCDIR  = C:¥Program Files¥CuBeatSystems¥Blackfin MiniConfig¥bin

#
# Targets
#
all: build convert

#
# Build
#
build:
    @bfin-elf-gcc --version
    @bfin-elf-gcc -O2 -mcpu=bf592-any -Wl,
        -Map=$(TARGET).map,--cref -lm -Tbf592.ld
            -o $(TARGET).dxe $(SRCS)
    @bfin-elf-size $(TARGET).dxe

#
# Convert
#
convert: build
    @bfin-elf-ldr -T BF592 -c $(TARGET).ldr
$(TARGET).dxe --bmode spi

#
# Write
#
write: convert
    @"$(MCDIR)¥miniconfig-cui.exe"
        -p auto -b 57600 -x "
    $(MCDIR)¥config¥bootloader¥bootloader.ldr" -y
$(TARGET).ldr

#
# Boot
#
boot: convert
    @"$(MCDIR)¥miniconfig-cui.exe"
        -p auto -b 57600 -x $(TARGET).ldr

#
# Clean
#
clean:
    @del $(TARGET).map
    @del $(TARGET).dxe
    @del $(TARGET).ldr
```

- ビルドとコンバートを実行
- GCCのバージョンを表示
- ソースをコンパイル
- ビルド結果のサイズを表示
- DXE形式からLDR形式に変換
- miniconfig-cuiを使ってフラッシュに書き込む
- miniconfig-cuiを使って直接ブートする
- 2次生成物を削除する
- DXEファイルを削除
- LDRファイルを削除

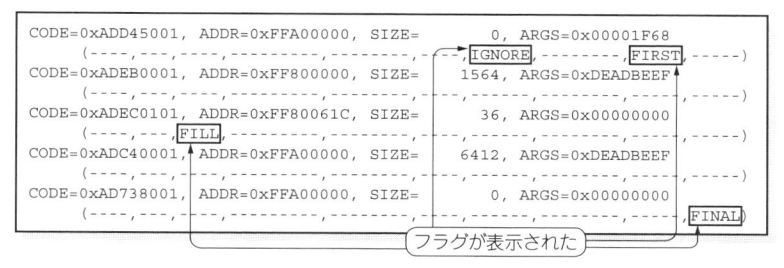

```
CODE=0xADD45001, ADDR=0xFFA00000, SIZE=       0, ARGS=0x00001F68
(----,---,----,---------,--------,-,IGNORE,--------,FIRST,-----)
CODE=0xADEB0001, ADDR=0xFF800000, SIZE=    1564, ARGS=0xDEADBEEF
(----,---,----,---------,--------,-,------,--------,-----,-----)
CODE=0xADEC0101, ADDR=0xFF80061C, SIZE=      36, ARGS=0x00000000
(----,---,FILL,---------,--------,-,------,--------,-----,-----)
CODE=0xADC40001, ADDR=0xFFA00000, SIZE=    6412, ARGS=0xDEADBEEF
(----,---,----,---------,--------,-,------,--------,-----,-----)
CODE=0xAD738001, ADDR=0xFFA00000, SIZE=       0, ARGS=0x00000000
(----,---,----,---------,--------,-,------,--------,-----,FINAL)
```

図4 ブートローダのヘッダ情報を表示してみた （フラグが表示された）

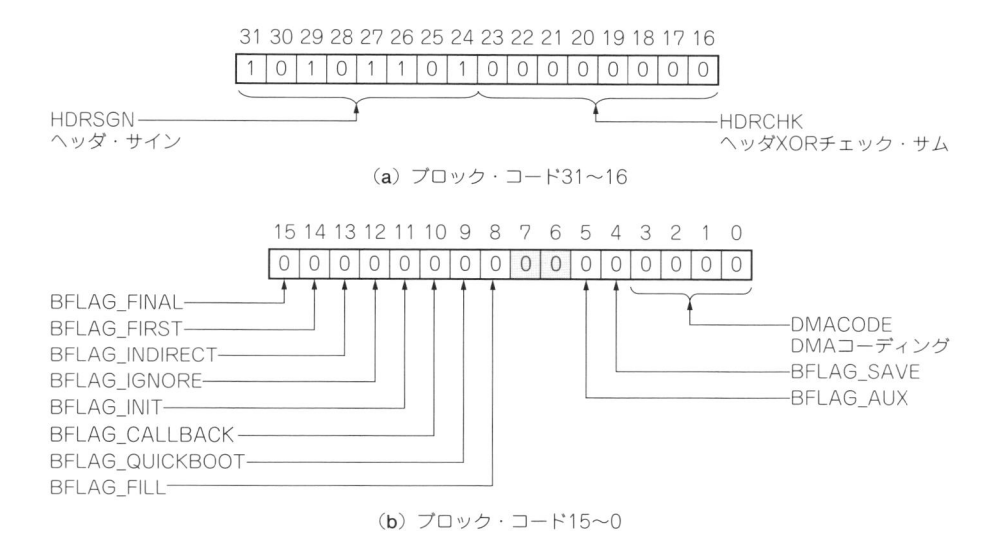

(a) ブロック・コード31～16

HDRSGN ヘッダ・サイン / HDRCHK ヘッダXORチェック・サム

(b) ブロック・コード15～0

BFLAG_FINAL / BFLAG_FIRST / BFLAG_INDIRECT / BFLAG_IGNORE / BFLAG_INIT / BFLAG_CALLBACK / BFLAG_QUICKBOOT / BFLAG_FILL / DMACODE DMAコーディング / BFLAG_SAVE / BFLAG_AUX

図5 データシートでブート・ローダのヘッダを見てみる

メータを変えながらの実験などに役立ちます．このMakefileを使えば，make writeと実行すればフラッシュROMへの書き込みが実行されます．ターゲットのBOOTピンを短絡しRESETボタンを押した状態でmake writeを実行します．

Makefileのターゲットには，all，build，convert，write，boot，cleanが設定されています．**表3**に各ターゲットに対する処理内容について整理しておきます．

応用…ヘッダ情報を見てみよう

通常では必要ありませんが，ブートに関連するトラブルが発生した場合には，ブート用イメージ内のブート・ストリーム・ヘッダの内容を確認することをお勧めします．

ブート・ストリーム・ヘッダを確認する方法の一つとして，miniconfig-cui.exeに用意した-vオプションがあります．-vオプションに1を与えると，ターゲットに流し込むLDR形式のヘッダ情報をた

どって出力してくれます．

● ブートローダのヘッダ情報を見てみる

以下のコマンドで，付属基板用に作られたブートローダのヘッダ情報を表示してみます．

```
miniconfig-cui.exe -p auto -b 57600
-x .¥config¥bootloader¥bootloader.
ldr -v 1
```

このコマンドで得られた出力を**図4**に示します．これを**図5**のデータシートに示された内容と照らし合わせて確認してみます．複数のブロックでいくつかのフラグがあるので，これらのフラグの意味を紹介します．

▶IGNOREフラグ

このフラグが付いたブロックはメモリへの格納対象ではないことを示しています．ブート・カーネルは，ヘッダで与えられたサイズ分だけストリーム上をスキップする処理を行います．

▶FIRSTフラグ

DXEの最初のブロックであることを示すためのフラグですが，同時にターゲット・アドレスとアーギュ

コラム　フラッシュ・ライタ（書き込み器）の設計

　Blackfin MiniConfigは，さまざまなBlackfinプロセッサで使用可能なフラッシュ書き込みプログラム，「Blackfin BlueBoot」が大元になっています．

　このプログラムは，さまざまなBlackfinプロセッサ搭載ボードを扱うことを前提に，図Aのような抽象化されたモデルの上で設計されています．

　抽象化を設計の前段階で行えば，さまざまなターゲットに対応させる下地を作れます．

● 必要な要素を整理する

　Blackfin MiniConfigは，フラッシュ書き込み動作の第一段階で，Blackfinプロセッサが持つUARTブート機能を使って，フラッシュ書き込み制御プログラムをプロセッサ上で実行させます．

　フラッシュ書き込み動作の第二段階で，ホスト上のアプリケーションとBlackfinプロセッサ上のフラッシュ書き込みプログラムが会話しながら，外付けフラッシュROMへの書き込みを実行します．

　ホスト上のアプリケーションは，外付けSPIフラッシュROMに対する基本的な動作要求を行います．基本的な動作要求とは，フラッシュROMの情報取得，セクタ消去，ページ書き込み，ページ読み込み，ステータス取得などです．

▶バイト単位のファイルをページ単位にする

　ここで，少し考えなければならないのですが，書き込み対象のバイナリは，ホスト・ファイル・システム上にあるファイルとして扱われている段階で，ホスト・アプリケーション上からは，見かけ上バイト単位で構成されています．しかし，ターゲット上にある外付けSPIフラッシュROMはブロック型のデバイスであり，最小単位は通常ページと呼ばれる固定長のブロックにデータを格納する形式を取ります．ホスト上のアプリケーションは，書き込み対象ファイルのバイト数と，ターゲットから得た外付けSPIフラッシュROMの情報を元にして，消去が必要なセクタ数，書き込みに必要なページ数などを算出します．

▶改造が利くように作っておく

　本書でのフラッシュ書き込みプログラムの場合，ターゲットごとにどのようなフラッシュROMが搭載されているのかは自明です．が，あえてブートしたフラッシュ書き込み制御プログラムから，フラッシュROMに関する情報を取得して処理するように設計してあります．このようにすると，フラッシュ書き込み制御プログラムが，システムから動的にフラッシュROMの情報を取得して処理することにも対応できます．付属基板ではこのケースに該当しませんが，例えば量産のある段階から搭載されるフラッシュROMが変更になるような場合でも，書き込み処理を動的にスイッチできます．

＊　　　＊　　　＊

　このような工夫は，システム設計過程で当たり前のように行われているちょっとした工夫で特別なものではありません．起こり得るさまざまな可能性を事前に考慮して設計することも重要な設計作業の一つと言えます．

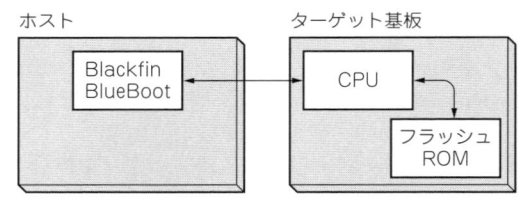

図A　Blackfinブート・プログラムの抽象化モデル

メント・フィールドについて，特別な種類であることをブート・カーネルに伝える意味もあります．どういうことかというと，FIRSTフラグが付与されたブロックに限って，ターゲット・アドレス・フィールドは，アプリケーションのスタートアドレス値として保持され，アーギュメント・フィールドの値は，次のDXEへのオフセットとして保持されるように働きます．

▶FILLフラグ

　付帯するペイロードは用いず，アーギュメント・フィールドに与えられた32ビット値でターゲット・アドレスから指定サイズ分を埋める処理を要求しています．

▶FINALフラグ

　ブート・カーネルは，このフラグを持つブロックの処理完了後，アプリケーションへ制御を遷移させます．このフラグは，複数のDXEファイルがマージされるようなケースでなければ，通常最終ブロックに付与されます．

　通常のコンパイル作業で発生することは考えにくいのですが，このFINALフラグがない場合には，いつまでたってもブートしないといった類のトラブルが発生します．

第4章 信号処理を書き換えるだけのひな形を用意しました

全28種類！専用エフェクト・プログラム

● サンプル・プログラムの一覧

本書で解説しているソフトウェアは，付属CD-ROMにすべて収録しています．effect_sampleフォルダの中に，**表1**の28種類のエフェクト・プログラムのサンプルが格納されています．各フォルダは**図1**のように構成されています．

● サンプル・プログラムのビルド方法

第3章でも解説していますが，サンプル・プログラムのビルドは，**図2**のようにWindowsのコマンドプロンプトを開き，各フォルダに移動したあと，makeコマンドを実行します．**リスト1**のように行います．ビルド後の実行ファイル（.ldr）の書き込み方法については，第3章をご覧ください．

● サンプル・プログラムのひな形構造

サンプル・プログラムは，misc_ifx49_usbdacを除き，どれも同じひな形を使い，信号処理部分のみが異なります．DSPや各ICの初期化，ADAU1361のサンプリング開始部分はどのプログラムも同じように記述しています．**リスト2**にサンプル・プログラムのひな形を示します．

サンプル・プログラムは，**図3**のような呼び出し関係です．

main関数からボードの初期化を行うifx49_init関数をコールするだけで初期化が完了します．ifx49_init関数では，BlackfinのPLL, GPIO, SPI0, UART0と，コーデックIC ADAU1361の初期化を行います．

この後，アプリケーションで使用するペリフェラルやメモリを初期化した後，ADAU1361のサンプリングを開始するため，adau1361_enable関数をコールし，ループの中で，adau1361_data_check関数をコールし続けます．

adau1361_data_check関数でDMAの状態をチェックし，転送が完了していたら，codec_

表1 本誌付属CD-ROM内のサンプル・プログラム

章	プログラムの内容	格納フォルダ名
6	移動平均フィルタ ・移動平均フィルタ1 ・移動平均フィルタ2 ・ベース・ブースト	c06_sma1 c06_sma2 c06_bass_boost
7	FIRフィルタ ・ローパス・フィルタ ・ハイパス・フィルタ ・ベース・ブースト（128タップ） ・ベース・ブースト（200タップ版）[注1] ・ベース・ブースト（512タップ版）[注2]	c07_fir1 c07_fir2 c07_fir3 c07_fir4 c07_fir5
8	IIRフィルタ ・ローパス・フィルタ（直接型） ・ローパス・フィルタ（縦続型）	c08_iir_df c08_iir_biquad
9	31バンド・イコライザ	c09_31band_eq
10	ディレイ リバーブ	c10_delay c10_reverb
11	正弦波オシレータ ステレオ・オート・パン	c11_sinegen c11_autopan
12	トレモロ リング・モジュレータ	c12_tremolo c12_ringmod
13	ビブラート	c13_vibrate
14	コーラス	c14_chorus
15	状態変数型フィルタ (State Variable Filter) オート・ワウ	c15_svf c15_auto_wah
16	ディストーション	c16_distortion
17	マルチエフェクタ ・固定パラメータ版 ・パラメータ調整可能版	c17_multi1 c17_multi2
18	拡張基板を使った7バンド・イコライザ ・拡張基板を使ったマルチエフェクタ	c18_7band_eq c18_exb_multi
その他	・開発テンプレート （A-Dコンバータからの入力をそのままD-Aコンバータに出力する） ・A-DコンバータMCP3208用プログラム ・**CP2114を使用したUSB DAC**	misc_talkthrough misc_mcp3208_multi misc_ifx49_usbdac

注1 動作時にノイズが出ます．音量に注意してください．
注2 Visual DSP++専用です．gccではビルドできません．

```
effect_sample
├─ c06_bass_boost         ├─ c08_iir_biquad        ├─ c12_ringmod        ├─ c17_multi2
├─ c06_sma1               ├─ c08_iir_df            ├─ c12_tremolo        │  └─ MultiEffectorConsole
├─ c06_sma2               ├─ c09_31band_eq         ├─ c13_vibrate        │     └─ Properties
├─ c07_fir1               │  └─ SlideVolume_cp2114 ├─ c14_chorus         ├─ c18_7band_eq
├─ c07_fir2               │     └─ Properties      ├─ c15_auto_wah       ├─ c18_exb_multi
├─ c07_fir3               ├─ c10_delay             ├─ c15_svf            ├─ common         ← IFX-49制御用関数など
├─ c07_fir4               ├─ c10_reverb            ├─ c16_distortion     ├─ exboard        ← 拡張ボード用関数
├─ c07_fir5               ├─ c11_autopan           ├─ c17_multi1         ├─ misc_talkthrough
│  └─ Release             ├─ c11_sinegen                                 ├─ misc_ifx49_usbdac
                                                                         ├─ misc_mcp3208_multi
                                                                         └─ ex_mcp3208
```

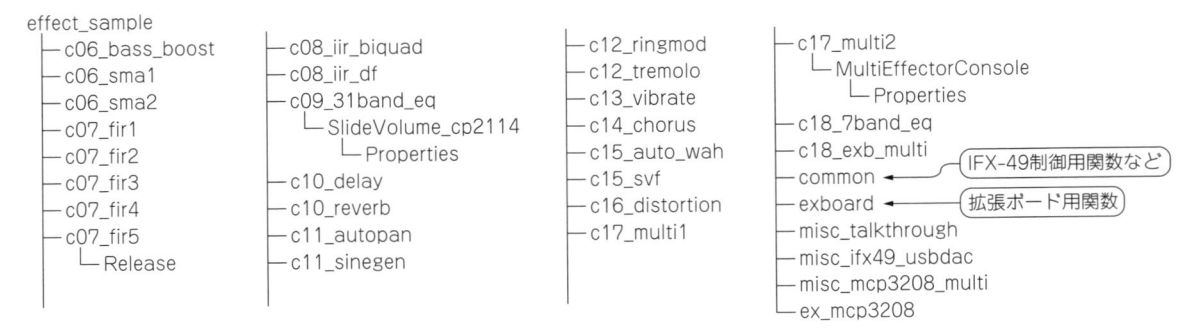

図1 本誌付属CD-ROM内effect_sampleフォルダの構成
このほか，effect_sampleフォルダ直下にコンパイル用のMakefileがある

リスト1 cdコマンドでサンプル・プログラムがあるフォルダに移動したあとmakeコマンドを入力すればコンパイルできる

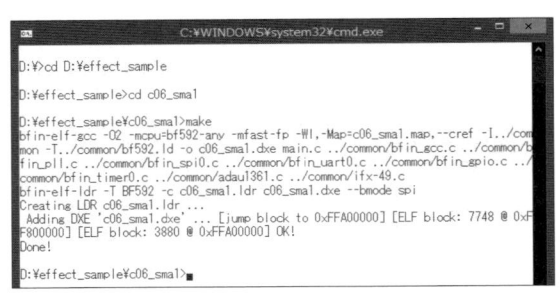

```
D:\>cd D:\effect_sample          ← cdコマンドでカレント・フォルダを移動
D:\effect_sample>cd c06_sma1
D:\effect_sample\c06_sma1>make   ← makeコマンドでビルド
bfin-elf-gcc -O2 -mcpu=bf592-any -mfast-fp -Wl,-Map=c06_sma1.map,--cref -I../com
mon -T../common/bf592.ld -o c06_sma1.dxe main.c ../common/bfin_gcc.c ../common/b
fin_pll.c ../common/bfin_spi0.c ../common/bfin_uart0.c ../common/bfin_gpio.c ../
common/bfin_timer0.c ../common/adau1361.c ../common/ifx-49.c
bfin-elf-ldr -T BF592 -c c06_sma1.ldr c06_sma1.dxe --bmode spi
Creating LDR c06_sma1.ldr ...
 Adding DXE 'c06_sma1.dxe' ... [jump block to 0xFFA00000] [ELF block: 7748 @ 0xF
F800000] [ELF block: 3880 @ 0xFFA00000] OK!
Done!
```

図2 Windowsのコマンドプロンプトからコンパイルする

リスト2 サンプル・プログラムの書き方は基本的に同じ

```
int main( void )
{
    /* ボード初期化 */          ← Blackfin及びIFX-49基板の初期化
    ifx49_init();
中略
    /* ADAU1361サンプリング開始 */  ← ADAU1361のサンプリング開始（DACからのデータ取得，DACへのデータ送信の開始）
    adau1361_enable();

    while(1)
    {
        idle();
        adau1361_data_check();   ← DMAのデータ転送完了したかチェック．データ転送完了後，codec_audio_process関数をコールバックする
    }
    return 0;
}                               ← ユーザ・アプリケーションで用意する関数
void codec_audio_process(const int32_t* p_rxbuf[2],
                                int32_t* p_txbuf[2])
{
    ...                         ← この関数で信号処理を行う
}
```

audio_process関数をコールバックします．codec_audio_process関数は信号処理を行う関数で，ここを書き換えると処理内容が変わります．

● 試したいときに書き換える信号処理関数…
codec_audio_process

信号処理の内容を記述するcodec_audio_process関数のプロトタイプは次の通りです．

```
void codec_audio_process(const
int32_t* p_rxbuf[2], int32_t* p_
txbuf[2])
```

引数は，p_rxbufとp_txbufの2点です．引数の意味を表2に示します．

これらの変数はint32_tのダブル・ポインタで定義されていて，ステレオ2チャネルのDMAのバッファを指しています．バッファのサイズは，ステレオの2チャネル（左，右）×NUM_SAMPLES個のint32_tのバッファの先頭を指しています．common\adau1361.hのNUM_SAMPLESマクロで128と定義されており，図4のようなイメージです．

この関数の中で，p_txbufにDACへの出力データを書き込めば，DMAがD-Aコンバータにデータを送信し，音が再生されます．

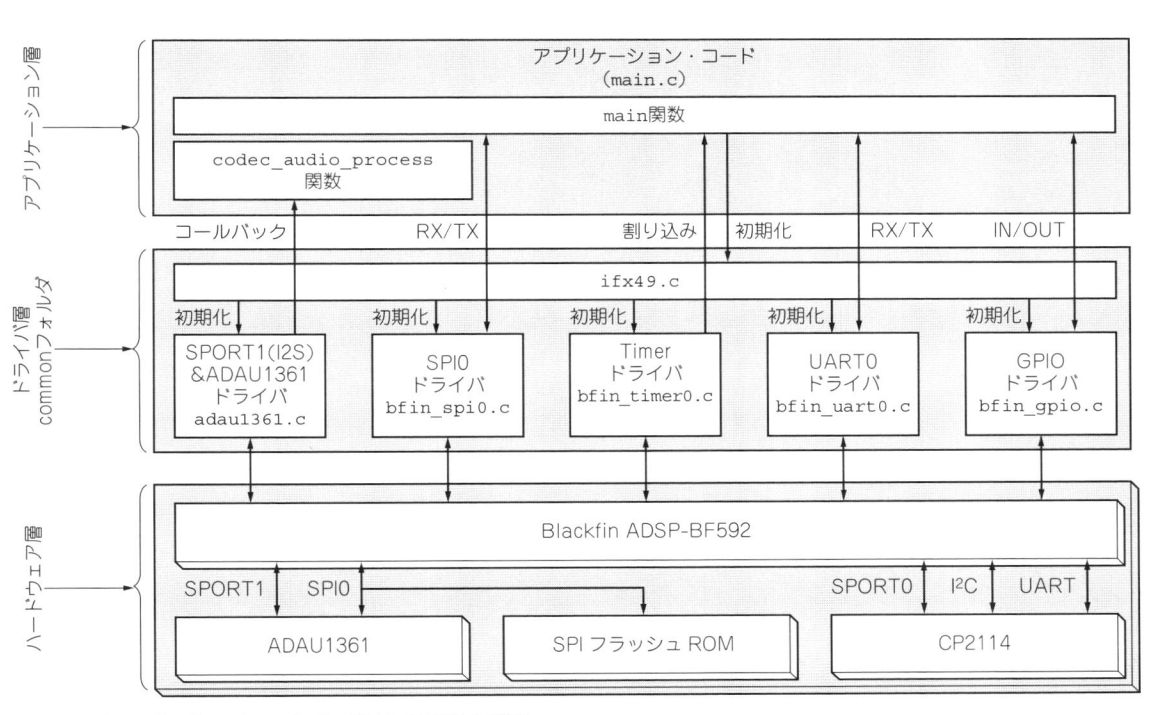

図3 サンプル・プログラム内での各プログラムの呼び出し関係

表2 codec_audio_process関数の引数

引数名	意 味	チャネル
p_rxbuf[0]	A-Dコンバータからのサンプリング・データ	左
p_rxbuf[1]		右
p_txbuf[0]	D-Aコンバータへ出力するデータ	左
p_txbuf[1]		右

図4 ステレオ2チャネルのDMAバッファを入出力ごとに用意した

p_rxbufに格納されているデータおよびp_txbufに格納するデータは，Q8.24型の固定小数形式です．-1.0～+1.0（-16777216～+16777215）の範囲を超えるデータは波形が歪みます．

● エフェクトの効果音サンプルを用意しました

どんなエフェクトかわかりやすいよう，IFX-49基板にエレキ・ギターをつなげ，アンプからの出力音を録音し，表3のように付属CD-ROMに収録しました．最初はエフェクトを無効にし，曲の途中からエフェクトを有効にしています．31バンド・イコライザのサンプルでは図5のように設定した音にしています．Waveファイルを再生してどんなエフェクト音になるか聞いてみてください．

表3 付属CD-ROM内の各エフェクト・プログラムを実行したサンプル音一覧

章	内容[注1]	ファイル名
6	移動平均フィルタ ・ローパス・フィルタ ・ベース・ブースト	c06_sma_lpf.wav, c06_bassboost_p1.wav, c06_bassboost_p2.wav
7	FIRフィルタ ・ハイパス・フィルタ ・ベース・ブースト （128タップ）	c07_fir_hpf.wav c07_fir_bassboost.wav
9	31バンド・イコライザ ・設定パターン1 ・設定パターン2	c09_31bandeq_p1.wav c09_31bandeq_p2.wav
10	ディレイ	c10_delay_p1.wav, c10_delay_p2.wav
10	リバーブ	c10_reverb_p1.wav, c10_reverb_p2.wav
11	オート・パン[注2]	c11_autopan.wav
12	トレモロ	c12_tremolo_p1.wav, c12_tremolo_p2.wav
12	リング・モジュレータ	c12_ringmod_p1.wav, c12_ringmod_p2.wav

章	内容[注1]	ファイル名
13	ビブラート ・モジュレーション 　周波数：10Hz ・モジュレーション 　周波数：2Hz	c13_vibrate_p1.wav c13_vibrate_p2.wav
14	コーラス	c14_chrous_p1.wav, c14_chrous_p2.wav
15	オートワウ	c15_autowah_p1.wav, c15_autowah_p2.wav
16	ディストーション ・シングルコイルのギターを使用[注3] ・ハムバッカーのギターを使用[注4]	c16_distortion_p1.wav, c16_distortion_p2.wav
17	マルチエフェクタ[注5]	c17_multi.wav
18	拡張基板を使った 7バンド・イコライザ	c18_7bandeq.wav

注1 注記がないものはすべてマイクで録音．特にリマスタリングしていないためノイズが聴こえる場合あり
注2 ライン録り．ステレオ再生で効果あり
注3 テレキャスター（Fender，シングルコイル）使用
注4 エクスプローラ（Epiphone，ハムバッカー）使用
注5 ギター生音→ディストーションON→リバーブON→オートワウONの順番

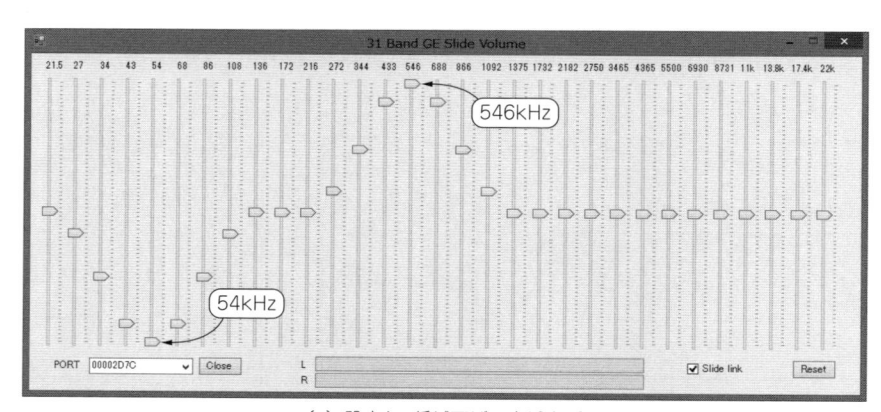

（a）設定1…低域下げ，中域上げ

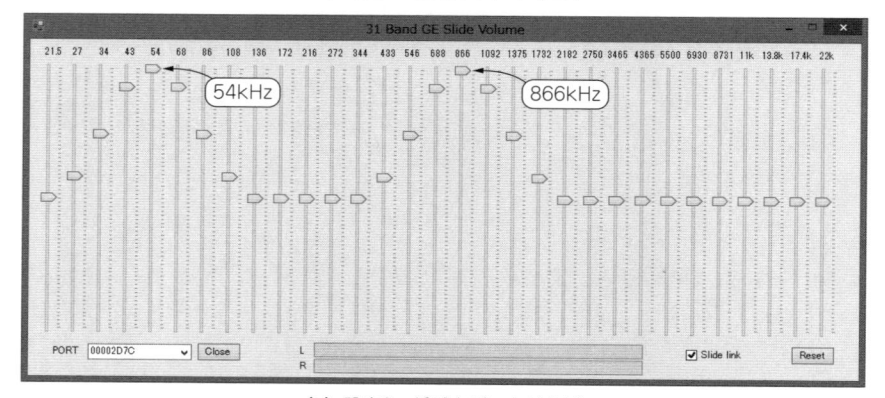

（b）設定2…低域上げ，中域上げ

図5 サンプル音のイコライザ設定

第5章

ちょいと面倒だけどDSPの性能をフルに引き出せる

高速演算に必須！
固定小数点プログラミング

● DSPの種類

　DSPは，大きく分類すると2種類あります．浮動小数点DSPと固定小数点DSPです．浮動小数点DSPは文字通り，C言語のfloatやdoubleの型で表現できる浮動小数点を高速演算できるプロセッサです．固定小数点DSPはC言語のintやlongの型で小数を表現します．

　浮動小数点DSPはプログラムが容易ですが，ハードウェアの規模が大きくなりやすく，消費電力も多くなります．逆に固定小数点DSPは，後述する「小数点の位置」について考慮する必要がありますが，浮動小数点DSPよりハードウェアの規模が小さく，消費電力を小さくできます．

　本書のDSP付属基板に搭載されているBlackfin DSP「ADSP-BF592」は固定小数点DSPです．そこで，本章では固定小数点プログラミングを解説します．本章を飛ばして信号処理プログラミングに挑戦してもかまいませんが，より深く知るために一読することをおすすめします．

固定小数点と浮動小数点

● 固定小数点DSPに必須…固定小数点演算

　Blackfinは，浮動小数点ユニットを持っていません．もしfloatやdoubleなどの浮動小数点形式で計算する場合，ソフトウェアで処理することになり，演算に相当な時間がかかります．少しの演算量であれば浮動小数点でも構いませんが，浮動小数点で本格的な演算を行うには時間がかかりすぎます．そこで，固定小数点で表現された形「固定小数点数」で演算を行います．

● 小数点位置が自動で決まってラク…浮動小数点

　浮動小数点はIEEE754で定義されている型が一般的です．floatやdoubleで変数を定義すると，この仕様に基づいて小数を表現し，計算します．図1のように符号部，仮数部，指数部から成り，極めて大きな数や小さな数を表現することができます．

固定小数点

● プログラマが小数点位置を自由に決められる

　固定小数点では，符号部，仮数部，指数部が何ビットといった明確な決まりがありません．プロセッサの演算ロジックを簡易化するためにintやlongといった整数の型で小数を表現しているため，小数点位置はプログラマが自由に決めることができます．

▶5桁の数で考えてみる

　2進数で表現するとわかりにくいため，符号を含む5桁の10進数で固定小数点を表現すると，図2のようになります．これだと－9999～＋9999まで表現できます．

　図3のように2桁目と3桁目に小数点の点があると定義した場合，－9999～＋9999という表現を－99.99～

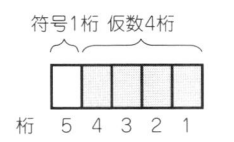

図2　5桁の10進数を使って－9999～＋9999を固定小数点を表現してみる

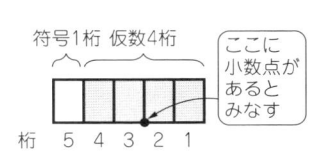

図3　5桁の10進数の小数点位置を変えて－99.99～＋99.99を表現してみる

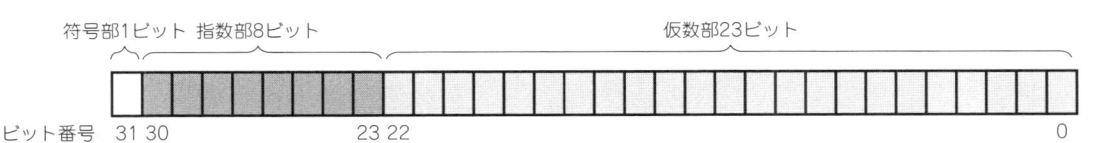

図1　単精度浮動小数点では符号部，仮数部，指数部を自動で合わせてくれる

符号部1ビット 仮数部7ビット

ビット番号 7 6 5 4 3 2 1 0

ここに小数点があるとみなす

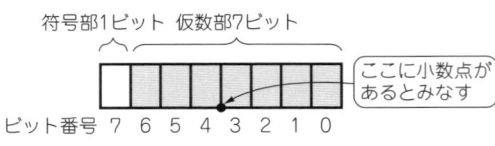

図4 2進数8ビットで小数点位置を4ビット目と3ビット目の後に置くと−8〜7.9375を表現できる

+99.99とみなせます．下2桁は小数点とみなしていますので，100であれば1.00，200であれば2.00と表現できます．

● 高速演算に向く理由…プロセッサからは整数型に見える

このように，固定小数点はintやshortといった整数型で表現できる値の範囲を置き換えただけなので，プロセッサから見ると整数型を扱っていることと変わりありません．よって，小数点位置を計算しなくてはならない浮動小数点より高速に演算が可能となります．その代わり，小数点位置はプログラマが管理する必要があります．

今度は，8桁の2進数で表現してみます．整数だと−128〜127となりますが，図4のように4と3ビット目の間に小数点があるとみなすと，表1のように−8〜7.9375とみなせます．

信号処理で使われる固定小数点形式

● ±1.0を表現して使う

自由に決められる小数点位置ですが，よく使われる形式があります．図5のように符号部1ビットをとり，そのすぐ横に小数点を置いて，仮数部31ビットとして，±1.0を表現する方法です．

A-Dコンバータから取得するデータやD-Aコンバータに送るデータのサイズは量子化ビット数で絶対値の最大が決まっており，範囲を±1.0としておけば，仮に量子化ビット数が変わってもビット桁を増やしたり減らしたりする対応が容易なためです．この形式はQ1.31形式と呼び，符号を含めた整数部と，小数部を切り分けて記述することにより，どのようなフォーマットで定義しているか判別しやすくします．

表1 8ビットの場合のビット配置と自然数の対応表

2進数	10進数（下位4ビットを小数とみなした場合）
01111111（最大値）	7.9375
1111110	7.875
1111101	7.8125
1111100	7.75
⋮	⋮
00000100	0.25
00000011	0.1875
00000010	0.125
00000001	0.0625
00000000	0
11111111	−0.0625
11111110	−0.125
11111101	−0.1875
11111100	−0.25
⋮	⋮
10000100	−7.75
10000011	−7.8125
10000010	−7.875
10000001	−7.9375
10000000（最小値）	−8

● 1を越える数を扱うには小数点位置をずらす

しかし，信号処理で計算をしていると1を超える数を扱いたいと思う機会があります．しかし，この方法では1を超える数が定義できません．そこで，小数点位置をずらしてもう少し大きな整数を表現できるようにします．

本書で扱うオーディオ・データは24ビットなので，図6のようにします．計算上のオーバーフローを考慮して少し余裕を持たせ，7ビットを整数部に割り当てて，+128から−128までの範囲を表現できるように定義します．この表現方法はQ8.24形式と呼ばれます．

固定小数点を計算するには

● 自然数から固定小数点数への変換

自然数を固定小数点数に変換するには，小数点位置で定義したビット分の2のべき乗分だけ乗算します．例えば，Q8.24形式で0.5を表現する場合，24ビット分（2の24乗）を乗算して，$0.5 \times 2^{24} = 8388608$ となり

符号部1ビット　ここに小数点があるとみなす　仮数部31ビット

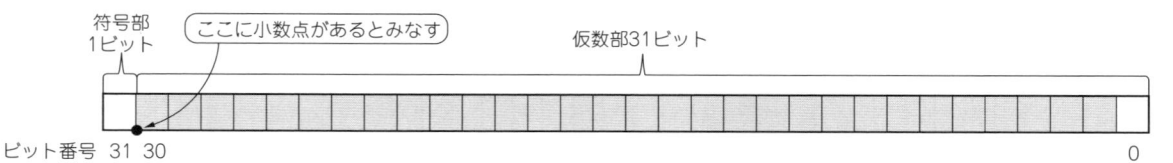

ビット番号 31 30　　　　　　　　　　　　　　　　　　　　　　　　　　　　　0

図5　32ビットで±1.0を表現する固定小数点フォーマット…Q1.31形式

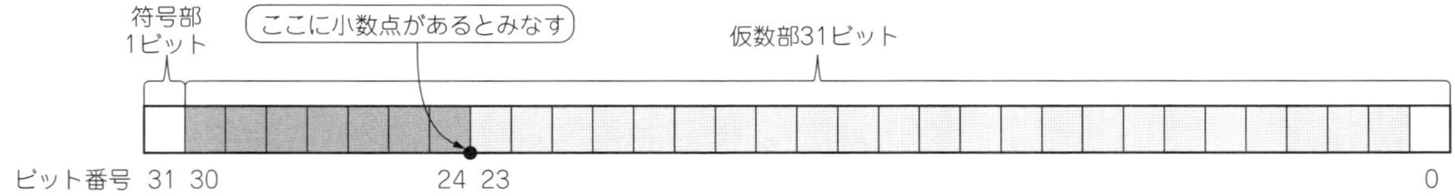

図6 本書で採用する固定小数点フォーマット…Q8.24形式

符号部1ビット / ここに小数点があるとみなす / 仮数部31ビット
ビット番号 31 30 24 23 0

リスト1 自然数を固定小数点形式に変換するマクロ

```
#define FLOAT_TO_FR32(x, y)  ((int32_t)((1U << y) * (x)))
#define FLOAT_TO_Q24(x)      FLOAT_TO_FR32(x, 24)
```

リスト2 インライン・アセンブラで加・減算時の飽和対策を行う

```
/* 加算（飽和対策用）*/
inline static int32_t add_fr32(int32_t _a, int32_t _b)
{
    int32_t l_rv;
    asm("%0 = %1 + %2(S);" : "=d"(l_rv) : "d"(_a), "d"(_b));
    return l_rv;
}

/* 減算（飽和対策用）*/
inline static int32_t sub_fr32(int32_t _a, int32_t _b)
{
    int32_t l_rv;
    asm("%0 = %1 - %2(S);" : "=d"(l_rv) : "d"(_a), "d"(_b));
    return l_rv;
}
```

リスト3 固定小数点同士の乗算は使用回数が多いのでマクロにする

```
#define mult_fr32(a, b) (((long long)(a) * (long long)(b)) >> 24)
```

ます．

プログラムに実装する際も自然数を固定小数点形式に変換する機会があるため，変換式をマクロで宣言しておくと便利です．例えば**リスト1**のようにします．

● 固定小数点同士の加・減算

固定小数点同士の加・減算は，浮動小数点と同じようにそのまま計算できます．

- 加算の場合　z＝x＋y
- 減算の場合　z＝x－y

また，計算によるオーバーフロー，アンダーフロー（飽和）の対策を行いたい場合，**リスト2**のようにインライン・アセンブラでマクロ定義をしておくと安全です．

● 固定小数点同士の乗算・除算

乗算・除算は，浮動小数点のようにそのまま演算できません．固定小数点の場合，小数点位置が変わりますので，次のように計算します．

- 乗算の場合　z＝((long long)x×(long long)y)≫n
- 除算の場合　z＝((long long)x≪n)÷y

リスト4 乗算マクロをインライン・アセンブラで最適化しておくと高速に演算できる

```
inline static int32_t mult_fr32
                    (int32_t _a, int32_t _b)
{
    int32_t l_rv;
    asm(
        "A1 = %1.L * %2.L (FU);"
        "A1 = A1 >> 16;"
        "A0 = %1.H * %2.H, A1 += %1.H * %2.L (M);"
        "A1 += %2.H * %1.L (M);"
        "A1 = A1 >>> 16 - %3;"
        "A0 = A0 << %3 - 1;"
        "%0 = (A0 += A1);"
        : "=d"(l_rv) : "d"(_a), "d"(_b),
          "n"(32-FIXED_POINT_DECIMAL) : "A0", "A1");
    return l_rv;
}
```

nはシフト回数で，小数点位置によって変わります．今回は24です．乗算は回数が多いので，わかりやすいように**リスト3**のようにマクロにします．

しかし，この方法ではせっかくのBlackfinのDSP機能を活かせないため，これもインライン・アセンブラによる最適化を**リスト4**のように行います．

Appendix 3　あると便利！ 変換コネクタやUSB給電アダプタ

Myエフェクト開発前にそろえておきたい機材

　本書のカラーページ（p.IV）でも紹介していますが，サンプル・プログラムを試したり，Myエフェクト・プログラムを開発したりする前に用意しておくケーブルなどをまとめました．

● 必要なもの

　IFX-49で音の信号処理を試すのに必要なものは以下の三つです．
(1) USB mini-Bコネクタ付きUSBケーブル（**写真1**）
(2) φ3.5mmジャック付きステレオ・ケーブル（**写真2**）
(3) ヘッドホン（**写真3**）やスピーカ（**写真4**）
(4) はんだごて＆はんだ（**写真5**）

● あると便利なもの

(5) USB給電用のアダプタまたはセルフパワーのUSBハブ

　パソコンなしで動かすには，モバイル機器用のアダプタ（**写真6**）や，セルフパワーのUSBハブを用意しておく必要があります．

(6) φ3.5mmステレオ・ジャック⇔ステレオ標準プラグ

　エレキ・ギターのシールド・ジャックとIFX-49を接続するには，φ3.5mmステレオ・ジャック⇔ステレオ標準プラグの変換コネクタ（**写真7**）が必要です．

(7) ピン・ソケット（2.54mmピッチ）

　プログラム書き込み時に使うピン・ソケット（**写真8**）は，付け外すことが多く，小さい部品なので予備に用意しておくとよいでしょう．

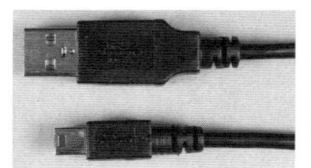

写真1　USB mini-Bコネクタが付いているUSBケーブルは必須

（a）ストレート・タイプ
（b）巻き取りタイプ
写真2　φ3.5mmステレオ・ジャック付きケーブル

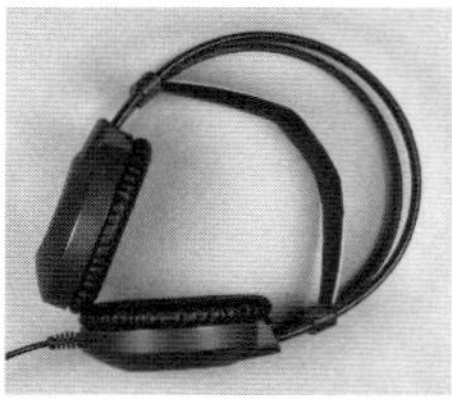

写真3　ヘッドホンやイヤホンで試したいエフェクトを聞ける

（a）ギター用アンプ
（b）卓上アンプ
写真4　スピーカや楽器用のアンプでプログラムの結果を聞く

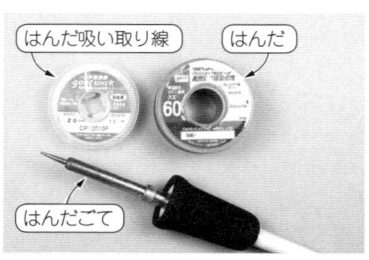

写真5　プログラム書き込み用ピン・ヘッダをはんだ付けする

写真6　USB給電用のアダプタを用意しておくと便利

写真7　φ3.5mmステレオ・ジャック⇔ステレオ標準プラグ

写真8　ピン・ソケットは多めに用意しておくとよい
marutsu（http://www.marutsu.co.jp）などで購入できる

第6章 高い周波数域をカット！ベース・ブーストにチャレンジ

足し算と平均だけのシンプルな移動平均フィルタを試す

信号処理にはじめて触れる方や，とりあえず音を加工したいけれど何をしたらよいかわからない，という方はこの章をよく読んでおくことをお勧めします．信号処理に詳しい方はこの章を飛ばして，試したいエフェクト・プログラムの章を読んでもかまいません．

■ 信号処理の効果を初体験

● 音を加工する第1歩！「フィルタ」を試す

フィルタとは，入力信号（データ）から不要な信号を取り除く，もしくは一定の処理として作用する機能のことです．オーディオ信号に対してフィルタを使うと，図1のように音の高低やゲイン（強弱）を変えることができます．

まずはディジタル信号処理の第1歩として，本章では「移動平均フィルタ」を試してみましょう．移動平均フィルタはその名の通り平均を取るだけのシンプルなものです．オーディオ入力に対して実行すると，高域（ハイ）が消えてモコモコとした音に変わります．

● 試しかた

付属CD-ROMのeffect_sampleフォルダを開き，さらにその下のc06_bass_boostフォルダを開きます．その中のc06_bass_boost.ldrファイルをフラッシュ・メモリに書き込んで実行してください．Blackfin MiniConfig GUIでc06_bass_boostをいきなり指定してもOKです．オーディオ・プレーヤと基板をステレオ・ケーブルで接続し，ヘッドホンで音を聞きます．基板上のUSER SWを押すたびに，フィルタのON/OFFの切り替えができます．

いかがでしょうか．フィルタがONの時は高音の音量が下がり，低音だけのモコモコっとした音になっていませんでしょうか．平均を取るだけの簡単な計算で，高音だけ音量を下げることができます．このとき，DSP付属基板は図2のように動作します．

■ 信号処理の基本…フィルタ

● 信号のゲインを増大/減衰させる処理

フィルタには，ゲインと周波数の変化の仕方によっていくつか種類があります．ゲインは入力に対して，どれだけ出力が増幅・減衰するかを表した比になります．比率なので単位はなく，1.0であれば入力と出力が同じ，1.0未満なら出力が減衰，1.0を越えれば出力が増幅していることになります．

さらに，この比率を対数比（log）で表した量dBがよく使われます．dBの変換式を以下に示します．
dB = 20log$_{10}$ N
Nが出力/入力の比率です．0db = 1.0倍となります．

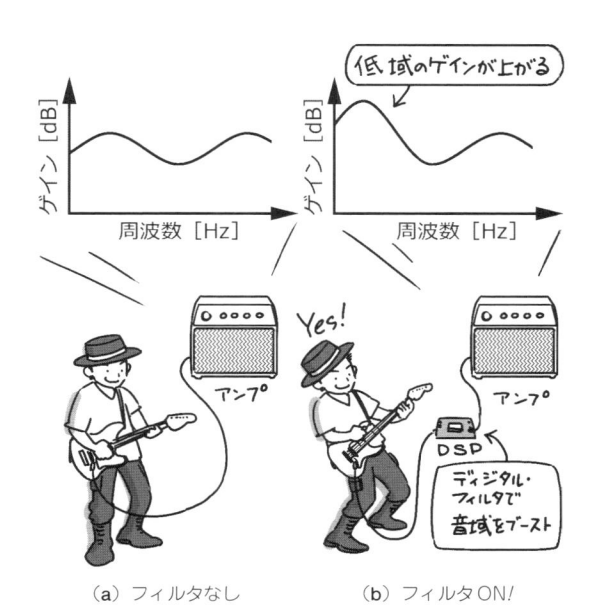

（a）フィルタなし　　（b）フィルタON！

図1　信号処理の基本！フィルタを使って波形を加工する
イラスト（フィルタの効果）

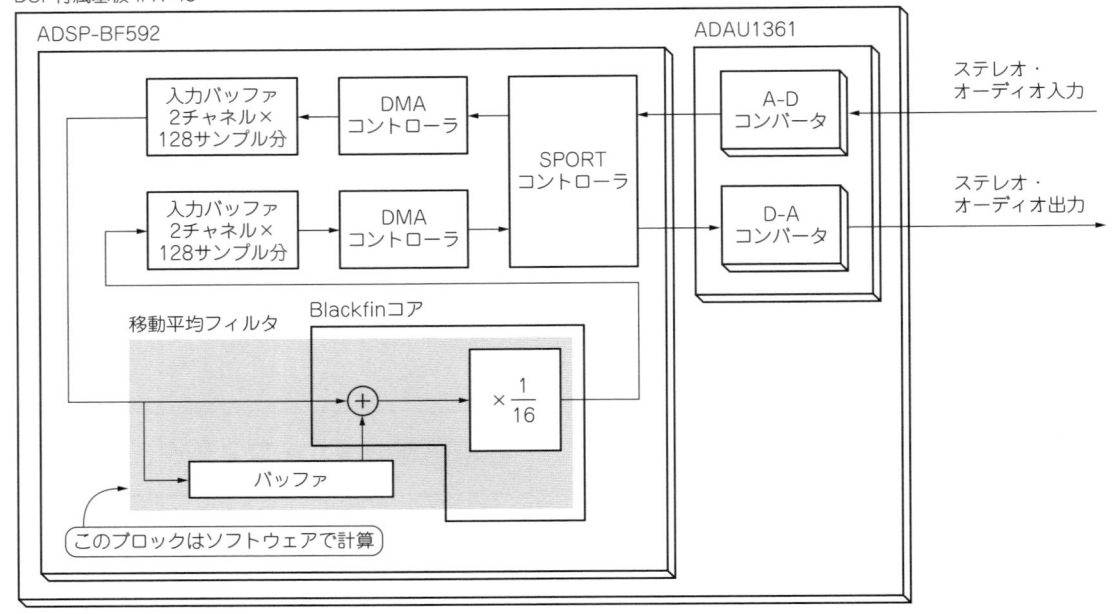

図2　この章で試すDSP付属基板の動作

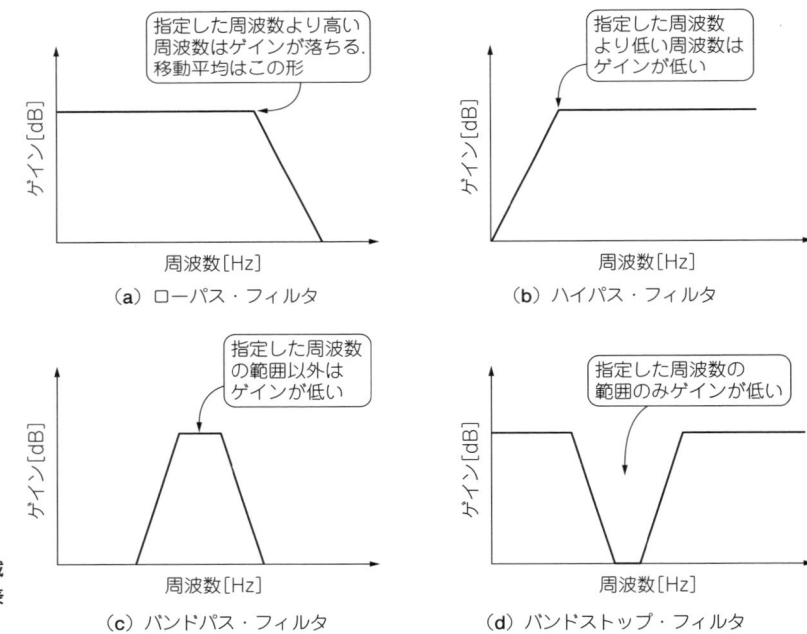

図3　高い周波数を通す/低い/指定した帯域を通す/指定した帯域を通さない/代表的なフィルタの種類

(a) ローパス・フィルタ
(b) ハイパス・フィルタ
(c) バンドパス・フィルタ
(d) バンドストップ・フィルタ

● 代表的なフィルタは4種類

代表的なフィルタは図3に示す4種類です．

▶ ローパス・フィルタ

先ほど試したフィルタは，ローパス・フィルタと言い，高い周波数（高音）のゲインを下げ，低い周波数（低音）を通過するフィルタです．

▶ ハイパス・フィルタ

ローパス・フィルタとは逆で，高い周波数を通過するフィルタです．

▶ バンドパス・フィルタ

目的の範囲の周波数のみを通過するフィルタです．

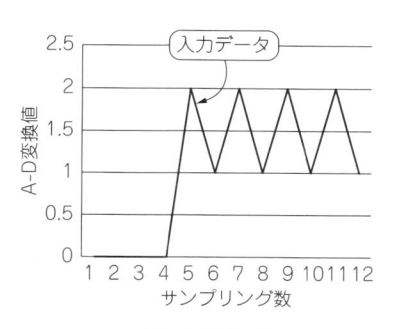

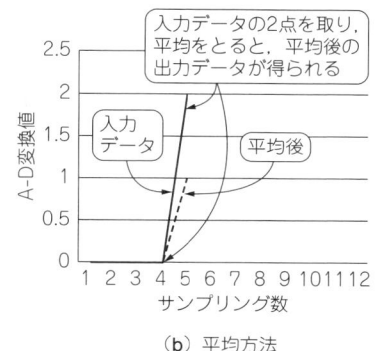

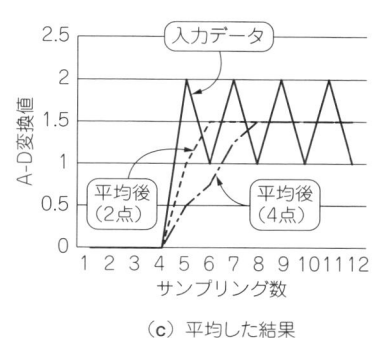

図4 移動平均で入力されたデータをならしてみると…

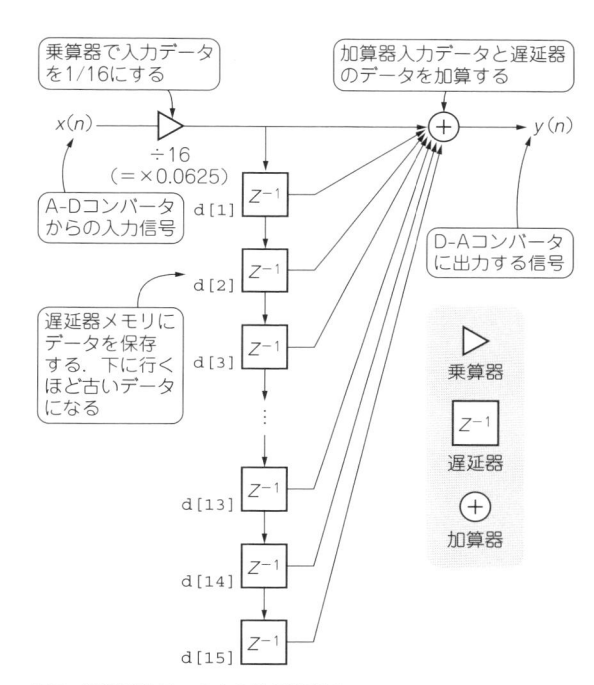

▶バンドストップ

目的の範囲の周波数以外を通過するフィルタです．バンドストップ・フィルタは，帯域除去フィルタ，バンドエリミネーション・フィルタ，ノッチ・フィルタなどとも呼ばれます．

● 最大の目的…不要な信号を取り除く

フィルタの目的は，入力信号（主にA-Dコンバータやセンサからの入力データ）に対して，不要となる信号を取り除き，必要とする信号のみを残すことです．

先ほどの例はフィルタの効果を体験するために高音を減衰させました．本来オーディオでは可聴帯域を単純に減衰させることはありませんが，このフィルタを応用すると，簡単にベース・ブースト（低音を強調させるエフェクタ）を作ることができます．この章では，移動平均フィルタを通して信号処理の基礎を学びながら，ローパス・フィルタによるベースブーストを作ってみます．

しくみ

● サンプリング・データを平均してならす

移動平均フィルタは，文字通り，過去のサンプリングの値を加算し，平均値を出して急激に変わる信号を平均して滑らかにします．そのことでローパス・フィルタとして機能します．

例えば，図4(a)のように，最初は0で，途中から1と2を交互に移動する12個の入力データがあったとします．1点前のサンプリング・データとの平均を取ると，途中までは0のままですが，入力データの2点を取り，平均をとると，平均後の出力データが得られます．これを続けていくと，さらに図4(b)になります．

1と2を交互に移動しているデータは，平均をとってプロットしていくと，図4(c)のように途中から1.5のままの直線になります．このように，変化が激しいデータも平均をとることで，変化が少なくなります．

図5 移動平均フィルタの信号処理フロー

また，平均数が多ければ，より変化が鈍り，フィルタとしての効きが強くなります．

このように，平均値は入力データの過去のデータに対して平均を求めて出力データを求めます．

● 移動平均フィルタの基本式

A-Dコンバータから送られてくるデータをバッファに溜め，すべてのデータの平均を求め，結果をD-Aコンバータに出力します．ここでは，平均数を16個と定義して説明します．数式にすると，以下の通りとなります．

$$y(n) = \{x(n) + x(n-1) + x(n-2) + \cdots + x(n-13) + x(n-14) + x(n-15)\}/16$$

$x(n)$は入力データ，$y(n)$は出力データです．$x(n-1)$

リスト1 遅延器に使用するメモリをC言語で表現してみる

```
d[15] = d[14];        d[7] = d[6];
d[14] = d[13];        d[6] = d[5];
d[13] = d[12];        d[5] = d[4];
d[12] = d[11];        d[4] = d[3];
d[11] = d[10];        d[3] = d[2];
d[10] = d[9];         d[2] = d[1];
d[9]  = d[8];         d[1] = d[0];
d[8]  = d[7];         d[0] = x(n);
```

リスト2 C言語のfor文で遅延器に使用するメモリを書いてみる

```
int32_t lc;
for(lc = (NUM_DELAY - 1); lc > 0; lc--)
{
    d[lc] = d[lc - 1];
}
d[0] = x(n);
```

リスト3 移動平均フィルタの信号処理フローをプログラムにしてみる

```
#define NUM_SMA_DELAY (16)

static int32_t s_sma_lbuf[NUM_SMA_DELAY];
static int32_t s_sma_rbuf[NUM_SMA_DELAY];

static void sma_filter(const int32_t* p_rxbuf[2],
                             int32_t* p_txbuf[2])
{
    int32_t l_lc;
    int32_t l_ld;
    int32_t l_suml;
    int32_t l_sumr;

    for(l_lc = 0; l_lc < NUM_SAMPLES; l_lc++)
    {
        for(l_ld = (NUM_SMA_DELAY - 1); l_ld > 0;
                                            l_ld--)
        {
            s_sma_lbuf[l_ld] = s_sma_lbuf[l_ld - 1];
            s_sma_rbuf[l_ld] = s_sma_rbuf[l_ld - 1];
        }
        s_sma_lbuf[0] = p_rxbuf[0][l_lc];
        s_sma_rbuf[0] = p_rxbuf[1][l_lc];

        l_suml = 0;
        l_sumr = 0;
        for(l_ld = 0; l_ld < NUM_SMA_DELAY; l_ld++)
        {
            l_suml += s_sma_lbuf[l_ld];
            l_sumr += s_sma_rbuf[l_ld];
        }
        p_txbuf[0][l_lc] = l_suml / NUM_SMA_DELAY;
        p_txbuf[1][l_lc] = l_sumr / NUM_SMA_DELAY;
    }
}
```

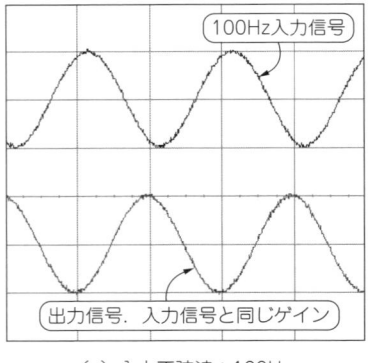

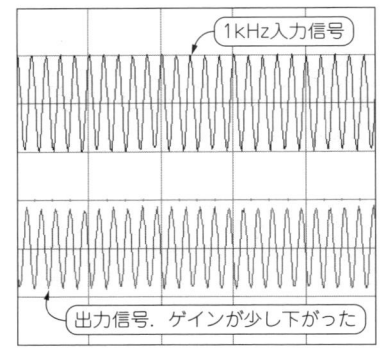

(a) 入力正弦波:100Hz
(b) 入力正弦波:1kHz
(c) 入力正弦波:2kHz

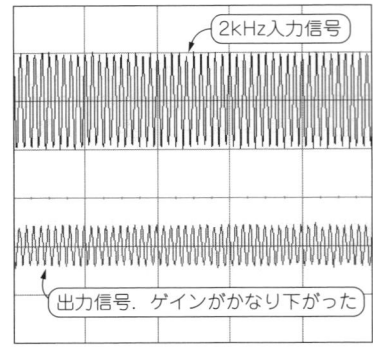

図6 移動平均フィルタに入力した正弦波が期待通りの出力かどうか見てみる

は，1回前のサンプリング・データ，$x(n-2)$は，2回前のサンプリング・データを意味します．DSP付属基板のサンプリング周波数は，48kHzで定義しますので，1個前は20.8 (= 1/48000) μs前のサンプリング・データ，2個前は41.6 (= 2/48000) μs前のサンプリング・データです．この16個のデータをそれぞれ16で割り，加算すれば平均が求まります．

● 信号処理フロー

式をブロック図（信号処理フロー）に書き換えると流れがわかりやすくなります．信号処理フローを図5に示します．

z^{-1}は遅延器と呼び，メモリに保存した過去のデータを指します．下に行くほど古いデータになります．ディジタル信号処理では，サンプリング・レートごとに状態が遷移しますので，20.8 (= 1/48000) μsごとにデータが下に移動し，d[15]以降は破棄されます．

プログラムにしてみる

● プログラムでは配列やforループとして書ける

遅延器に使用するメモリは，C言語で表記すると，リスト1のように書くことができます．

`int d[16];`

のように，dという名前の配列として定義できます．d[0]は1個前のサンプリング・データ$x(n-1)$，

リスト4 計算に使う平均数を倍にしてみる（16→32）
2行目以降はリスト3と全く同じ

```
#define NUM_SMA_DELAY (32)

static int32_t s_sma_lbuf[NUM_SMA_DELAY];
static int32_t s_sma_rbuf[NUM_SMA_DELAY];

static void sma_filter(const int32_t* p_rxbuf[2],
                             int32_t* p_txbuf[2])
{
    int32_t l_lc;
    int32_t l_ld;
    int32_t l_suml;
    int32_t l_sumr;

    for(l_lc = 0; l_lc < NUM_SAMPLES; l_lc++)
    {
        for(l_ld = (NUM_SMA_DELAY - 1); l_ld > 0;
                                         l_ld--)
        {
            s_sma_lbuf[l_ld] = s_sma_lbuf[l_ld - 1];
            s_sma_rbuf[l_ld] = s_sma_rbuf[l_ld - 1];
        }
        s_sma_lbuf[0] = p_rxbuf[0][l_lc];
        s_sma_rbuf[0] = p_rxbuf[1][l_lc];

        l_suml = 0;
        l_sumr = 0;
        for(l_ld = 0; l_ld < NUM_SMA_DELAY; l_ld++)
        {
            l_suml += s_sma_lbuf[l_ld];
            l_sumr += s_sma_rbuf[l_ld];
        }
        p_txbuf[0][l_lc] = l_suml / NUM_SMA_DELAY;
        p_txbuf[1][l_lc] = l_sumr / NUM_SMA_DELAY;
    }
}
```

> この値を大きくするとフィルタの効きが強くなり，小さくすると弱くなる

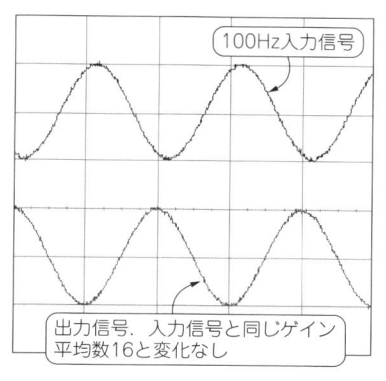

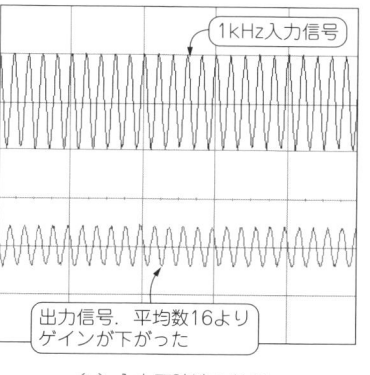

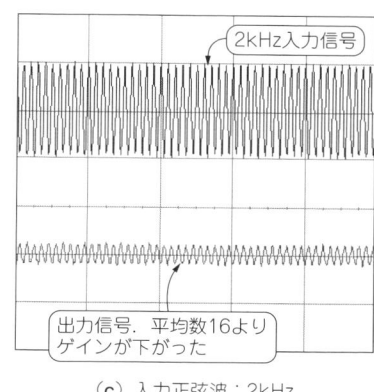

（a）入力正弦波：100Hz — 100Hz入力信号／出力信号．入力信号と同じゲイン 平均数16と変化なし

（b）入力正弦波：1kHz — 1kHz入力信号／出力信号．平均数16よりゲインが下がった

（c）入力正弦波：2kHz — 2kHz入力信号／出力信号．平均数16よりゲインが下がった

図7 計算に使う平均数を倍にして動作を見てみる

d[1]が1個前のデータ$x(n-2)$，d[14]が一番古いサンプリング・データの$x(n-15)$と定義します．

forループで記述すると**リスト2**のようになります．

ブロック図通りにC言語で実装すると，**リスト3**のコードになります．

● **動かしてみる**

この移動平均フィルタに，100Hz，1kHz，2kHzの正弦波形を入力したときの出力波形をオシロスコープで測定します．高い周波数ほどゲインが下がればローパス・フィルタとして機能していることになります．結果を**図6**に示します．

● **平均数を変えるとフィルタの効きが変わる**

先ほどは平均数を16個としましたが，この数を増やすと，よりフィルタとしての効きが強くなります．

冒頭で動かしたプログラムのマクロNUM_SMA_DELAYの値を変更し，フィルタの効果がどう変わる

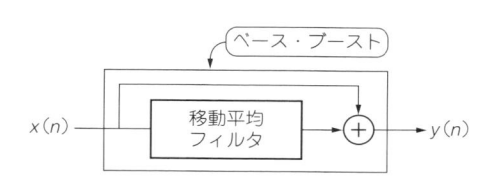

図8 移動平均フィルタを使ったベース・ブーストの構造

（ベース・ブースト：$x(n)$ → 移動平均フィルタ → ⊕ → $y(n)$）

か聞いてみてください．初期値は16ですので，**リスト4**のように，より大きな32に変更します．値を変更後，ビルド（p.25参照）して再度実行してください．いかがでしょうか．フィルタの効きが強くなり，さらに高音が減衰したように聞こえませんか．

▶**成功！ 出力ゲインが小さくなった**

先ほどと同じように，正弦波を入力しオシロスコープで減衰状況を調べてみます．**図7**に結果を示します．平均数16個のものと比べて，きちんと出力ゲインが低下しています．

プログラムにしてみる　**51**

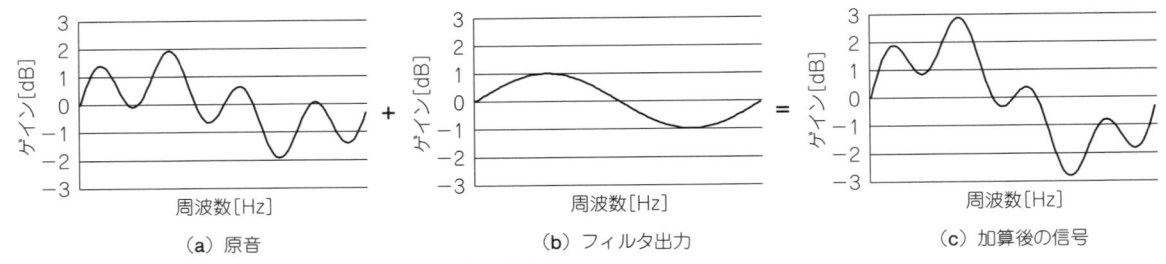

図9 原音の低域が増幅して高域が減衰するベース・ブーストを作る

(a) 原音　＋　(b) フィルタ出力　＝　(c) 加算後の信号

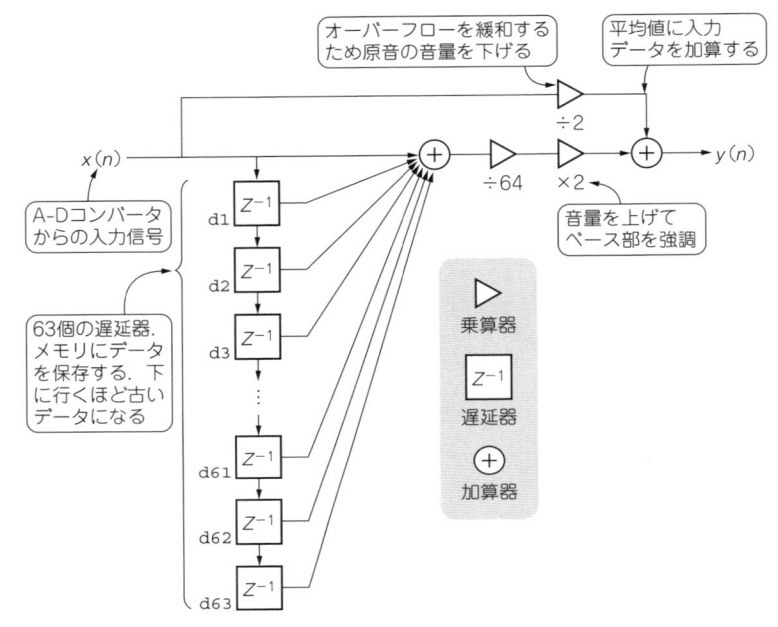

図10 移動平均フィルタを使ったベース・ブーストの信号処理フロー

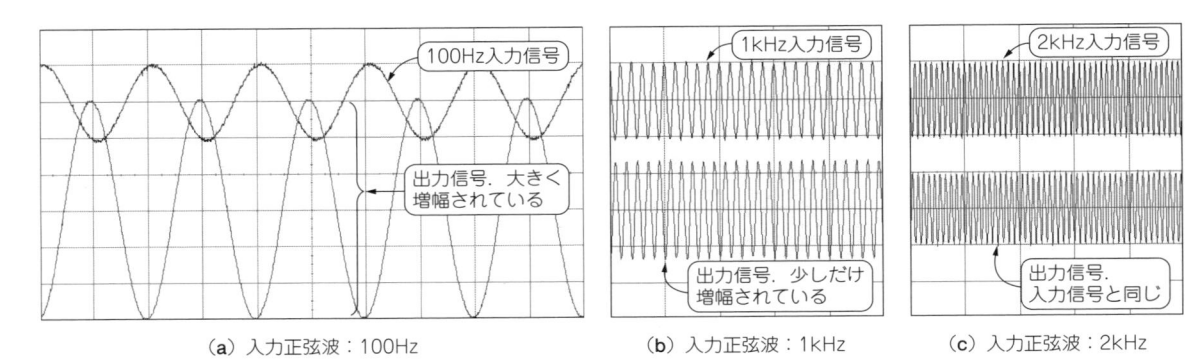

図11 作成したベース・ブーストがきちんと動いた
縦軸：200mV/dev，横軸：5ms/dev

(a) 入力正弦波：100Hz
(b) 入力正弦波：1kHz
(c) 入力正弦波：2kHz

ベース・ブーストに改造する

● 原音と移動平均フィルタ出力を足し合わせて作る

ベース・ブーストを作るには，図8のように移動平均フィルタの結果を原音（A-Dコンバータからの入力データ）と足し合わせます．高音を減衰させた音に原音を加算することで，図9のように低音だけ音量を上げることができます．

移動平均フィルタの信号処理フローをベース・ブースト用に修正したのが図10です．移動平均フィルタ

コラム1 「リング・バッファ」で処理を短くできる

● for文でちまちまコピーすると処理数が膨大になる

サンプリング・データをメモリ（遅延器）に格納する際，本文中では**リストA**のようにfor文のコピーを使いました．これを，**リストB**のようにリング・バッファとして定義すると，遅延器を大量にコピーする必要がなくなり，処理数の削減ができます．

リング・バッファとは，**図A**のようにバッファをリング状にイメージし，永久的に連続するメモリとして扱うことです．

● 使いかた

リストBのプログラムでは，配列のインデックスを操作する際，配列の最大値まで達したら，0にクリアすることでリング・バッファとして扱うことができます．

コピーの場合は，for文にて遅延器の内容をすべてコピーしていますが，リング・バッファを使うと，最新のサンプリング・データのコピーと，配列のインデックスを操作するコードのみで完結します．

最新のサンプリング・データを格納するインデックスは，s_sma_buf_idxで定義し，格納ごとに+1したあと，NUM_SMA_DELAY(=16)の余りを取得しています．これは，s_sma_buf_idxに+1した値が16になったら，0に戻すために使用しています．if文で書き直すと**リストC**のようになります．

この方法は，リング・バッファの操作には便利で，よく使われます．余りを求めるには，**リストD(a)**のように処理に時間がかかる除算を使用します．固定値でかつ，2のべき乗である2^nの値であれば，**リストD(b)**のようにコンパイラがAND命令で最適化してくれます．

以上を移動平均フィルタのプログラムに盛り込むと，**リストE**のようになります．

リストA　for文でコピーして遅延器を記述してみる

```
for(l_ld = (NUM_SMA_DELAY - 1); l_ld > 0; l_ld--)
{
    s_sma_lbuf[l_ld] = s_sma_lbuf[l_ld - 1];
    s_sma_rbuf[l_ld] = s_sma_rbuf[l_ld - 1];
}
s_sma_lbuf[0] = p_rxbuf[0][l_lc];
s_sma_rbuf[0] = p_rxbuf[1][l_lc];
```

リストB　リング・バッファとして遅延器を記述してみると3行で済む

```
s_sma_lbuf[s_sma_buf_idx] = p_rxbuf[0][l_lc];
s_sma_rbuf[s_sma_buf_idx] = p_rxbuf[1][l_lc];
s_sma_buf_idx = (s_sma_buf_idx + 1) % NUM_SMA_
                                         DELAY;
```

リストC　リング・バッファとして遅延器をif文で書くともっとシンプルにできる

```
if((s_sma_buf_idx + 1) >= NUM_SMA_DELAY)
{
    s_sma_buf_idx = 0;
}
```

リストD　リング・バッファの余りを求めるときに使う除算の書き方

```
s_sma_buf_idx = (s_sma_buf_idx + 1) % NUM_SMA_
                                         DELAY;
```
（a）除算を使う場合

```
s_sma_buf_idx = (s_sma_buf_idx + 1) & (NUM_SMA_
                                         DELAY - 1);
```
（b）ANDを使う場合（2のべき乗限定）

データを書き込む順番

| d[0] | d[1] | d[2] | d[3] | d[4] | d[5] | d[6] | d[7] |

（a）メモリの配列（8個の配列の場合）

[7]の後に[0]と連続させることで，永久的にループするメモリとみなす

データを書き込む順番

d[0], d[1], d[2], d[3], d[4], d[5], d[6], d[7]

（b）リング・バッファのイメージ

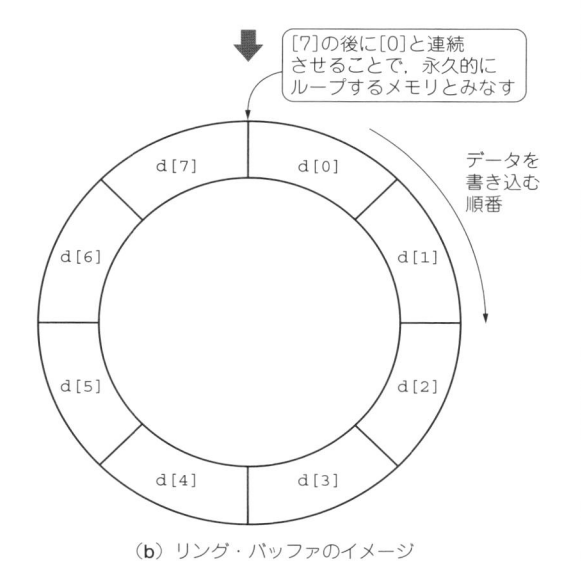

図A　永久に続くバッファ・メモリ「リング・バッファ」を使う

コラム1 「リング・バッファ」で処理を短くできる（つづき）

リストE 移動平均フィルタにリング・バッファを組み込む

```
#define NUM_SMA_DELAY (16)
static int32_t s_sma_lbuf[NUM_SMA_DELAY];
static int32_t s_sma_rbuf[NUM_SMA_DELAY];
static int32_t s_sma_buf_idx = 0;

static void sma_filter(const int32_t* p_rxbuf[2],
                             int32_t* p_txbuf[2])
{
    int32_t l_lc;
    int32_t l_ld;
    int32_t l_suml;
    int32_t l_sumr;

    for(l_lc = 0; l_lc < NUM_SAMPLES; l_lc++)
    {
        s_sma_lbuf[s_sma_buf_idx] = p_rxbuf[0]
                                         [l_lc];
        s_sma_rbuf[s_sma_buf_idx] = p_rxbuf[1]
                                         [l_lc];
        s_sma_buf_idx = (s_sma_buf_idx + 1) % NUM_
                                         SMA_DELAY;

        l_suml = 0;
        l_sumr = 0;
        for(l_ld = 0; l_ld < NUM_SMA_DELAY; l_ld++)
        {
            l_suml += s_sma_lbuf[l_ld];
            l_sumr += s_sma_rbuf[l_ld];
        }
        p_txbuf[0][l_lc] = l_suml / NUM_SMA_DELAY;
        p_txbuf[1][l_lc] = l_sumr / NUM_SMA_DELAY;
    }
}
```

（配列をリング・バッファとして使用する）

リスト5 移動平均フィルタで作ったベース・ブーストのプログラム

```
#define NUM_SMA_DELAY (64)
static int32_t s_sma_lbuf[NUM_SMA_DELAY];
static int32_t s_sma_rbuf[NUM_SMA_DELAY];
static int32_t s_sma_buf_idx = 0;

static void bass_boost(const int32_t* p_rx_buf[2],
                             int32_t* p_txbuf[2])
{
    int32_t l_lc;
    int32_t l_ld;
    int32_t l_suml;
    int32_t l_sumr;

    for(l_lc = 0; l_lc < NUM_SAMPLES; l_lc++)
    {
        s_sma_lbuf[s_sma_buf_idx] = p_rx_buf[0]
                                         [l_lc];
        s_sma_rbuf[s_sma_buf_idx] = p_rx_buf[1]
                                         [l_lc];
        s_sma_buf_idx = (s_sma_buf_idx + 1) % NUM_
                                         SMA_DELAY;

        l_suml = 0;
        l_sumr = 0;
        for(l_ld = 0; l_ld < NUM_SMA_DELAY; l_ld++)
        {
            l_suml += s_sma_lbuf[l_ld];
            l_sumr += s_sma_rbuf[l_ld];
        }
        p_txbuf[0][l_lc] = (l_suml / NUM_SMA_DELAY *
                             2) + (p_rx_buf[0][l_lc] / 2);
        p_txbuf[1][l_lc] = (l_sumr / NUM_SMA_DELAY *
                             2) + (p_rx_buf[1][l_lc] / 2);
    }
}
```

（原音とフィルタ通過後の信号を加算）

の平均数を64増やして，ローパス・フィルタの効きを強くし，低音のみを通過させ，最後に原音と加算します．このプログラムをリスト5に示します．

● オシロスコープでの検証

再度正弦波を入力し，低音のみのゲインが大きく上がるか検証します．図11に示すように，約1kHz以下の周波数が増幅されていることが分かります．

第7章 ディジタルだからこそ！アナログにないキレ味バツグンのイコライザ

設計ツールでスパっと！FIRフィルタを作る

第6章で紹介した移動平均フィルタを使ったベース・ブーストには，実は致命的な弱点があります．それは，ある周波数の音が消えてしまうことです．ディジタル・フィルタの2大定番「FIRフィルタ」や「IIRフィルタ」を使えば，これを解決できます．本章では，「FIRフィルタ」を使ってベース・ブーストを仕上げてみます．

このフィルタは計算量は多くなりますが，アナログでは作りにくい急峻特性のフィルタを作ることもできます．

移動平均フィルタの弱点

● 入力周波数によって出力が消える？

前章でベース・ブーストを作成しました．これはうまく機能しているように聞こえますが，移動平均フィルタは単純な分，問題点があります．おさらいのために，移動平均の平均数が16個のフィルタをかけ，**図1**のように1kHz，2kHz，3kHz，4kHzの正弦波を入力

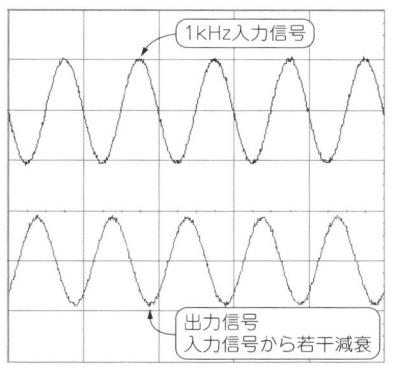

(a) 入力正弦波：1kHz

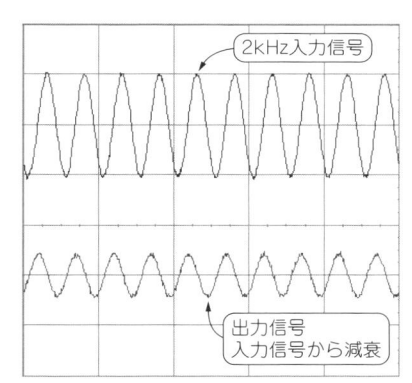

(b) 入力正弦波：2kHz

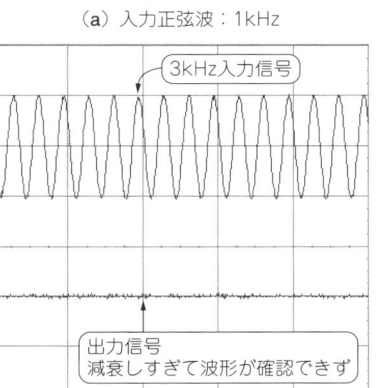

(c) 入力正弦波：3kHz

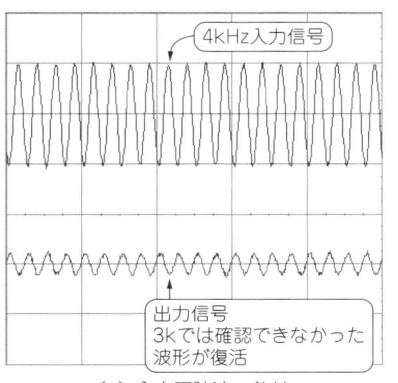

(d) 入力正弦波：4kHz

図1 移動平均フィルタで作ったベース・ブーストは3kHz入力時にきちんと動いていない
縦：200mV/div，横：1ms/div

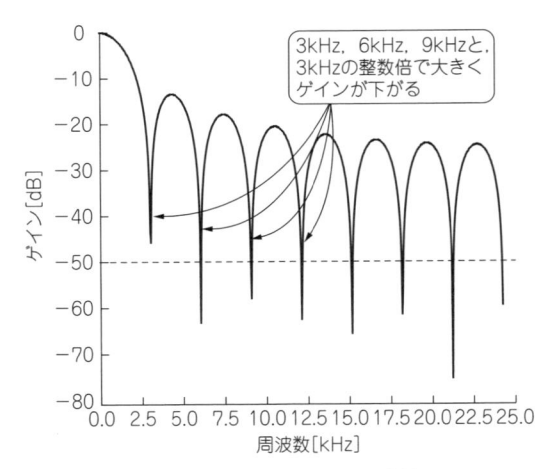

図2 16平均数の移動平均フィルタの周波数特性

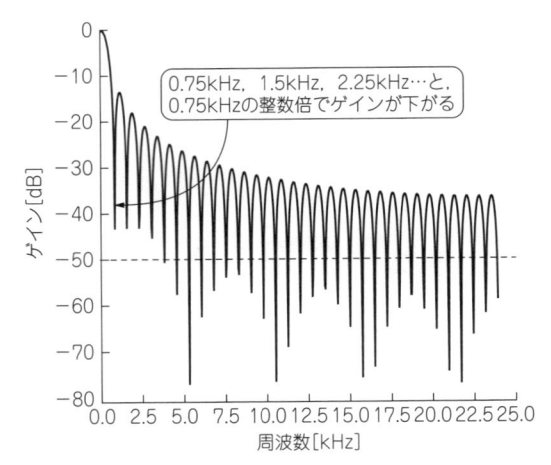

図3 64平均数の移動平均フィルタの周波数特性

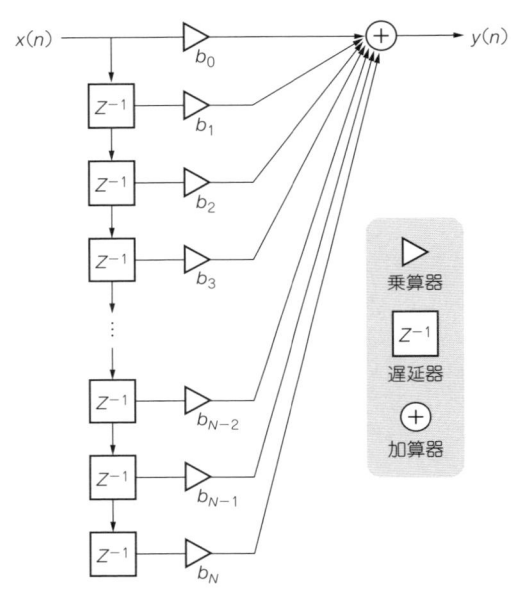

図4 FIRフィルタは計算量が多いが安定しやすい

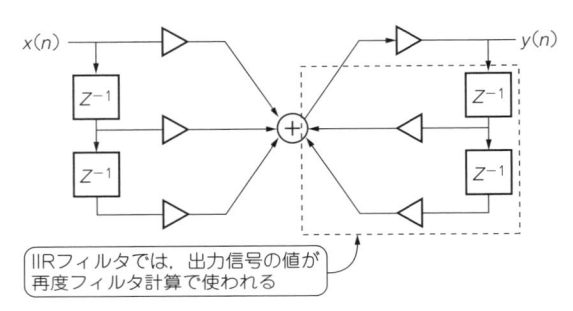

図5 IIRフィルタは計算量が少ない代わりにフィードバックがある

し，出力波形をオシロスコープで計測してみます．

1kHzと2kHzを比較すると順調に出力が減衰しているように見えますが，3kHzと4kHzを比較すると，3kHzでは出力信号が確認できず，4kHzでは再び波形が見られるようになります．これは測定ミスではなく，理由があります．

● 移動平均フィルタはゲインの極小点がある

移動平均フィルタは周波数が高いほどゲインが下がるローパス・フィルタとなりますが，周波数応答を計算すると，図2のようなグラフになります．

3kHzの整数倍の周波数で大きくゲインが下がっています．つまり，きれいに減衰していくわけではなく，ボールを落下させたときのように，跳ねながらゲインが下がる応答になります．

ベース・ブーストでは平均数を64に増やしました．この周波数応答を図3のように確認すると，同じように跳ねる出力応答として表れます．跳ねる部分が可聴帯域外か，もっと大きく減衰した後であれば，そもそも聞こえなくなるため問題ありませんが，このままではベース・ブーストには不向きです．そこで，設計ツールを使ってフィルタ係数を計算し，ベース・ブーストを改良してみます．

FIRフィルタとは

● 2大フィルタ「FIR」と「IIR」

ディジタル・フィルタには，FIRフィルタとIIRフィルタという2種類があります．FIRフィルタは有限インパルス応答（Finite impulse response），IIRフィルタは無限インパルス応答（Infinite impulse response）と呼ばれます．

両者の違いは，フィードバック構造となっているかどうかです．フィードバックとは，出力信号がフィルタ計算の値として使われるしくみを指します．

DSP付属基板　IFX-49

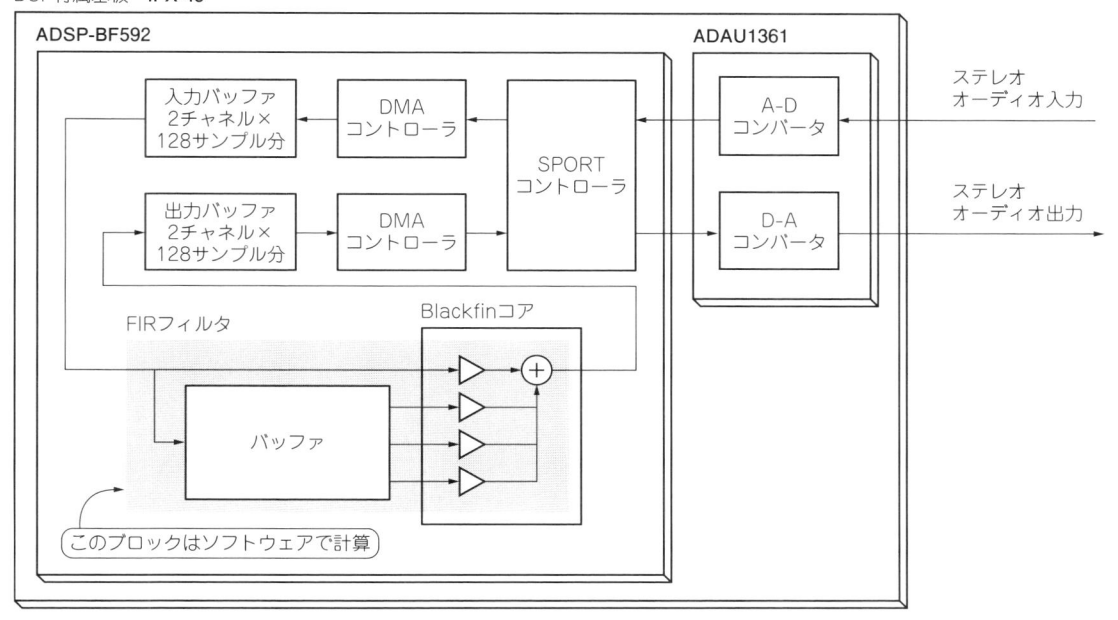

図6　FIRフィルタをDSP付属基板で動作させる

▶ FIRフィルタ…計算量が多いけど作りやすい

FIRフィルタを図4に示します．フィードバックがない代わりに，計算量が多いことが特徴です．フィルタ係数が極端な値に設定しない限り，安定動作します．

▶ IIRフィルタ…計算量は少なめだけどキチンと作らなきゃいけない

IIRフィルタを図5に示します．フィードバックがある代わりに，係数次第で発散することがあります．OPアンプを使ったアナログ・フィルタと同じ動作です．FIRフィルタよりも計算量が少ないため，よく使用されます．

理論はディジタル・フィルタの専門書を参照していただくとして，ここでは設計ツールでFIRフィルタを設計し，特性を確認しながらベース・ブーストを改良します．

● 移動平均フィルタはFIR型

FIRフィルタは，入力および遅延器のデータ$x(n)$と，フィルタ係数b_nからなり，$x(n)$とb_nを乗算し，合計すると求まります．単に乗算と加算だけですが，フィルタ係数b_nを変更することでいろいろな特性のフィルタが実現できます．式を以下に示します．

$$y(n) = b_0 x(n) + b_1 x(n-1) + b_2 x(n-2) + \cdots + b_N x(n-N)$$

FIRフィルタの信号処理フロー（ブロック図）を図4に示しました．DSP付属基板で実行するときの構成は図6のようになります．

フィルタの係数を変更するだけで，ローパス・フィルタ，ハイパス・フィルタ，バンドパス・フィルタなど，いろいろな特性のフィルタを作ることができます．

ここで，フィルタ係数b_nをすべて$1/N$と定義すると，次のように式を変更できます．

$$\begin{aligned}
y(n) &= b_0 x(n) + b_1 x(n-1) + b_2 x(n-2) + \cdots + b_N x(n-N) \\
&= \frac{1}{N} x(n) + \frac{1}{N} x(n-1) + \frac{1}{N} x(n-2) + \cdots + \frac{1}{N} x(n-N) \\
&= \frac{x(n) + x(n-1) + x(n-2) + \cdots + x(n-N)}{N}
\end{aligned}$$

この式は，すべてのデータを加算してNで割るという意味ですから，移動平均フィルタの式と同じです．絵に描いてみると，図7のようになります．言い換えると，移動平均フィルタはFIRフィルタの一種ということになります．

FIRフィルタを設計してみる

● ツールを使ってフィルタ係数を求める

フィルタ係数b_nはフィルタ設計ツールを使うと簡単に求めることができます．ここでは参考文献(6)のツールを使用してフィルタの設計を行います．このツールは付属CD-ROMに格納してあります．

付属CD-ROM内の`FIR_Remez.exe`を実行します．

まずは実験として，1kHz以上の周波数を減衰する

(a) FIRフィルタ

(b) 移動平均フィルタ

乗算器の位置を変えると第6章の移動平均フィルタと同じ形に！

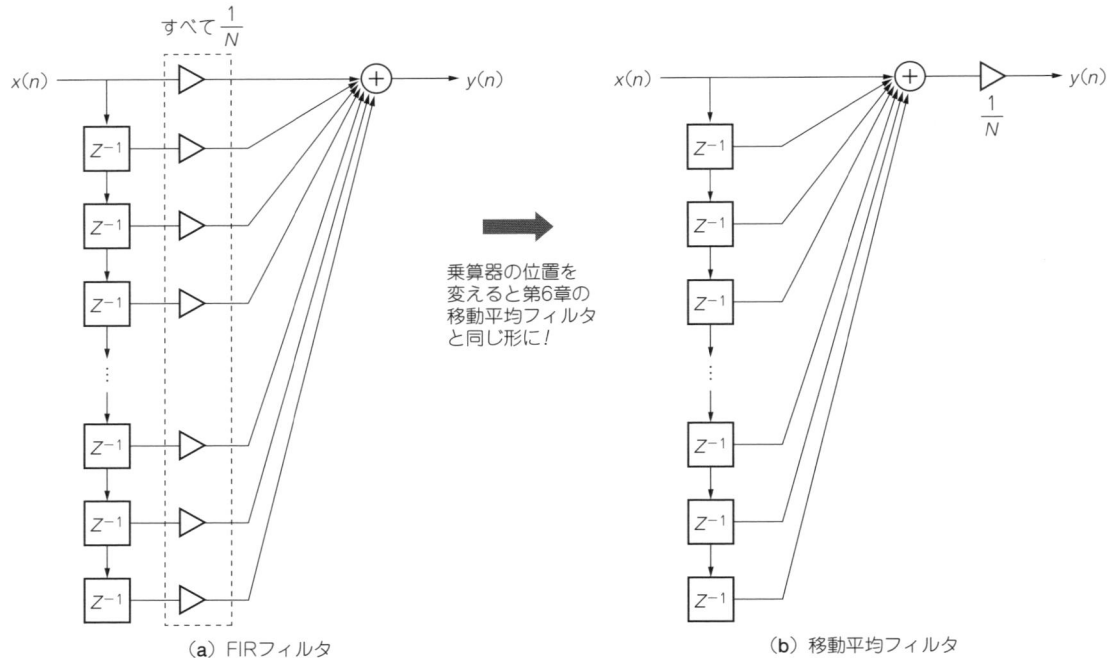

図7 移動平均フィルタはFIRフィルタの一種として見なせる

図8の特性のローパス・フィルタを設計します．
- 0〜500Hzまで等倍
- 500Hz〜4kHzまで減衰域
- 4kHz以降は−70dB以下を保持

● ツールで計算してみる

図9のように設計ツールに入力します．
(1) 標本化周波数（サンプリング・レート）を入力．この基板は48kHzで設計しているので，48を入力．
(2) 設計するフィルタの帯域を入力．
　0〜0.5kHzまでは1（等倍），4k〜24kHzが0となるよう入力．
(3) 設計ボタンをクリック．
(4) このままでは4kHz以降の周波数が−70dB以下にならないので，次数を増やしてゲインを調整する．今回は54で−70dB以下を実現できた．

設計が終わったら，結果の保存ボタンをクリックして，テキスト・ファイルに保存します．保存されたファイルをテキスト・エディタで開くと，図10のようにFIRフィルタの係数を見ることができます．今回の設計ではフィルタの係数が55あります．これを固定小数点形式に変換した後，C言語の配列として定義し，計算式からコーディングを行います．

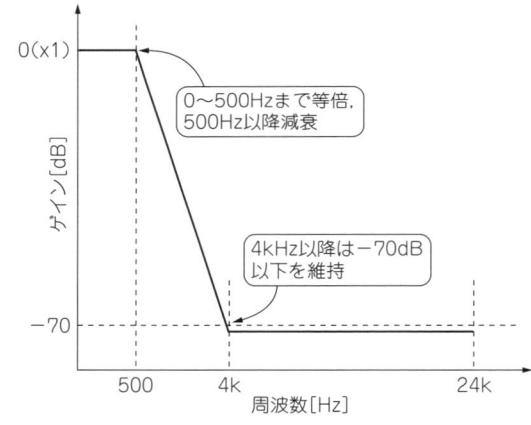

図8 1kHz以上の周波数を減衰するローパス・フィルタを設計する

0〜500Hzまで等倍，500Hz以降減衰

4kHz以降は−70dB以下を維持

FIRフィルタをプログラムする

● 式と係数がわかればプログラムが書ける

フィルタ係数が求まったところで，今度はFIRフィルタをコーディングします．
式は次の通りです．内容は単純で，保存した入力データと係数を乗算しながら加算します．

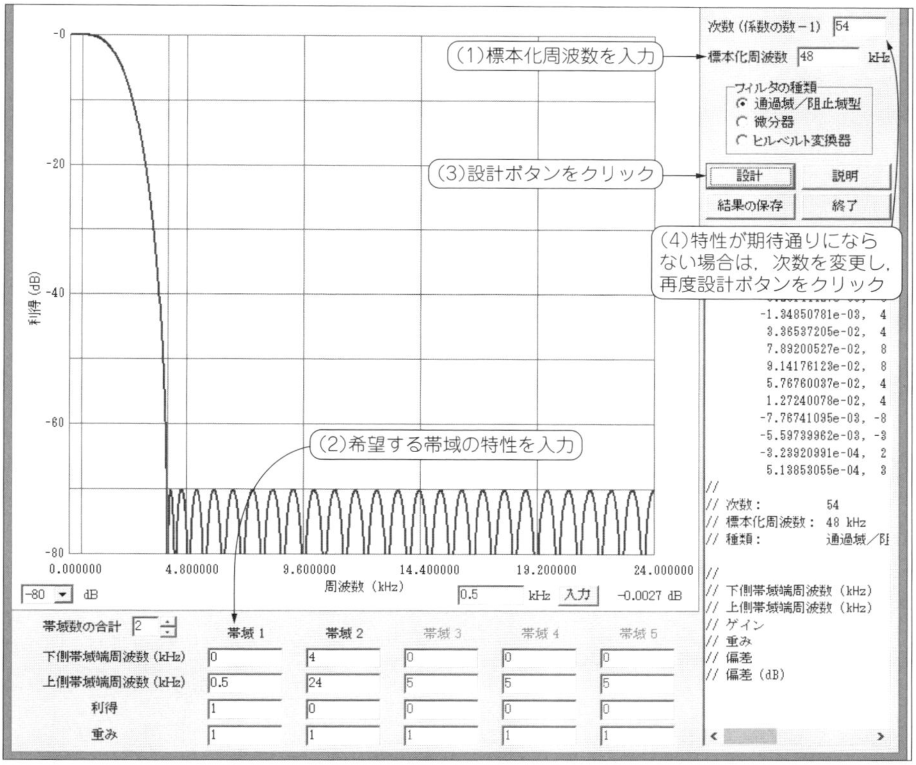

図9
FIRフィルタ設計ツールに希望の特性値を入力して係数を計算する

```
      3.02970482e-04,  3.73672911e-04,  5.13853055e-04,  5.88365598e-04,
      5.25129979e-04,  2.44999210e-04, -3.23920991e-04, -1.22736688e-03,
     -2.46466691e-03, -3.96967276e-03, -5.59739962e-03, -7.11938907e-03,
     -8.23144427e-03, -8.57422906e-03, -7.76741095e-03, -5.45371221e-03,
     -1.34850781e-03,  4.71081603e-03,  1.27240078e-02,  2.25007051e-02,
      3.36537205e-02,  4.56152866e-02,  5.76760037e-02,  6.90443500e-02,
      7.89200527e-02,  8.65728518e-02,  9.14176123e-02,  9.30761412e-02,
      9.14176123e-02,  8.65728518e-02,  7.89200527e-02,  6.90443500e-02,
      5.76760037e-02,  4.56152866e-02,  3.36537205e-02,  2.25007051e-02,
      1.27240078e-02,  4.71081603e-03, -1.34850781e-03, -5.45371221e-03,
     -7.76741095e-03, -8.57422906e-03, -8.23144427e-03, -7.11938907e-03,
     -5.59739962e-03, -3.96967276e-03, -2.46466691e-03, -1.22736688e-03,
     -3.23920991e-04,  2.44999210e-04,  5.25129979e-04,  5.88365598e-04,
      5.13853055e-04,  3.73672911e-04,  3.02970482e-04 };
//
// 次数:          54
// 標本化周波数:  48 kHz
// 種類:          通過域／阻止域型

//                            帯域 1        帯域 2
// 下側帯域端周波数 (kHz)    0.00000000    4.00000000
// 上側帯域端周波数 (kHz)    0.50000000   24.00000000
// ゲイン                    1.00000000    0.00000000
// 重み                      1.00000000    1.00000000
// 偏差                      0.00031050    0.00031050
// 偏差 (dB)                 0.00269659  -70.15863976
```

図10
FIRフィルタの係数が計算できた

$$y(n)=b_0x(n)+b_1x(n-1)+b_2x(n-2)+\cdots+b_Nx(n-N)$$

$x(n)$…入力信号
$y(n)$…フィルタ後の出力信号
b_0～b_N…フィルタの係数
N…設計したフィルタ係数の数（今回は55）

移動平均フィルタのコードを少し修正して**リスト1**のように作成します．

● 入力周波数を変えてシミュレーションする

設計ツールの**図11**に示すテキスト・ボックスに入力

リスト1　FIRフィルタのプログラムを作成する

```c
/* FIRフィルタの係数の数 */
#define NUM_COEFF   55

/* FIRフィルタの係数 */
static const int32_t fir_coeff[NUM_COEFF] =
{
    5083,
    6269,
    8621,
~略~
    9871,
    8621,
    6269,
    5083,
};

static int32_t s_fir_lbuf[NUM_COEFF];
static int32_t s_fir_rbuf[NUM_COEFF];
static int32_t s_fir_buf_idx = 0;

static void fir_filter(const int32_t* p_rxbuf[2],
                             int32_t* p_txbuf[2])
{
    int32_t l_lc;
    int32_t l_ld;
    int32_t l_le;
    int32_t l_firl;
    int32_t l_firr;

    for(l_lc = 0; l_lc < NUM_SAMPLES; l_lc++)
    {
        s_fir_lbuf[s_fir_buf_idx] = p_rxbuf[0][l_lc];
        s_fir_rbuf[s_fir_buf_idx] = p_rxbuf[1][l_lc];

        l_firl = 0;
        l_firr = 0;
        for(l_ld = 0, l_le = s_fir_buf_idx;
                            l_ld < NUM_COEFF; l_ld++)
        {
            l_firl += mult_fr32(fir_coeff[l_ld],
                                        s_fir_lbuf[l_le]);
            l_firr += mult_fr32(fir_coeff[l_ld],
                                        s_fir_rbuf[l_le]);
            l_le = (l_le + 1) % NUM_COEFF;
        }

        p_txbuf[0][l_lc] = l_firl;
        p_txbuf[1][l_lc] = l_firr;
        s_fir_buf_idx = (s_fir_buf_idx
                                    + 1) % NUM_COEFF;
    }
}
```

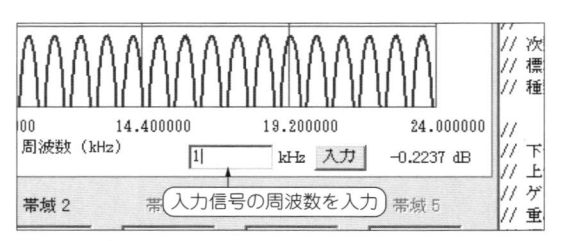

図11　設計ツールに周波数を入力してフィルタ特性を検算する

表1　設計したFIRフィルタの入力信号に対するゲイン

入力周波数[Hz]	ゲイン[dB]	ゲイン（リニア値）
100	−0.0016	0.999815
500	−0.0024	0.999723
1000	−0.2237	0.974574
1500	−1.2573	0.865236
2000	−3.8813	0.639639
3000	−17.6616	0.130894
4000	−71.2289	0.000274
5000	−75.7602	0.000162

信号の周波数を入力すると，どの程度ゲインが低下するかが数字で表示されます．例えば1kHzを入力すると，−0.2237dB低下するか分かります．単位はdBですので，リニア値に換算するには次の式を使用します．

$$10^{\frac{dB}{20}}$$

同じように他の周波数を入力していきます．その結果を**表1**に示します．

● 無事に動いているかどうかをチェック！

設計通りにゲインが下がっているか調べてみます．テスト信号として正弦波を入力して，波形を確認します．**図12**のようにオシロスコープの表示なので正確なゲインはわかりませんが，正しく動作しているか判断できます．結果としては良好です．

フィルタを改造してみる

● 係数を入れ替えるだけでハイパス・フィルタが完成！

FIRフィルタの係数を変更するだけで他の特性のフィルタとなります．それを実験するため，次はハイパス・フィルタを作成します．

作ったフィルタ設定のうち，帯域1と帯域2の利得の値を逆にすると，**図13**のハイパス・フィルタになります．たったこれだけでフィルタ特性をローパスからハイパスに変更できました．

● 改造の手順

図14のように入力します．手順は次の通りです．

(1) 標本化周波数（サンプリング・レート）を入力．この基板は48kHzで設計しているので，48を入力．
(2) 設計するフィルタの帯域を入力．
　　0～0.5kHzまではゲインが0，4kHz～24kHzが1（等倍）と入力．
(3) 設計ボタンをクリック．
(4) このままでは4kHz以降の周波数が−70dB以下にならないので，次数を増やしてゲインを調整する．今回は54で−70dB以下を実現できた．

念のため，設計したフィルタで周波数ごとにどのく

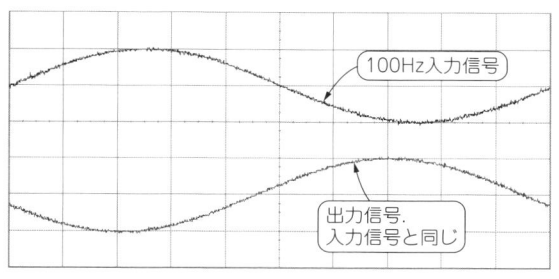

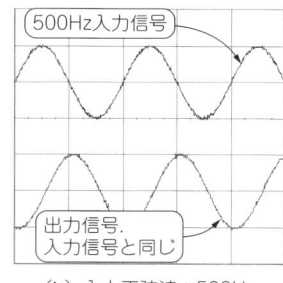

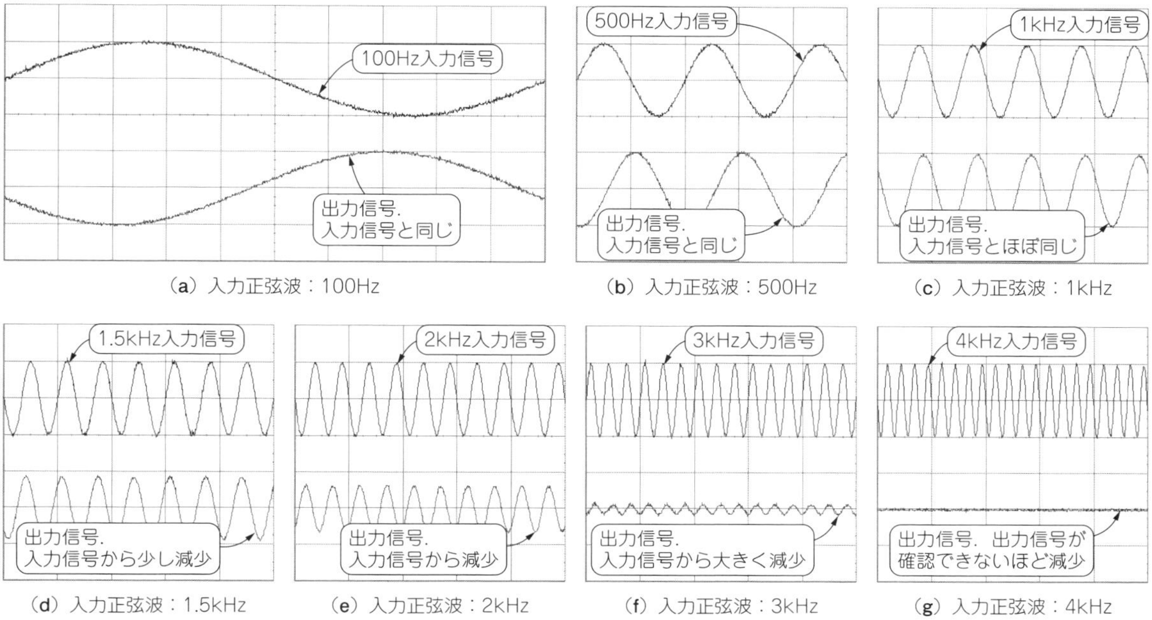

(a) 入力正弦波：100Hz
(b) 入力正弦波：500Hz
(c) 入力正弦波：1kHz
(d) 入力正弦波：1.5kHz
(e) 入力正弦波：2kHz
(f) 入力正弦波：3kHz
(g) 入力正弦波：4kHz

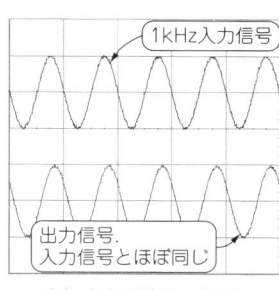

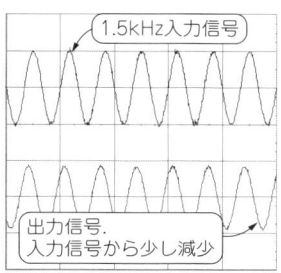

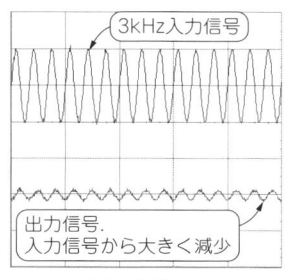

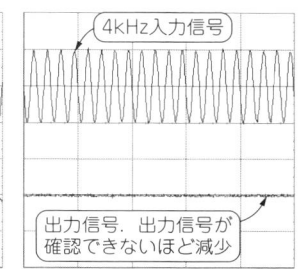

図12 作成したFIRフィルタがきちんと動いた
縦：500mV/div，横：1ms/div

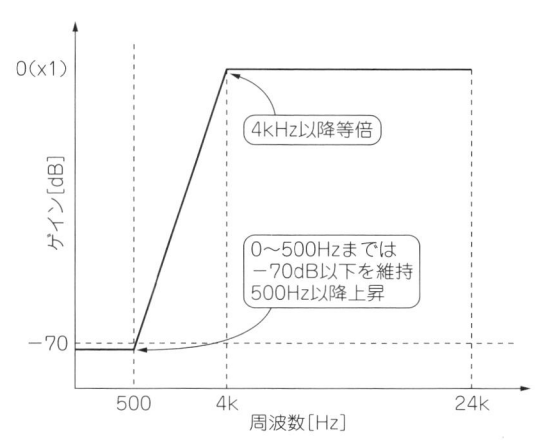

図13 FIRフィルタの特性をローパスからハイパスに変える

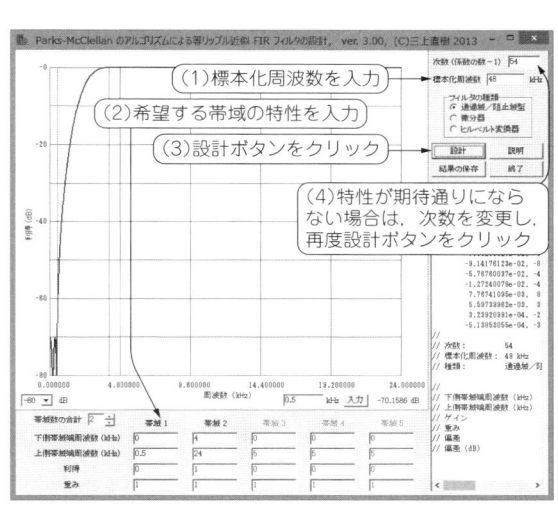

図14 ハイパス・フィルタの係数を設計ツールで計算する

らいゲインが下がるかを表2のように調べます．
100Hz～5kHzの正弦波を入力し，オシロスコープで見ると，図15のようにきちんと動作しています．

ベース・ブーストにトライ！

● 低域のゲインを上げてみる

ツールの使い方を理解したところで，ベース・ブーストをFIRフィルタで実現します．ベース部を強調するため，0～200Hzだけ残し，原音に加算することでベース・ブーストを作成します．図16のような特性を目指します．

表2 設計したFIRフィルタの入力信号に対するゲイン

入力周波数 [Hz]	ゲイン [dB]	ゲイン（リニア値）
100	−73.3860	0.000214
500	−70.1586	0.000310
1000	−31.1469	0.027711
1500	−16.9605	0.141897
2000	−8.6551	0.369185
3000	−1.2149	0.869470
4000	−0.0027	0.999689
5000	−0.0012	0.999861

図15 作成したハイパス・フィルタは4kHz以下を減衰できている
縦：500mV/div，横：1ms/div

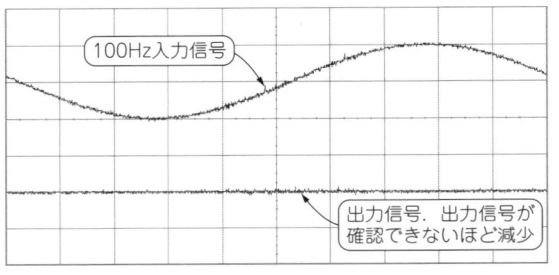

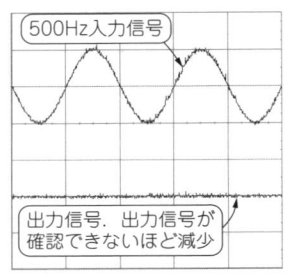

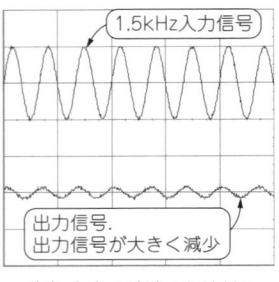

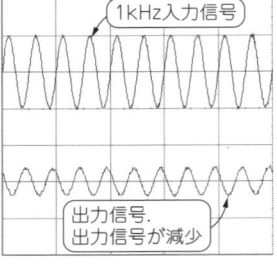

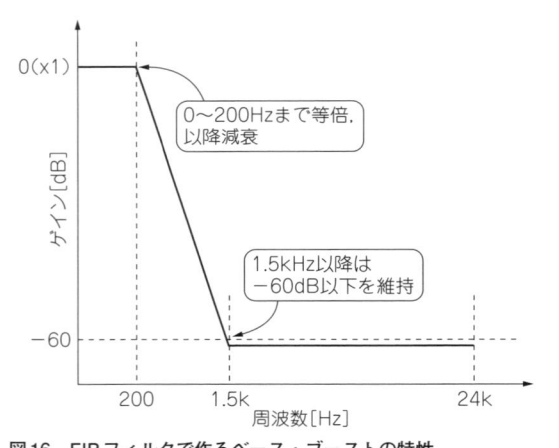

(a) 入力正弦波：100Hz — 100Hz入力信号／出力信号．出力信号が確認できないほど減少
(b) 入力正弦波：500Hz — 500Hz入力信号／出力信号．出力信号が確認できないほど減少
(c) 入力正弦波：1kHz — 1kHz入力信号／出力信号．出力信号が何とか確認できる程度
(d) 入力正弦波：1.5kHz — 1.5kHz入力信号／出力信号．出力信号が大きく減少
(e) 入力正弦波：2kHz — 1kHz入力信号／出力信号．出力信号が減少
(f) 入力正弦波：3kHz — 3kHz入力信号／出力信号．出力信号が少し減少
(g) 入力正弦波：4kHz — 4kHz入力信号／出力信号．入力信号とほぼ同じ

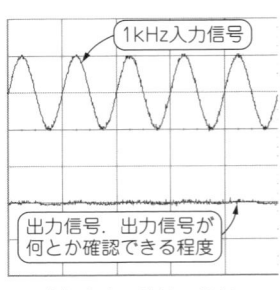

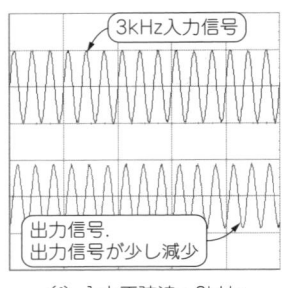

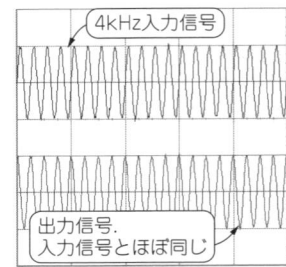

図16 FIRフィルタで作るベース・ブーストの特性

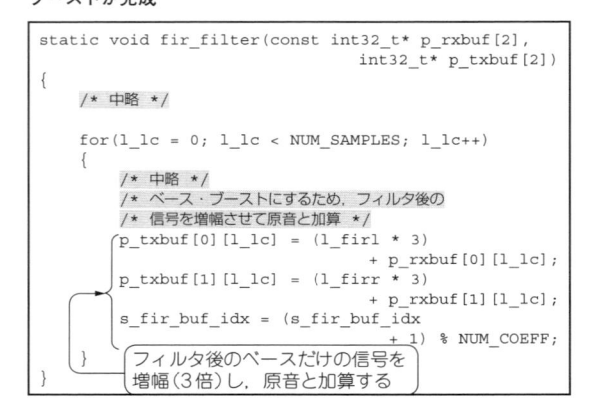

0(x1)：0〜200Hzまで等倍，以降減衰
1.5kHz以降は−60dB以下を維持

表3 FIRフィルタ版ベース・ブーストの入力信号に対するゲイン

入力周波数[Hz]	ゲイン[dB]	ゲイン（リニア値）
50	− 0.0025	0.99971
100	− 0.0025	0.99971
200	− 0.0049	0.99943
500	− 1.0007	0.89117
1000	− 11.9082	0.25385
1500	− 65.0183	0.00056

● 改造の手順
▶その1…フィルタ係数を計算する

　図17のように設計ツールでフィルタ係数を計算します．手順は以下の通りです．

(1) 標本化周波数（サンプリング・レート）を入力．この基板は48kHzで設計しているので，48を入力．
(2) 設計するフィルタの帯域を入力．0〜0.2kHzまではゲインが1倍，1kHz〜24kHzが0と入力．
(3) 設計ボタンをクリック．
(4) 特性が悪い場合，次数を変更する．今回は次数127に増やした．

▶その2…増幅して原音と加算する

　フィルタをかけただけではベース・ブーストにならないので，増幅して原音と加算します．よって，ソースコードをリスト2のように修正します．

● 動作を確認する

　作成したベース・ブーストが正しく機能しているか確認してみます．フィルタの結果を3倍に増幅した後，

リスト2 フィルタ後の信号を増幅して原音と加算するとベース・ブーストが完成

```
static void fir_filter(const int32_t* p_rxbuf[2],
                              int32_t* p_txbuf[2])
{
    /* 中略 */

    for(l_lc = 0; l_lc < NUM_SAMPLES; l_lc++)
    {
        /* 中略 */
        /* ベース・ブーストにするため，フィルタ後の */
        /* 信号を増幅させて原音と加算 */
        p_txbuf[0][l_lc] = (l_firl * 3)
                         + p_rxbuf[0][l_lc];
        p_txbuf[1][l_lc] = (l_firr * 3)
                         + p_rxbuf[1][l_lc];
        s_fir_buf_idx = (s_fir_buf_idx
                         + 1) % NUM_COEFF;
    }
}
```
フィルタ後のベースだけの信号を増幅（3倍）し，原音と加算する

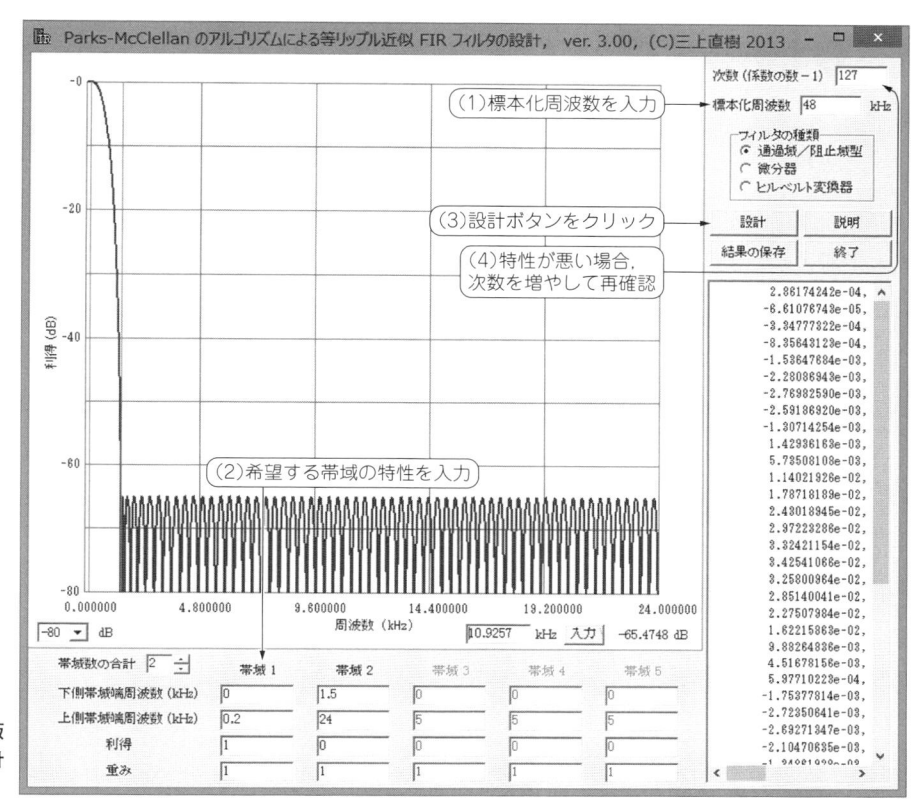

図17
設計ツールでFIRフィルタ版ベース・ブーストの係数を計算する

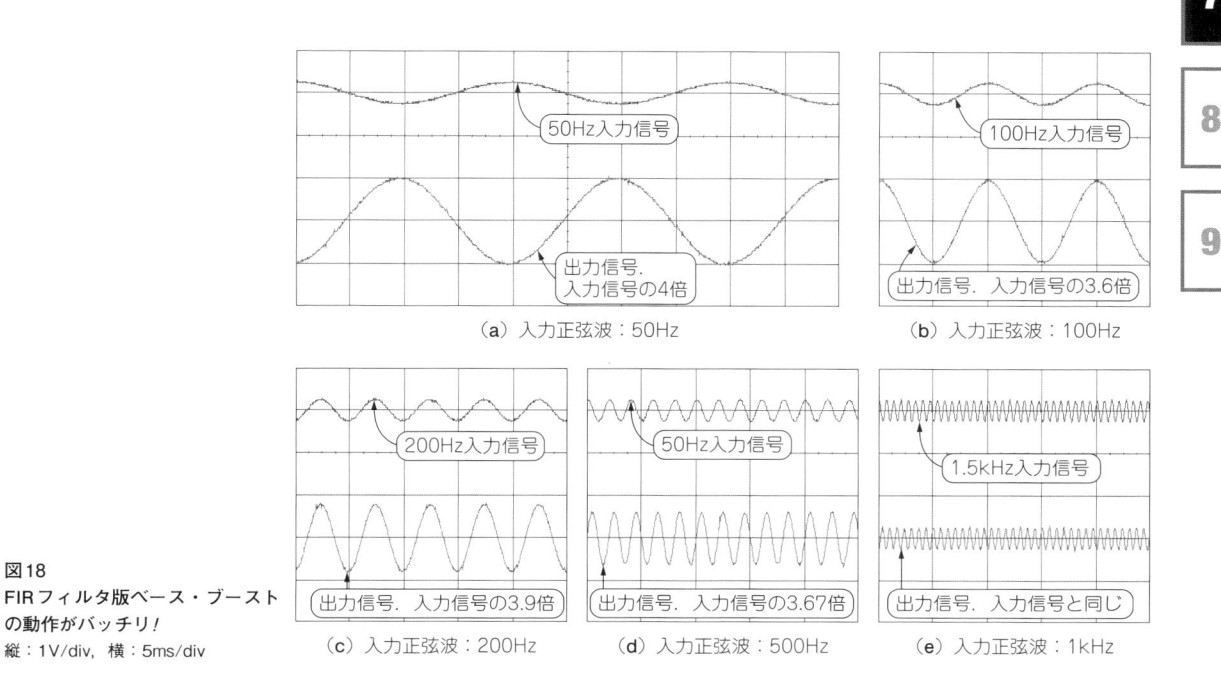

図18
FIRフィルタ版ベース・ブーストの動作がバッチリ！
縦：1V/div，横：5ms/div

(a) 入力正弦波：50Hz
(b) 入力正弦波：100Hz
(c) 入力正弦波：200Hz
(d) 入力正弦波：500Hz
(e) 入力正弦波：1kHz

原音と加算しているため，200Hzまでのベース部が4倍になっていることが確認できれば成功です（**図18**）．

コラム1　計算量が多いFIRフィルタを使うには純正コンパイラやアセンブラも選択肢の一つ

　万能に見えるFIRフィルタですが，計算量が多いという問題もあります．試しに図AのようにFIRフィルタ設計ツールの次数を199として計算し，DSP付属基板で動かすと，図Bのように計算が間に合わずに出力がノイズとなって表れます．これはBlackfinの性能を活かしきれていないためです．

　FIRフィルタなどよく利用される関数は，メーカがライブラリを提供しています．このライブラリはCPUの能力をフルに活かして作られているため，C言語でコードを記述するよりも高速に演算が完了します．これを使えば，次数が倍以上の511でも処理が正常に完了します．試しに図Cのように次数を511にし，メーカ純正ツールのVisual DSP++で試してみると，図Dのように正常に動作しています．

　残念なのは，gccにはこのライブラリがなく，自分で作成するかメーカ純正コンパイラを使用するしかないという点です．メーカ純正コンパイラは有償なので，gccで実行したい場合，C言語では最適化にも限界があるため，アセンブラでの記述も選択肢の一つになります．アセンブラでのプログラムに慣れている方なら，ぜひ作成に挑戦してみてください．

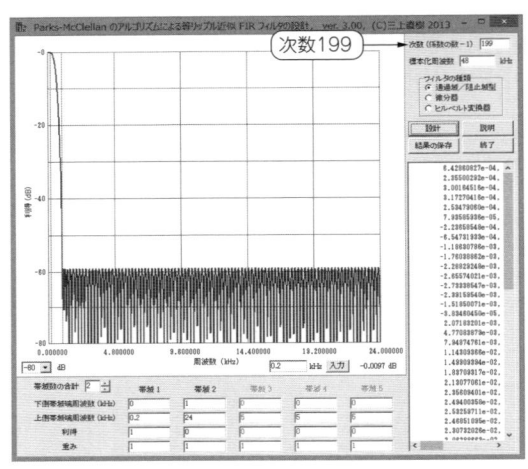

図A　次数を199としてフィルタを作ってみる

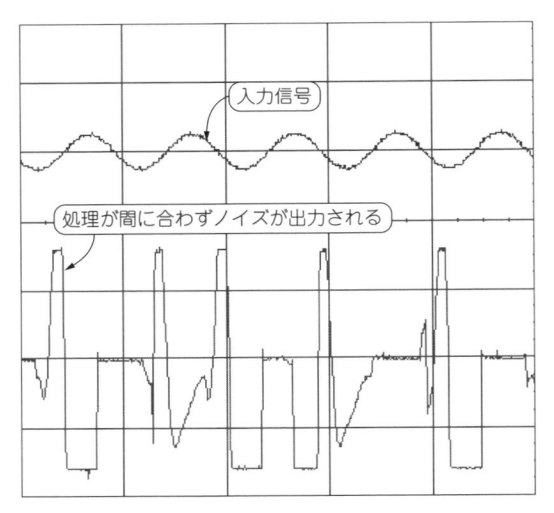

図B　DSP付属基板で動かしてみると計算が間に合わない

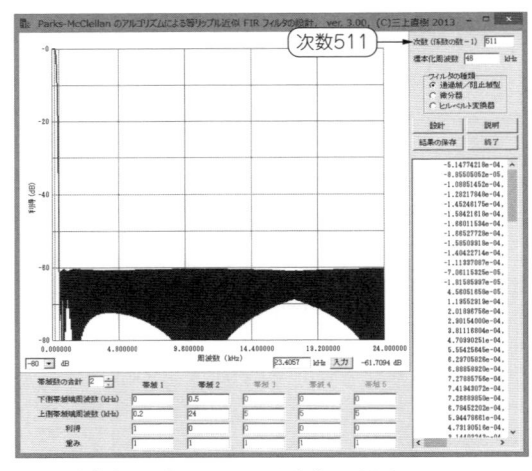

図C　次数を511としてフィルタを作ってみる

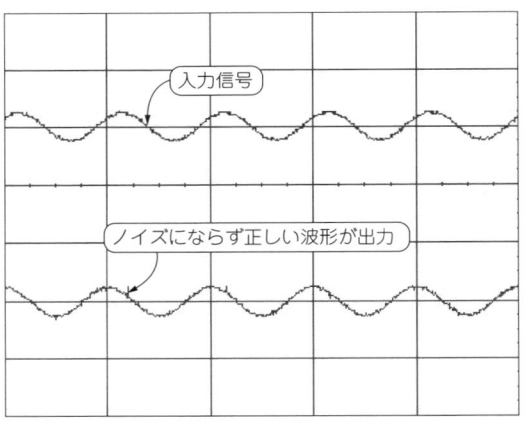

図D　メーカ製コンパイラを使うとFIRフィルタの計算量が多くてもうまくやってくれる

第8章 安定させればしめたもの！フィードバック構造で アナログ感を出せるベース・ブースト

計算量が少なく実用的！ IIRフィルタを試す

　2大フィルタ「FIR」と「IIR」のうち，IIRフィルタを試します．IIRフィルタは，FIRフィルタと比較して計算量を少なくすることができるので実用的ですが，出力信号をフィードバックして計算に使うため，きちんと設計をしないと動作が安定しません．安定するIIRフィルタの係数を手作業で計算するには手間と時間がかかりますが，本章では設計ツールを使って簡略化します．

　IIRフィルタはフィードバック構造を持つため，同様にフィードバック構造を持つOPアンプを使ったアナログ・フィルタに近い特性を得ることもできます．

こんなフィルタ

● IIRフィルタ最大の特徴…計算量が少ない

　第7章で，ディジタル・フィルタの種類には，FIRフィルタとIIRフィルタがあることを説明しました．両者の違いは，フィードバック構造となっているかどうかです．IIRフィルタはフィードバック構造です．フィードバックとは，図1に示すように出力信号がフィルタ計算の値として使われるしくみのことです．

　IIRフィルタの特徴は，OPアンプを使ったアナログ・フィルタに近い特性のフィルタが作れることです．FIRフィルタよりも計算量が少ないためよく使用されますが，フィードバックがある代わりに，係数次第で発散し，発散すると期待値となりません．そのため，安定性の検証が必要ですが，これはツールを使うことで簡単に解決します．

● IIRフィルタの伝達関数を試す

　IIRフィルタの構成には「直接形」と「縦続形」の2種類があります．直接形はフィルタ係数の積和を計算していくだけのシンプルなもの，縦続形は直接形を連結していますが，演算誤差や係数の誤差を少なくできます．本章では，この「直接形」と「縦続形」を実験してみます．

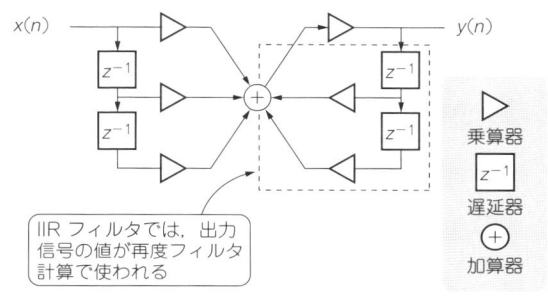

図1　IIRフィルタでは出力信号の値が再度フィルタ計算で使われる…フィードバック

IIRフィルタ係数を計算してみる

● ツールにまかせれば設計が簡単！

　ツールを使用してIIRフィルタの設計をしてみます．FIRフィルタの設計ツールと同じツールを使います．付属CD-ROM内のIIR_Design.exeを実行します．

　ツールを実行すると，図2の画面が表示されます．細かく設定できたFIRフィルタと違い，入力項目は少なめです．

● 4種類の基本IIRフィルタ

　IIRフィルタには，フィルタ特性の形状によって名前が付けられています．よく使われる特性には4種類があります．

- バターワース
- チェビシェフ
- 逆チェビシェフ
- 連立チェビシェフ

　これらはOPアンプを使ったアナログ・フィルタと同じです．表1にそれぞれの特徴を示します．図3～図6にそれぞれの種類でフィルタを設計した結果を示します．

　どのフィルタ形状を使うのがよいというのはなく，

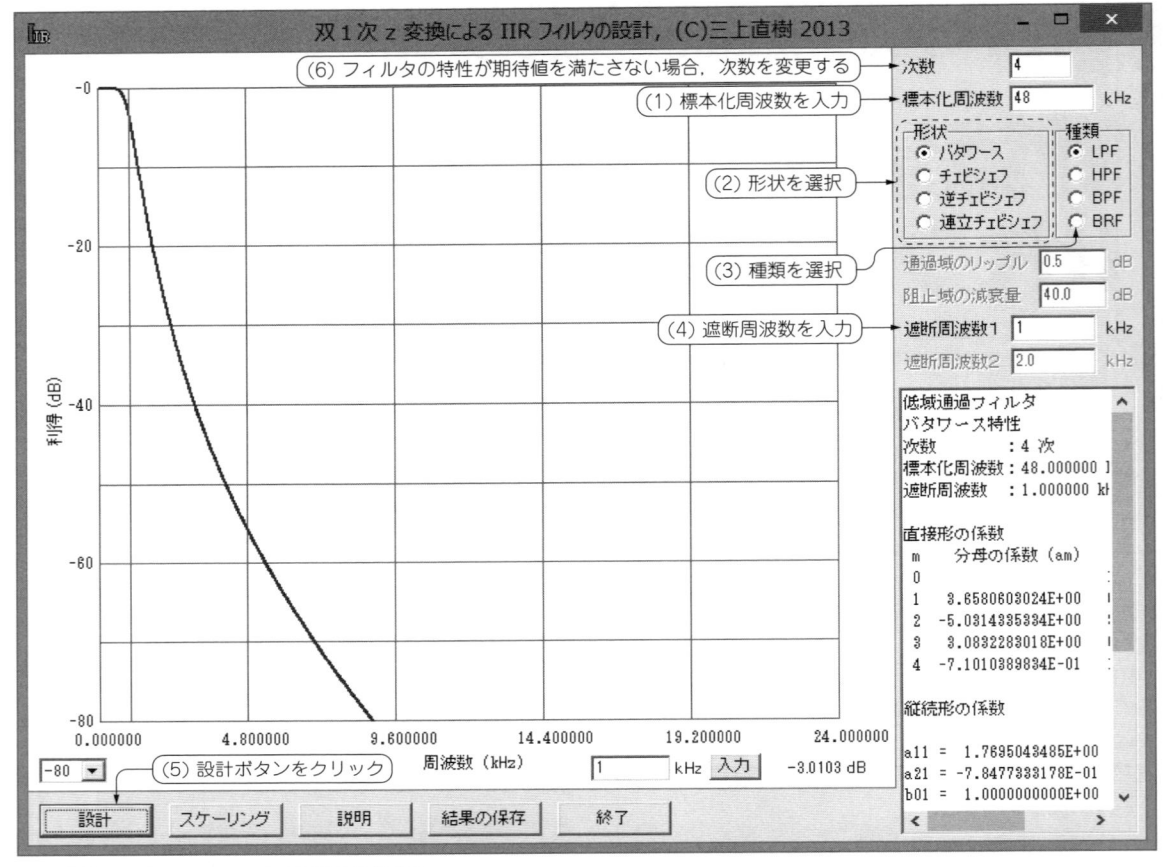

図2 設計ツールでIIRフィルタの係数を計算する

表1 信号処理の基本！フィルタの4大特性

名　前	特　徴
バターワース	信号通過域でリプルが発生しないが，他のフィルタに比べて遮断性能が悪い
チェビシェフ	信号通過域でリプルが発生するが，バターワースに比べて遮断性能が良い
逆チェビシェフ	信号通過域ではリプルが発生せず，遮断性能もバターワースよりもよいが，除去帯域で大きなリプルが発生する
連立チェビシェフ	信号通過域及び除去帯域でリプルが発生するが，一番遮断性能がよい

アプリケーションや入力データ，コストなどいろいろな要因で変わるため，どれを採用するかはケース・バイ・ケースです．例えば，高級ディジタル・オーディオの場合，音質にこだわるため，信号通過域でリプルが発生するのを嫌いますし，処理能力の高いプロセッサやFPGAを採用できるため，次数の高くした（計算量の多い）バターワースやFIRフィルタを採用するかもしれません．逆に，低価格な電話用アプリケーションの場合，電話回線は音質がそんなに良くないので，少しばかり特性が悪くても問題ないと判断し，次数の低い（計算量の少ない）連立チェビシェフを採用するかもしれません．

● 基本のバターワース型を作ってみる

バターワース型でローパスフィルタを設計し，実験してみます．

- フィルタ次数：4
- 形状：バターワース
- 遮断周波数（f_c）：1kHz

このフィルタの特性は図7のようになるはずです．この特性を設計ツールに図8のように入力します．

(1) フィルタ次数を入力．今回は4．
(2) A-Dコンバータの標本化周波数（サンプリング・レート）を入力．この基板は48kHzで設計しているので，48を入力．
(3) 形状にバターワースを選択．
(4) 種類はLPF（ローパス・フィルタ）を選択．
(5) 遮断周波数を入力します．1を入力．
(6) 設計ボタンをクリック．

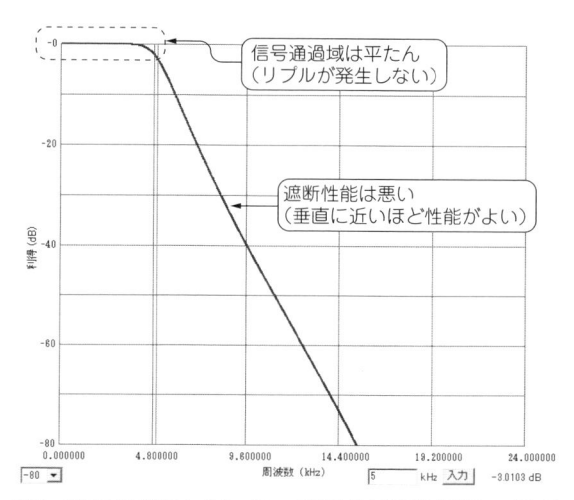

図3 基本中の基本！バターワース型は信号通過域でリプルが発生しない

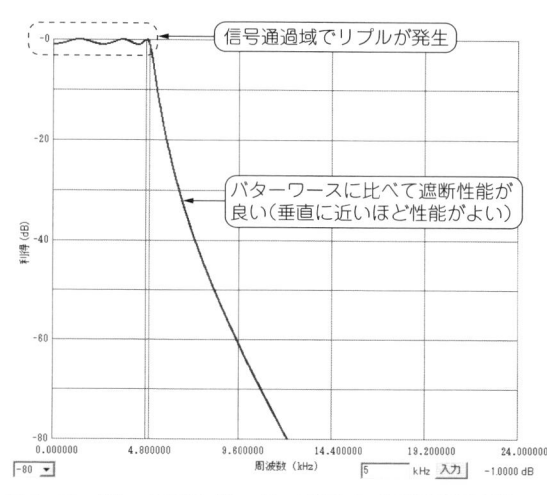

図4 チェビシェフ型はバターワース型に比べて遮断性能がよい

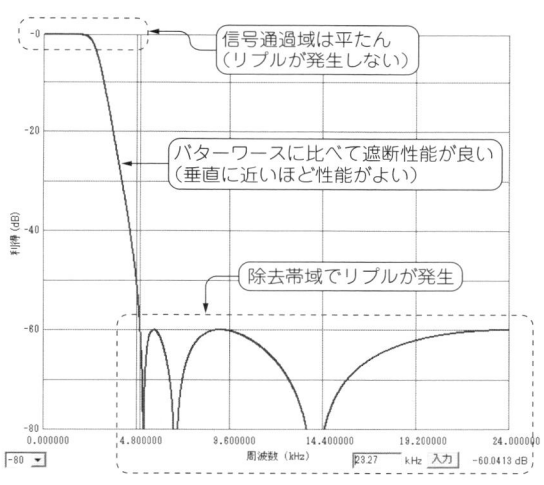

図5 逆チェビシェフ型は除去したい帯域でリプルが発生する

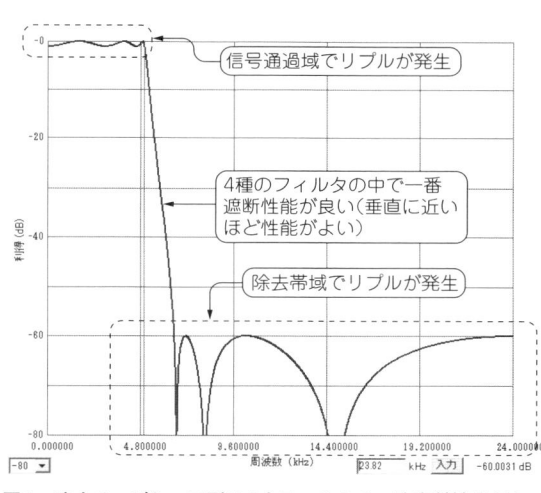

図6 連立チェビシェフ型は4大フィルタで一番遮断性能がよいがリプルが出やすい

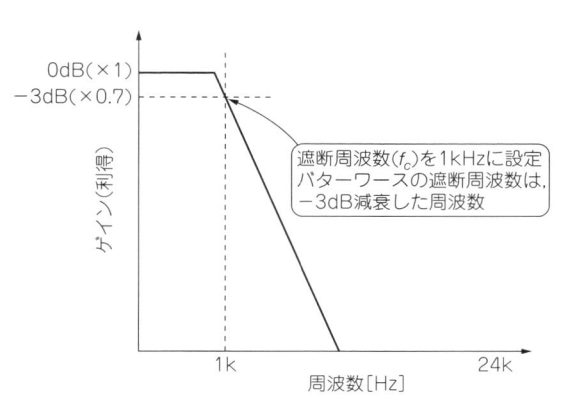

図7 遮断周波数を1kHzにしてバターワース・フィルタを設計する

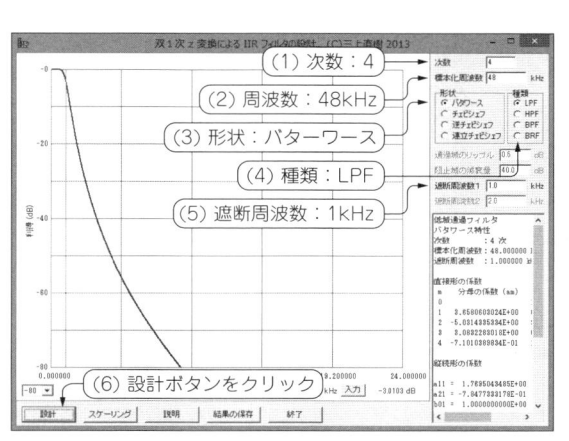

図8 設計ツールでバターワース・フィルタの係数を計算する

IIRフィルタ係数を計算してみる 67

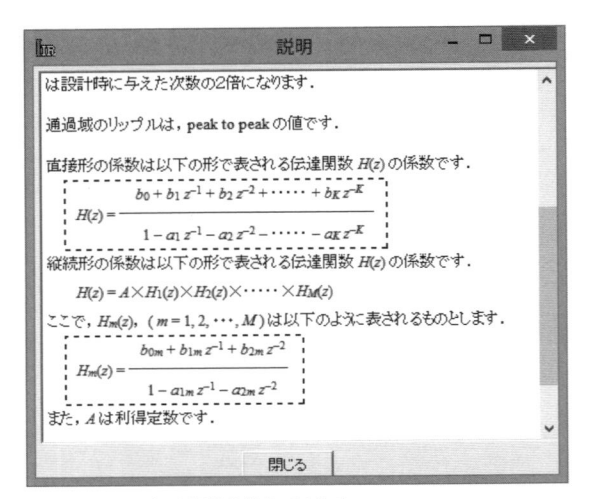

図9 ツールが伝達関数を教えてくれる

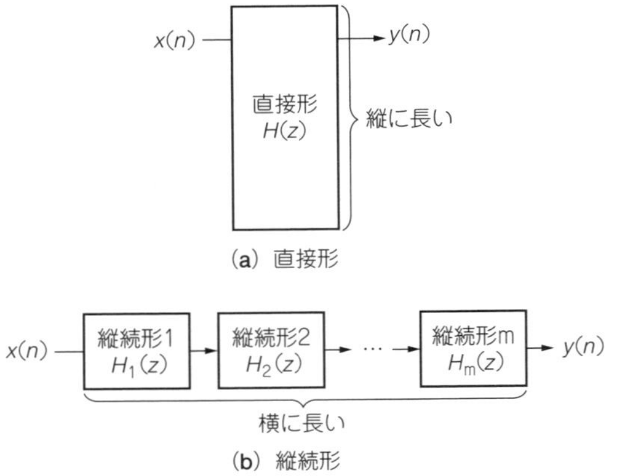

は設計時に与えた次数の2倍になります．

通過域のリップルは，peak to peakの値です．

直接形の係数は以下の形で表される伝達関数 $H(z)$ の係数です．

$$H(z) = \frac{b_0 + b_1 z^{-1} + b_2 z^{-2} + \cdots + b_K z^{-K}}{1 - a_1 z^{-1} - a_2 z^{-2} - \cdots - a_K z^{-K}}$$

縦続形の係数は以下の形で表される伝達関数 $H(z)$ の係数です．

$$H(z) = A \times H_1(z) \times H_2(z) \times \cdots \times H_M(z)$$

ここで，$H_m(z)$，$(m = 1, 2, \cdots, M)$ は以下のように表されるものとします．

$$H_m(z) = \frac{b_{0m} + b_{1m} z^{-1} + b_{2m} z^{-2}}{1 - a_{1m} z^{-1} - a_{2m} z^{-2}}$$

また，A は利得定数です．

図10 直接形のフィルタは縦に長く縦続形のフィルタは横に長い
(a) 直接形
(b) 縦続形

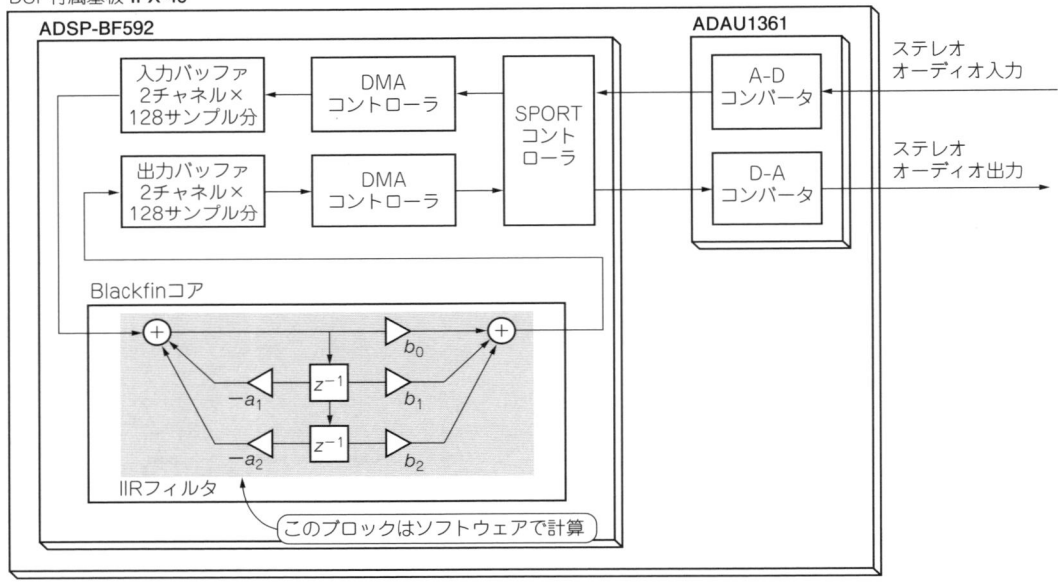

図11 直接形のバターワース・フィルタを付属DSP基板で動作させる

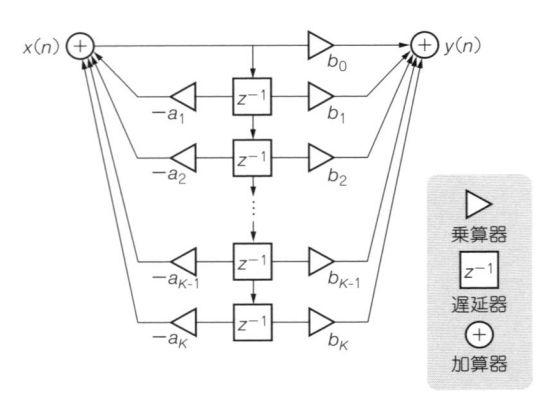

図12 直接形バターワース・フィルタの信号処理フロー

IIRフィルタの伝達関数

●「直接形」と「縦続形」の2種類がある

フィルタ設計が完了したところでコーディングに移るわけですが，その前に，IIRフィルタの伝達関数を確認します．ツールの説明ボタンをクリックすると，図9のようにIIRフィルタの伝達関数が表示されます．

使用しているツールでは2種類の伝達関数が表示されており，直接形，縦続形と書かれています．

リスト1 直接形の伝達関数を使ってバターワース・フィルタをプログラムにする

```c
/* IIRフィルタの係数の数 */
#define NUM_ORDER   4

struct iir_df2
{
  int32_t a[NUM_ORDER];
  int32_t b[NUM_ORDER + 1];
};

/* IIRフィルタの係数 */
static struct iir_df2 iir_coeff =
{
  /* a */
  {
    FLOAT_TO_FR32( 3.6580603024E+00,
                              FIXED_POINT_DECIMAL),
    FLOAT_TO_FR32(-5.0314335334E+00,
                              FIXED_POINT_DECIMAL),
    FLOAT_TO_FR32( 3.0832283018E+00,
                              FIXED_POINT_DECIMAL),
    FLOAT_TO_FR32(-7.1010389834E-01,
                              FIXED_POINT_DECIMAL),
  },
  /* b */
  {
    FLOAT_TO_FR32( 1.5551721781E-05,
                              FIXED_POINT_DECIMAL),
    FLOAT_TO_FR32( 6.2206887123E-05,
                              FIXED_POINT_DECIMAL),
    FLOAT_TO_FR32( 9.3310330685E-05,
                              FIXED_POINT_DECIMAL),
    FLOAT_TO_FR32( 6.2206887123E-05,
                              FIXED_POINT_DECIMAL),
    FLOAT_TO_FR32( 1.5551721781E-05,
                              FIXED_POINT_DECIMAL),
  }
};

/* 遅延器を定義 */
static int32_t iir_ld[NUM_ORDER];
static int32_t iir_rd[NUM_ORDER];

static void iir_filter(const int32_t*
                    p_rxbuf[2], int32_t* p_txbuf[2])
{
  int32_t l_lc;
  int32_t l_ld;
  int32_t l_w;
  int32_t l_y;

  for(l_lc = 0; l_lc < NUM_SAMPLES; l_lc++)
  {
    /* Lチャネル */
    l_w = p_rxbuf[0][l_lc];
    for(l_ld = 0; l_ld < NUM_ORDER; l_ld++)
    {
      l_w = add_fr32(l_w, mult_fr32(
               iir_coeff.a[l_ld], iir_ld[l_ld]));
    }
    l_y = mult_fr32(iir_coeff.b[0], l_w);
    for(l_ld = 0; l_ld < NUM_ORDER; l_ld++)
    {
      l_y = add_fr32(l_y, mult_fr32(
              iir_coeff.b[l_ld + 1], iir_ld[l_ld]));
    }
    /* 遅延器に保存 */
    memmove(&iir_ld[1], &iir_ld[0], sizeof(int32_t) *
                               (NUM_ORDER - 1));
    iir_ld[0] = l_w;
    /* 結果を保存 */
    p_txbuf[0][l_lc] = l_y;

    /* Rチャネル */
    l_w = p_rxbuf[1][l_lc];
    for(l_ld = 0; l_ld < NUM_ORDER; l_ld++)
    {
      l_w = add_fr32(l_w,
         mult_fr32(iir_coeff.a[l_ld], iir_rd[l_ld]));
    }
    l_y = mult_fr32(iir_coeff.b[0], l_w);
    for(l_ld = 0; l_ld < NUM_ORDER; l_ld++)
    {
      l_y = add_fr32(l_y,
        mult_fr32(iir_coeff.b[l_ld + 1], iir_rd[l_ld]));
    }
    /* 遅延器に保存 */
    memmove(&iir_rd[1], &iir_rd[0], sizeof(int32_t) *
                               (NUM_ORDER - 1));
    iir_rd[0] = l_w;
    /* 結果を保存 */
    p_txbuf[1][l_lc] = l_y;
  }
}
```

● それぞれで得られる結果は同じ

$$H(z) = \frac{b_0 + b_1 z^{-1} + b_2 z^{-2} + \cdots + b_K z^{-K}}{1 - a_1 z^{-1} - a_2 z^{-2} - \cdots - a_K z^{-K}}$$

$$H_m(z) = \frac{b_{0m} + b_{1m} z^{-1} + b_{2m} z^{-2}}{1 - a_{1m} z^{-1} - a_{2m} z^{-2}}$$

ツールが出力するフィルタ係数には直接形と縦続形の両方が記述されており，何が違うのか，どちらを使ったらよいか混乱します．

実は，2種類のフィルタがあるわけではなく，縦続形は直接形を因数分解すると得られるため，どちらを使っても同じ結果が得られます．

$$H(z) = \frac{b_0 + b_1 z^{-1} + b_2 z^{-2} + \cdots + b_K z^{-K}}{1 - a_1 z^{-1} - a_2 z^{-2} - \cdots - a_K z^{-K}}$$

$$= \left(\frac{b_{01} + b_{11} z^{-1} + b_{21} z^{-2}}{1 - a_{11} z^{-1} - a_{21} z^{-2}}\right)\left(\frac{b_{02} + b_{12} z^{-1} + b_{22} z^{-2}}{1 - a_{12} z^{-1} - a_{22} z^{-2}}\right)$$

$$\cdots \left(\frac{b_{0m} + b_{1m} z^{-1} + b_{2m} z^{-2}}{1 - a_{1m} z^{-1} - a_{2m} z^{-2}}\right)$$

イメージは図10のようになります．参考書には，直接形は縦続形に比べて計算誤差が大きくなりやすいため，縦続形がよく使われると書かれています．

直接形，縦続形の両方をコーディングし，なぜ計算誤差が大きくなるのか検証してみましょう．

実験1…直接形の伝達関数を試す

● 加算と乗算のみのプログラム

DSP付属基板で処理を行う場合の構成を図11に示します．直接形の信号処理フローは図12の通りです．これをC言語のコードに実装します．特に難しいことはなく，FIRフィルタのように加算および乗算のみで処理が完了します．また，ツールが表示する係数は浮動小数なので，FLOAT_TO_FRACTマクロで固定小数点に変換します．できあがりのプログラムをリスト1に示します．

図13 直接形のフィルタを試してみると…うまく動かない！
縦：500mV/div，横：1ms/div

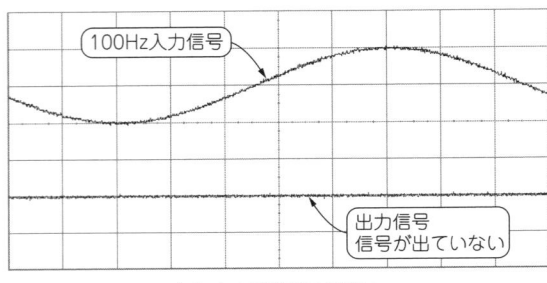

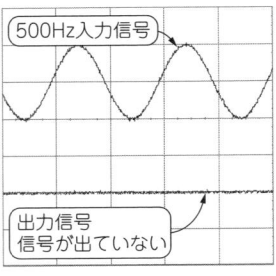

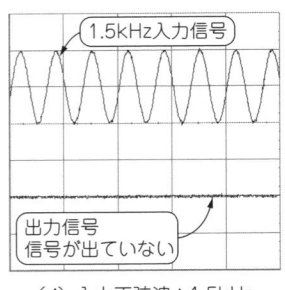

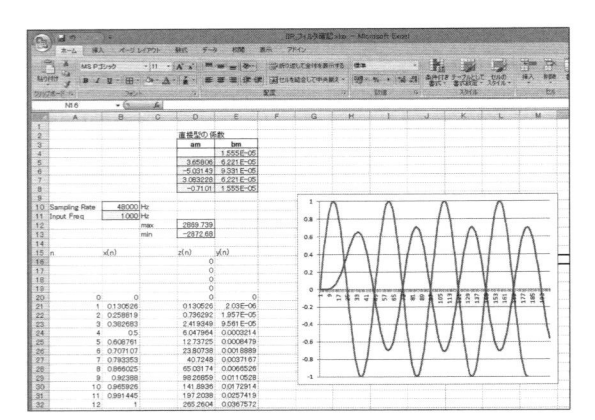

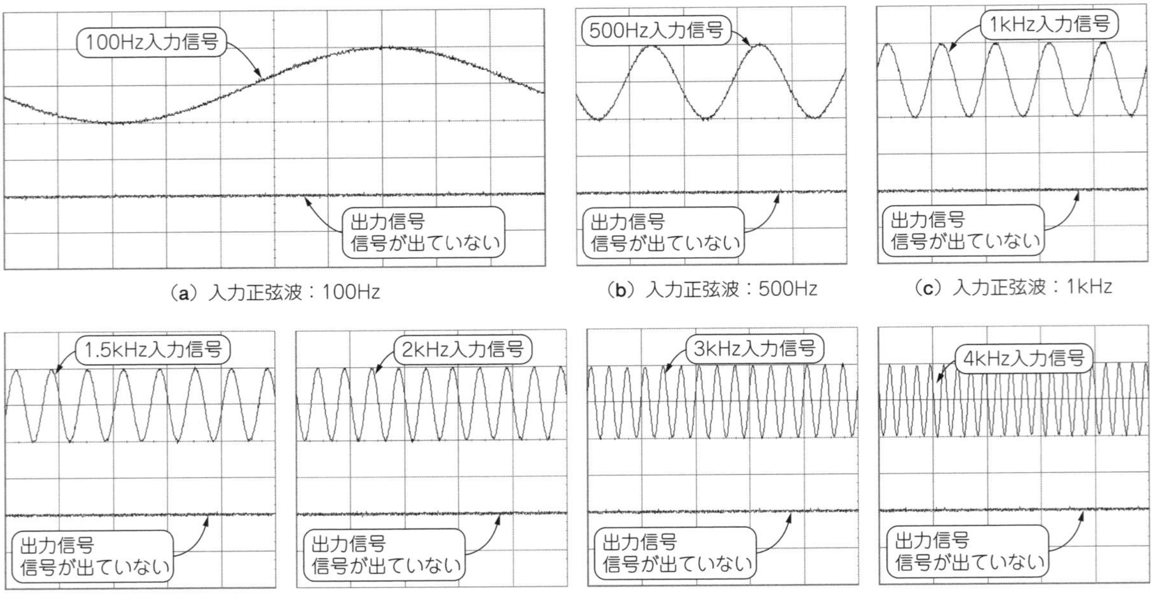

(a) 入力正弦波：100Hz
(b) 入力正弦波：500Hz
(c) 入力正弦波：1kHz
(d) 入力正弦波：1.5kHz
(e) 入力正弦波：2kHz
(f) 入力正弦波：3kHz
(g) 入力正弦波：4kHz

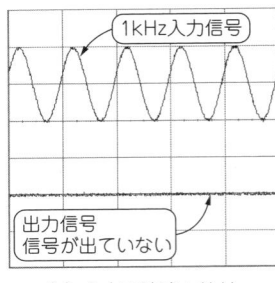

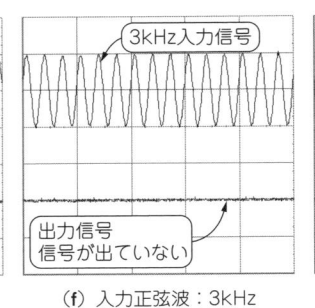

図14 Excelを使ってIIRフィルタをシミュレーションする
Excelファイルは本書のサポート・ページからダウンロードできる

● 出力を確認する

実装したフィルタが正しく動作しているか確認します．図13のように100Hz～4kHzまでの正弦波を入力して，オシロスコープで結果を確認します．

▶すべて出力がゼロ?!

なぜか，どの周波数でも出力信号に何も表示されていません．プログラムを間違えてしまったのでしょうか．ところが，コードを何度確認しても実装に問題ないように見えます．

このままだと原因が分からないので，図14のようにExcelでシミュレーションを行って確認してみます．図15に示すように出力信号は問題なく出力され

ており，フィルタは正常に動作しています．

▶計算途中のオーバーフローが原因

ところが，図16のように遅延器の最大値と最小値を確認すると，非常に大きな値があることが確認できます．最大は2869.739，最小は-2872.68です．想定している固定小数点Q8.24で表現できる値の範囲は+127.0～-128.0なので，計算途中でオーバーフローを起こしていることになります．出力信号が正しく出力されないのはこれが原因です．

● オーバーフローを起こさないようにしてみる

整数の表現できる範囲を大きくすればよいのであれば，固定小数点の表現の方法をQ14.18などに変更すれば正しい結果が出力されるはずです．試しに変更して確認してみます．

common/ bfin_fr32.hのマクロの定義を次のように変更します．

```
/* 固定小数点の小数点ビット数 */
#define FIXED_POINT_DECIMAL (18)
```

ソースをビルドしてから再度実験します．

図17のように調べてみると，今度は正しく出力されました．このように，直接形は，係数Aと係数Bの差が大きいうえ，計算途中で大きな値になりやすく，計算誤差が大きくなりがちです．固定小数点の整数ビットを大きくすれば解決しますが，そうすると小数の表現範囲が小さくなり，さらに計算誤差を大きくする要因になるため，直接形は，表現範囲の決まってい

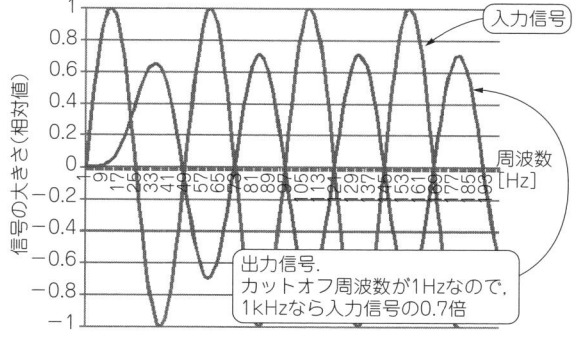

図15 Excelで1kHz入力時のIIRフィルタ動作をシミュレーションしてみた

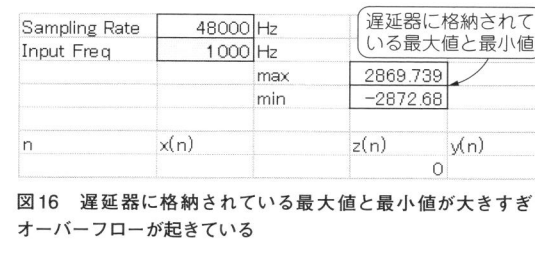

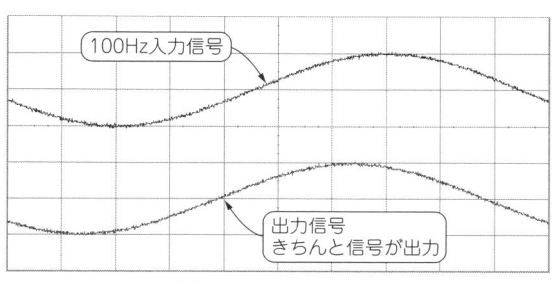

図16 遅延器に格納されている最大値と最小値が大きすぎる！オーバーフローが起きている

図17 オーバーフローを起こさないように直して動かしてみた
縦：500mV/div，横：1ms/div

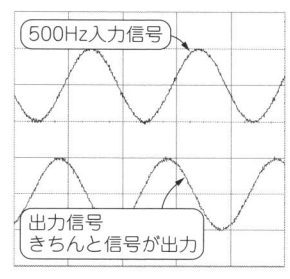

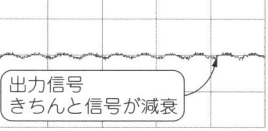

(a) 入力正弦波：100Hz
(b) 入力正弦波：500Hz
(c) 入力正弦波：1kHz
(d) 入力正弦波：1.5kHz
(e) 入力正弦波：2kHz
(f) 入力正弦波：3kHz
(g) 入力正弦波：4kHz

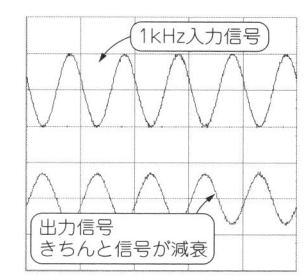

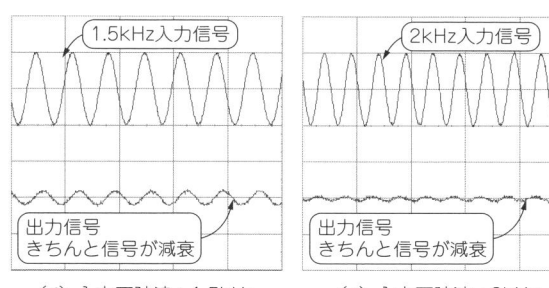

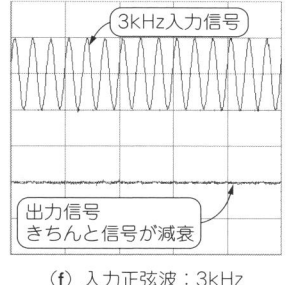

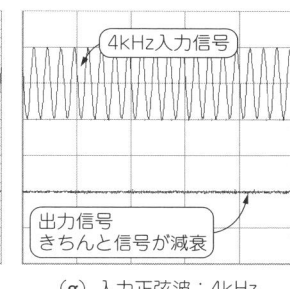

る固定小数点演算では不向きなのが確認できます．

実験2…縦続形の伝達関数を試す

● 直接形を連結したもの

縦続形の信号処理フロー（ブロック）を図18に示します．縦続形はステージと呼ばれるブロックを連結していきます．ブロックと言っても，直接形の係数5個の計算を1個のかたまりとして連結しただけですので，小さく分割した直接形を複数処理していくと考えれば，特に難しいことはありません．

● 縦続形のみ利得定数がある

しかし，縦続形にも注意すべき点があります．フィルタの結果には縦続形の時だけ「利得定数」という項目が定義されています．ツールの説明には，フィルタの結果に利得定数を乗算するよう式が定義されています．イメージにすると図19のようになります．利得定数を乗算することで正しいフィルタの結果となるため，すべてのIIRフィルタの結果に利得定数を乗算しなければなりません．

● オーバーフローをあらかじめ防ぐ計算

利得定数は非常に小さい値（0.0000155…）ですので，

実験2…縦続形の伝達関数を試す 71

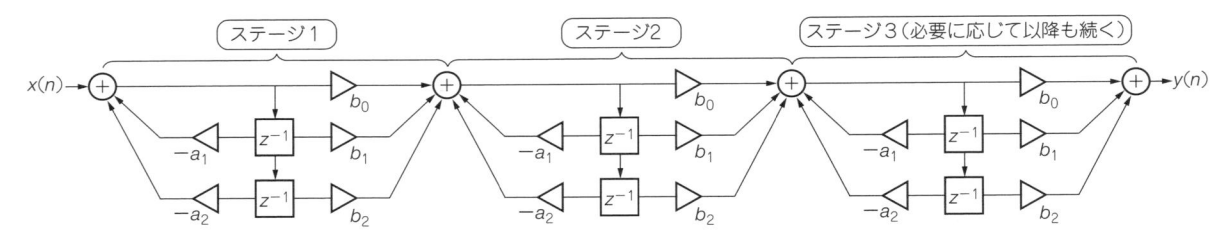

図18 縦続形は直接形のブロックをつないだもの

利得定数を乗算する前のフィルタの結果値が非常に大きいことは簡単に想像できます．これでは直接形と同じく，Q8.24ではオーバーフローする可能性があります．それを確認するため，今回は先にExcelで検証してみます．

Excelでフィルタをシミュレーションし，図20のようにフィルタ結果の値を確認すると，予想した通り，値が非常に大きいことが分かります．これは直接形よりも大きい値となっています．このままではいくら固定小数点の整数ビットを大きくしてもキリがないので，式を少し変更することで対応します．

縦続形のIIRフィルタの伝達関数は次の通りです．ここに利得定数Aを乗算するわけですから，図21のように少し式を変形し，あらかじめ係数bに利得定数Aを均一に乗算しておきます．

ツールが出力した係数bの値は図22の通りです．ステージ数は2個ですので，すべての係数bに$\sqrt{A}$を乗算しておきます．

● フィルタ係数を再確認してプログラミング

これで係数bが求まりました．再度Excelで図23のように最大値と最小値を確認すると，以前の値より小さくなっていることが分かります．これなら，固定小数点Q8.24形式を変更しなくてもフィルタを計算することができます．

リスト2のようにプログラムして正弦波を入力し，結果を確認します．期待通り，図24のように正しい出力信号として確認できます．

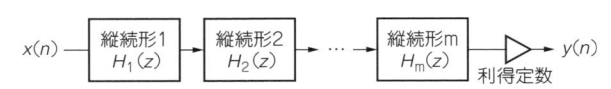

図19 縦続形を連結して1個のフィルタにする

図20 遅延器に格納されている最大値と最小値が大きすぎていないかをExcelで確認しておく

$$H(z) = \left\{\left(\frac{b_{01} + b_{11}z^{-1} + b_{21}z^{-2}}{1 - a_{11}z^{-1} - a_{21}z^{-2}}\right)\left(\frac{b_{02} + b_{12}z^{-1} + b_{22}z^{-2}}{1 - a_{12}z^{-1} - a_{22}z^{-2}}\right)\cdots\left(\frac{b_{0m} + b_{1m}z^{-1} + b_{2m}z^{-2}}{1 - a_{1m}z^{-1} - a_{2m}z^{-2}}\right)\right\} \times A$$

$$= \left\{\left(\frac{b_{01} + b_{11}z^{-1} + b_{21}z^{-2}}{1 - a_{11}z^{-1} - a_{21}z^{-2}}\right)\left(\frac{b_{02} + b_{12}z^{-1} + b_{22}z^{-2}}{1 - a_{12}z^{-1} - a_{22}z^{-2}}\right)\cdots\left(\frac{b_{0m} + b_{1m}z^{-1} + b_{2m}z^{-2}}{1 - a_{1m}z^{-1} - a_{2m}z^{-2}}\right)\right\} \left(\sqrt[m]{A}\right)^m$$

$$= \sqrt[m]{A}\left(\frac{b_{01} + b_{11}z^{-1} + b_{21}z^{-2}}{1 - a_{11}z^{-1} - a_{21}z^{-2}}\right) \times \sqrt[m]{A}\left(\frac{b_{02} + b_{12}z^{-1} + b_{22}z^{-2}}{1 - a_{12}z^{-1} - a_{22}z^{-2}}\right)\cdots \times \sqrt[m]{A}\left(\frac{b_{0m} + b_{1m}z^{-1} + b_{2m}z^{-2}}{1 - a_{1m}z^{-1} - a_{2m}z^{-2}}\right)$$

$$= \left(\frac{\sqrt[m]{A}b_{01} + \sqrt[m]{A}b_{11}z^{-1} + \sqrt[m]{A}b_{21}z^{-2}}{1 - a_{11}z^{-1} - a_{21}z^{-2}}\right)\cdots\left(\frac{\sqrt[m]{A}b_{0m} + \sqrt[m]{A}b_{1m}z^{-1} + \sqrt[m]{A}b_{2m}z^{-2}}{1 - a_{1m}z^{-1} - a_{2m}z^{-2}}\right)$$

A：利得定数　m：縦続形のステージ数

図21 計算が簡単になるように式を変形する

ステージ	1	ステージ	2	
係数a	係数b	係数a	係数b	利得定数
	1		1	1.55517E-05
1.769504	2	1.888556	2	
-0.78477	1	-0.90485	1	

√Aを乗算

ステージ	1	ステージ	2	
係数a	係数b	係数a	係数b	利得定数
	3.9435671392E-03		3.9435671392E-03	1.55517E-05
1.769504	7.8871342783E-03	1.888556	7.8871342783E-03	
-0.78477	3.9435671392E-03	-0.90485	3.9435671392E-03	

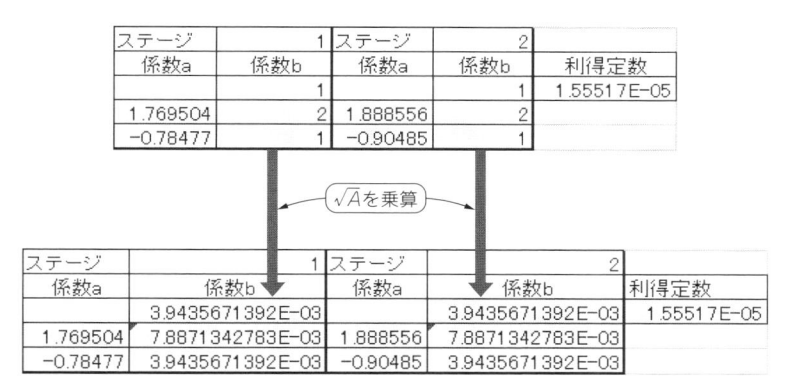

図22 係数bに√Aを乗算した値をExcelで調べておく

Sampling Rate	48000	Hz				
Input Freq	1000	Hz				
		max	40.97883	0.644297574	45.07476	0.707985684
		min	-35.5971	-0.559116793	-45.1218	-0.708738229
n	x(n)		z(n)	y(n)	z(n)	y(n)

遅延器に保存されている最大値と最小値

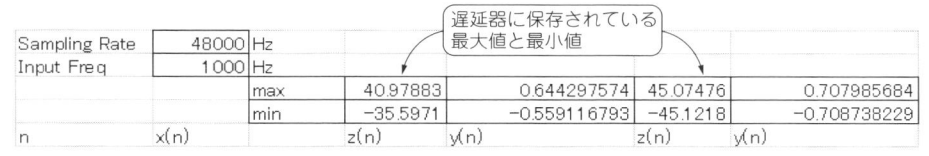

図23 係数を修正してオーバーフローを起こさないかどうかをExcelで調べた

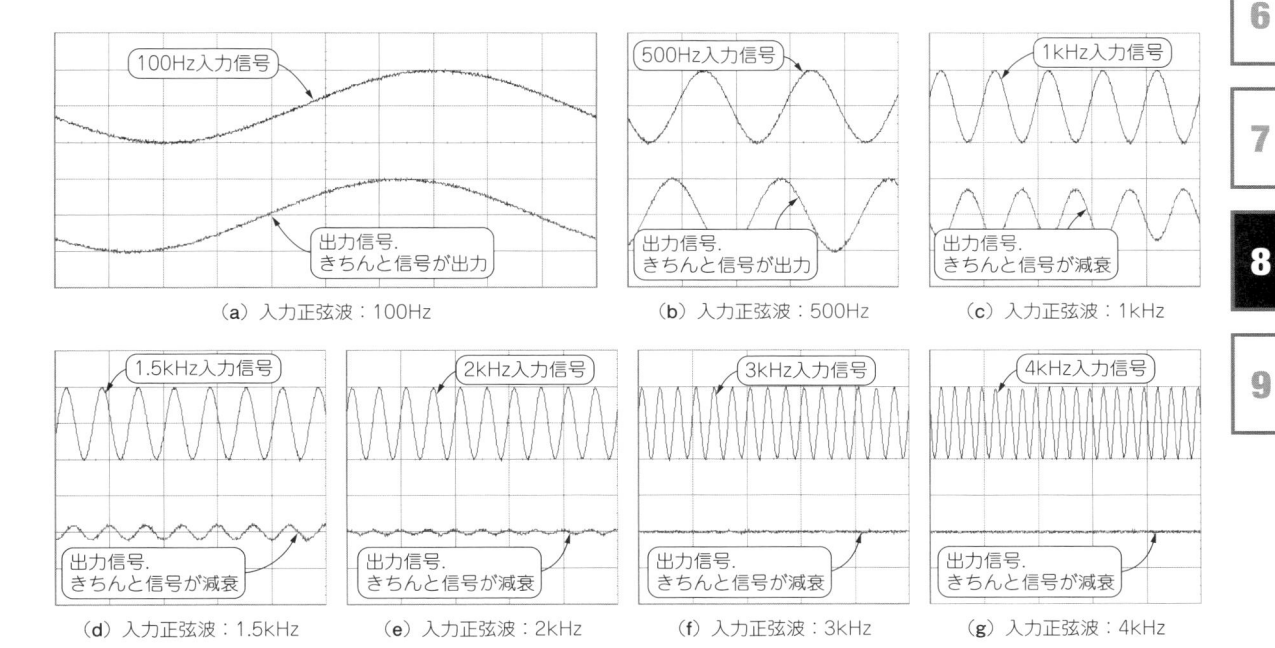

(a) 入力正弦波：100Hz
(b) 入力正弦波：500Hz
(c) 入力正弦波：1kHz
(d) 入力正弦波：1.5kHz
(e) 入力正弦波：2kHz
(f) 入力正弦波：3kHz
(g) 入力正弦波：4kHz

図24 期待通りの縦続形バターワース・フィルタができた
縦：500mV/div，横：1ms/div

リスト2 縦続形の伝達関数を使って作ったバターワース・フィルタのプログラム

```c
/* IIRフィルタの縦続型のフィルタの数 */
#define NUM_STAGE 2

struct iir_biquad
{
  int32_t a[2];
  int32_t b[3];
};
/* IIRフィルタの係数 */
static struct iir_biquad iir_coeff[NUM_STAGE] =
{
  /* 1ステージ目 */
  {
    /* a */
    {
      FLOAT_TO_FR32( 1.7695043485E+00,
                                FIXED_POINT_DECIMAL),
      FLOAT_TO_FR32(-7.8477333178E-01,
                                FIXED_POINT_DECIMAL),
    },
    /* b */
    {
      FLOAT_TO_FR32( 3.9435671392E-03,
                                FIXED_POINT_DECIMAL),
      FLOAT_TO_FR32( 7.8871342783E-03,
                                FIXED_POINT_DECIMAL),
      FLOAT_TO_FR32( 3.9435671392E-03,
                                FIXED_POINT_DECIMAL),
    }
  },
  /* 2ステージ目 */
  {
    /* a */
    {
      FLOAT_TO_FR32( 1.8885559539E+00,
                                FIXED_POINT_DECIMAL),
      FLOAT_TO_FR32(-9.0485222877E-01,
                                FIXED_POINT_DECIMAL),
    },
    /* b */
    {
      FLOAT_TO_FR32( 3.9435671392E-03,
                                FIXED_POINT_DECIMAL),
      FLOAT_TO_FR32( 7.8871342783E-03,
                                FIXED_POINT_DECIMAL),
      FLOAT_TO_FR32( 3.9435671392E-03,
                                FIXED_POINT_DECIMAL),
    }
  }
};
/* 遅延器を定義 */
static int32_t iir_ld[NUM_STAGE][2];
static int32_t iir_rd[NUM_STAGE][2];

static void iir_filter(const int32_t* p_rxbuf[2],
                             int32_t* p_txbuf[2])
{
  int32_t l_lc;
  int32_t l_stages;
  int32_t l_w;
  int32_t l_y;

  for(l_lc = 0; l_lc < NUM_SAMPLES; l_lc++)
  {
    /* Lチャネル */
    l_w = p_rxbuf[0][l_lc];
    for(l_stages = 0; l_stages
                         < NUM_STAGE; l_stages++)
    {
      l_w += mult_fr32(iir_coeff[l_stages].a[0],
                                iir_ld[l_stages][0]);
      l_w += mult_fr32(iir_coeff[l_stages].a[1],
                                iir_ld[l_stages][1]);
      l_y  = mult_fr32(iir_coeff[l_stages].b[0], l_w);
      l_y += mult_fr32(iir_coeff[l_stages].b[1],
                                iir_ld[l_stages][0]);
      l_y += mult_fr32(iir_coeff[l_stages].b[2],
                                iir_ld[l_stages][1]);
      /* 遅延器に保存 */
      iir_ld[l_stages][1] = iir_ld[l_stages][0];
      iir_ld[l_stages][0] = l_w;
      /* 結果を保存 */
      p_txbuf[0][l_lc] = l_y;
      /* 次のステージへ */
      l_w = l_y;
    }

    /* Rチャネル */
    l_w = p_rxbuf[1][l_lc];
    for(l_stages = 0; l_stages < NUM_STAGE;
                                      l_stages++)
    {
      l_w = add_fr32(l_w, mult_fr32(
      iir_coeff[l_stages].a[0], iir_rd[l_stages][0]));
      l_w = add_fr32(l_w, mult_fr32(
      iir_coeff[l_stages].a[1], iir_rd[l_stages][1]));
      l_y = mult_fr32( iir_coeff[l_stages].b[0], l_w);
      l_y = add_fr32(l_y, mult_fr32(
      iir_coeff[l_stages].b[1], iir_rd[l_stages][0]));
      l_y = add_fr32(l_y, mult_fr32(
      iir_coeff[l_stages].b[2], iir_rd[l_stages][1]));
      /* 遅延器に保存 */
      iir_rd[l_stages][1] = iir_rd[l_stages][0];
      iir_rd[l_stages][0] = l_w;
      /* 結果を保存 */
      p_txbuf[1][l_lc] = l_y;
      /* 次のステージへ */
      l_w = l_y;
    }
  }
}
```

第9章 Excel＆アセンブラで限界にチャレンジ！ 21.5Hz〜22kHzまでをコントロール

IIRフィルタを直列！31チャネル・グラフィック・イコライザ

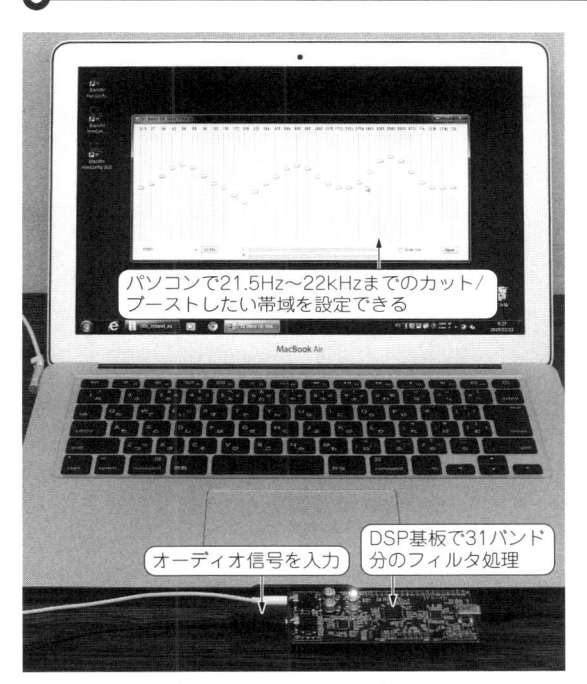

写真1　製作したグラフィック・イコライザ

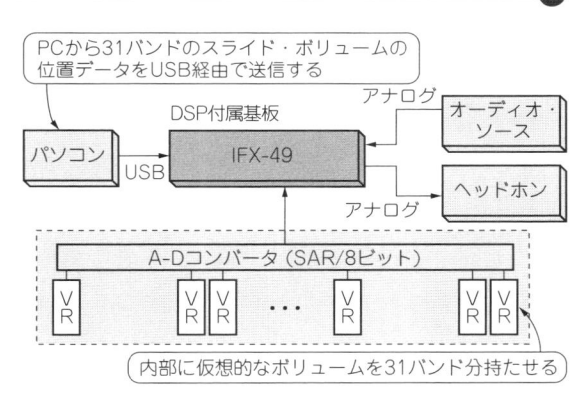

(a) ハードウェア

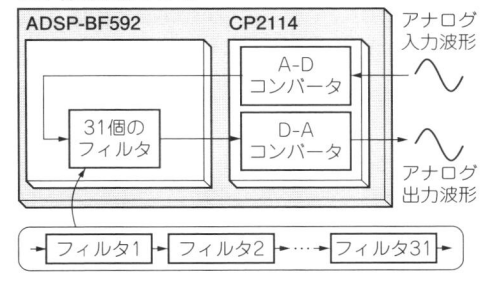

(b) フィルタ構成

図1　31個のフィルタで音の高低を自由自在に扱えるイコライザを製作

● 31個のディジタル・フィルタを直列に並べていろいろな周波数帯のゲインを変える

ディジタル・フィルタをそのまま31個並べて21.5Hz〜22kHzまでの音声信号を強調や減衰させられるグラフィック・イコライザを製作します．**写真1**，**図1**のステレオ（2チャネル），31バンドのイコライザです．31バンドというとプロが使う高価な機材のような機能です．

● グラフィック・イコライザとは

グラフィック・イコライザとは，周波数を一定の割合で分割し，分割した周波数帯域ごとの振幅を変化させるオーディオ用エフェクタの一種です．**写真2**のように各周波数ごとに割り当てられたスライド・ボリュームが並んでおり，各周波数ごとにゲイン調整できます．ボリュームのつまみの位置で全体の調整量が把握しやすいことから，グラフィック・イコライザと呼ばれています．音楽の編集や楽器を演奏する人の中には所持している人もいるかと思います．

こんな製作物

● 構成

写真3のDSP付属基板IFX-49とパソコンのみで構

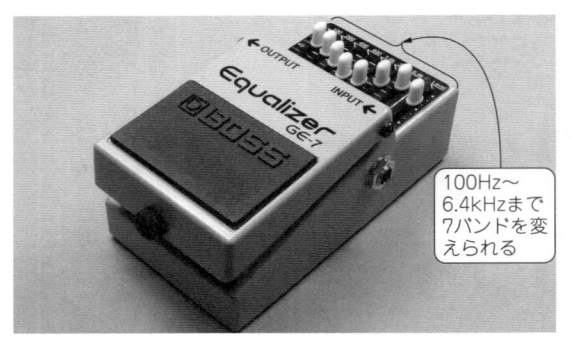

写真2 市販のグラフィック・イコライザの例
ギター用グラフィック・イコライザBOSS GE-7（ローランド）

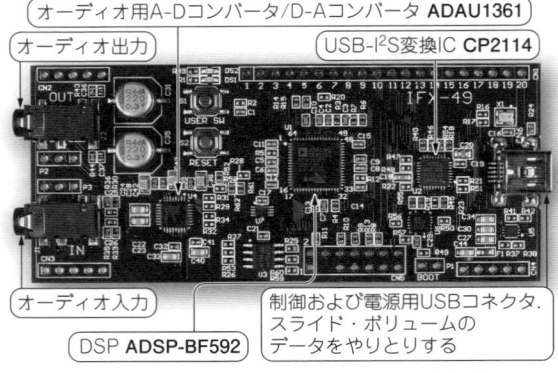

写真3 DSP付属基板だけで31バンドのイコライザを試せる

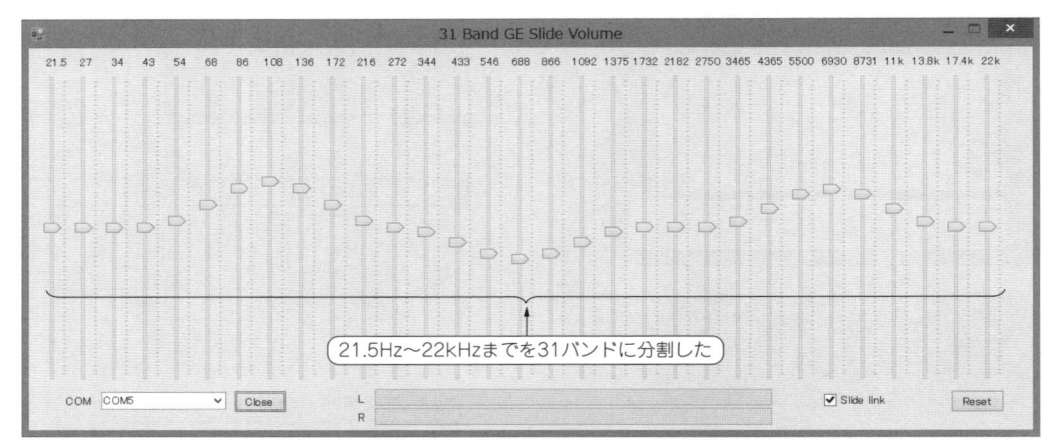

図2 自作の仮想スライド・ボリューム・ソフトウェアで音楽の帯域21.5Hz～22kHzまでコントロール

成します．

　本来はゲイン操作用の31個のスライド・ボリューム（VR）が必要なのですが，今回は，パソコンで**図2**のようなスライド・ボリューム相当のソフトウェアを作りました．これなら基板を作らずに済みます．8ビットのA-Dコンバータでスライド・ボリューム位置を仮定して，USBでスライド・ボリューム位置のデータをDSPに送ってエミュレーションしています．このソフトウェアはVisual C#で作成しました．

● 基本のしくみ

　イコライザの内部では，**図3**のように各周波数バンドごとに設定した複数のフィルタが並んでおり，入力信号をフィルタに通していくと，スライド・ボリュームで設定したゲインの信号が得られます．

　31バンドのイコライザなら31個のフィルタが必要となり，バンド数が増えるほど必要な演算量が増えます．

● 実験結果

　オーディオ・プレーヤから音楽を流し，スライド・ボリュームの設定を変えて波形がどのように変わるか見てみます．200～1000Hzの中域を強調して2k～10kHzの高域を抑えたときの波形を**図4**，低・中域を抑えて1.5k～9kHzの高域を強調したときの波形を**図5**に示します．

使用するフィルタ

● フィルタ指定した周波数付近のゲインを変えるピーク・フィルタを使う

　フィルタとは，前章までで説明してきたように，入力信号（データ）から不要な信号を取り除く，もしくは一定の処理として作用する機能のことです．

　グラフィック・イコライザでは，低い周波数を残すローパス・フィルタや高い周波数を残すハイパス・フィルタではなく，ピーク・フィルタという，指定した範囲の周波数のゲインを変化させるフィルタを使用します．各フィルタの概形を**図6**に示します．

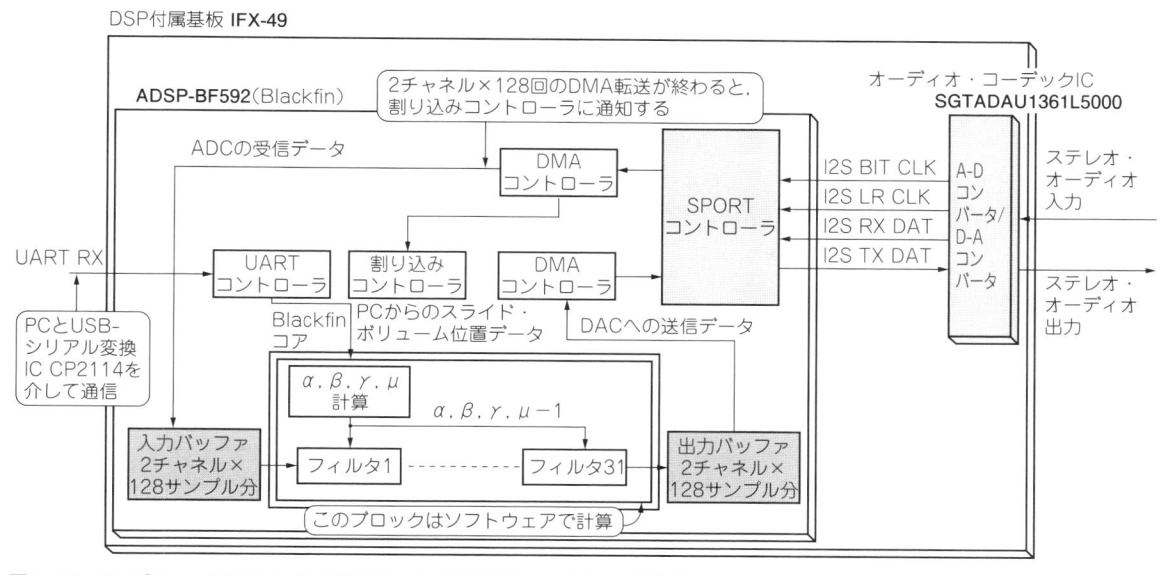

図3 Blackfinプロセッサ内で31バンド分のフィルタ処理をリアルタイムに計算する

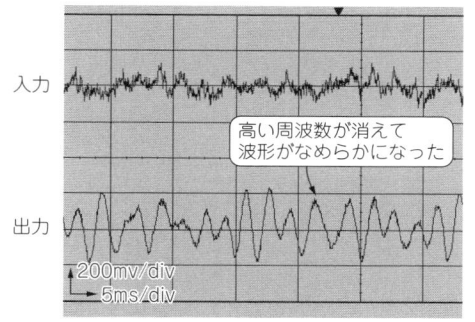

図4 実験成功！高い周波数をカットできた
200～1000Hzの中域を強調し2k～10kHzの高域を抑えた

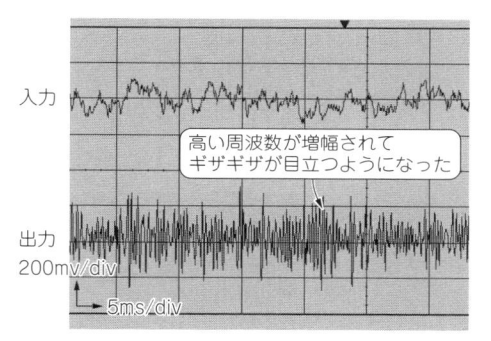

図5 高い帯域を強調！出力波形にもきちんと表れている
低・中域を抑えて約1.5k～9kHzの高域を強調した

● 四則演算だけで作れるIIRフィルタを使う

グラフィック・イコライザを実現する方法はいろいろありますが，今回は参考文献（3）で紹介されている以下のIIRフィルタを使用します．

$$u(n) = 2\{\alpha[x(n)-x(n-2)] + \gamma u(n-1) - \beta u(n-2)\}$$
$$y(n) = x(n) + (\mu-1)u(n)$$

$$\beta = \frac{1}{2}\left(\frac{1-\left(\frac{4}{1+\mu}\right)\tan\frac{\theta_0}{2Q}}{1+\left(\frac{4}{1+\mu}\right)\tan\frac{\theta_0}{2Q}}\right)$$

$$\gamma = \left(\frac{1}{2}+\beta\right)\cos\theta_0$$

$$\alpha = \frac{\frac{1}{2}-\beta}{2}$$

$$\theta_0 = \frac{2\pi f_0}{f_s}$$

$$Q = 3\sqrt{2}$$

$$\mu = 10^{g/20}$$

$$f_0 = f_{max} \cdot 2^{\frac{N-31}{3}}$$

$$f_{max} = 22000\,\text{Hz}$$

$$g_{max} = 12$$

一見，かなり複雑なように見えますが，よく見ると三角関数と四則演算しかありません．記号の意味を表1に示します．意味さえ分かれば，ソフトウェアに実装するのは簡単です．

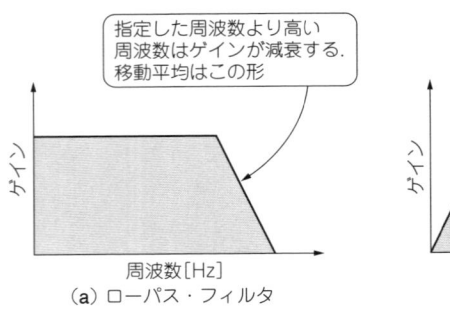

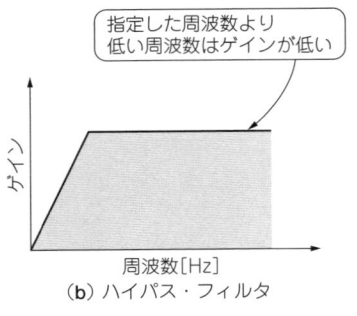

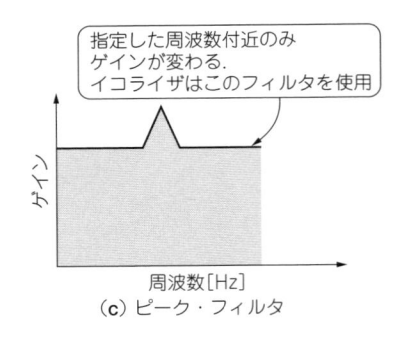

図6 フィルタは周波数をしゃ断するだけではなく強調することもできる

(a) ローパス・フィルタ — 指定した周波数より高い周波数はゲインが減衰する．移動平均はこの形
(b) ハイパス・フィルタ — 指定した周波数より低い周波数はゲインが低い
(c) ピーク・フィルタ — 指定した周波数付近のみゲインが変わる．イコライザはこのフィルタを使用

表1 IIRフィルタの数式に出てくる記号の意味

記号	意味	値
f_s	サンプリング周波数[Hz]	48kHz
f_{max}	イコライザのフィルタ周波数の最大値[Hz]	22kHz
N	バンド番号（フィルタ番号）	1～31
f_0	フィルタのセンタ周波数[Hz] 各バンドの対象周波数	バンドごとに固定
Q	選択度 センタ周波数を中心とするフィルタのかかり具合を示すパラメータ．DSP Filter Cookbookに書かれている通り$3\sqrt{2}$とする	$3\sqrt{2}$
g	ゲイン[dB]	可変
g_{max}	ゲインgの最大値	12dB
μ	ゲインgのリニア変換値	可変
α	フィルタの係数α	可変
β	フィルタの係数β	可変
γ	フィルタの係数γ	可変
$x(n)$	A-Dコンバータからの入力データ	可変
$u(n)$	フィードバック用遅延器に保存するデータ $y(n)$の計算途中で算出	可変
$y(n)$	D-Aコンバータに送る出力データ	可変
$x(n-2)$	A-Dコンバータからの2サンプル前の入力データ	可変
$u(n-1)$	1サンプル前の$u(n)$	可変
$u(n-2)$	2サンプル前の$u(n)$	可変

このIIRフィルタも第8章で紹介したものと同じく，図7のようにフィードバック構造をもちます．IIRフィルタは，OPアンプを使ったアナログ・フィルタと同じような特性が出せます．OPアンプを使ったアナログ・フィルタでは，抵抗・コンデンサの値を変えると特性が変わるように，ディジタル・フィルタも乗算器の係数α, β, γを変更するとフィルタの特性が変わります．

フィルタ係数の設計

● 準備1…各周波数のゲインを調整するテーブルを作っておく

ゲインgはスライド・ボリュームのノブ位置と同じ

図7 イコライザで使用するIIRフィルタのブロック図
(a) 製作物全体のフィルタ構成
(b) フィルタ1個分の構成

意味ですので，A-Dコンバータ値を割り当てます．このA-Dコンバータの分解能は8ビットを想定しているので，0～255までの値になりますが，スライド・ボリュームのノブが中心にあるときに等倍(0dB)としたいので，128を引いた値を使用します．よって，A-Dコンバータ値からgを求めるには次の式となります．

$$g = \frac{ADC - 128}{128} g_{max}$$

計算した結果を表2に示します．μはgのリニア値で，gの単位であるデシベル(dB)だと，そのまま乗算

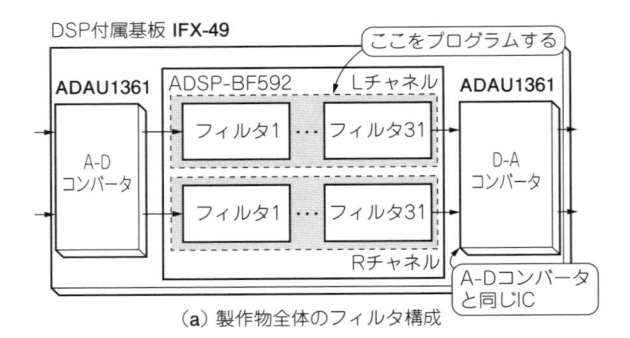

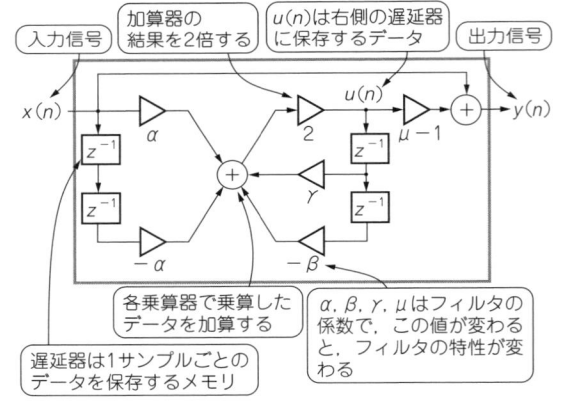

第9章 IIRフィルタを直列！31チャネル・グラフィック・イコライザ

できず都合が悪いので，dBをリニア変換しています．

● 準備2…Excelでフィルタ係数を計算する

フィルタの式からソフトウェアに実装する前に，フィルタ係数を計算しておきます．

DSPのスペックが高いとはいえ，数式の演算をすべてDSPで行わせると無駄な処理が多くなります．例えば，今回のケースではサンプリング周波数f_sとバンド数は固定ですので，フィルタのセンタ周波数f_0は固定となります．よって，

$$\theta_0 = \frac{2\pi f_0}{f_s}$$

は定数としてあらかじめ計算しておいて，図8のようにテーブルとして参照すれば，演算量の大幅な削減ができます．できるだけ演算量を減らすよう式を変更するのがポイントです．

まず，定数となる変数を確認します．今回定数となるのは，バンド数31，サンプリング周波数f_s，ピーク・フィルタのセンタ周波数f_0，Qの4点です．f_0はフィルタの数（バンド数）だけ必要になりますので，バンドの数だけ列を用意して計算します．

次にθ_0を計算します．θ_0が求まると，βとγの式に出てくる，

表2 A-Dコンバータ値とゲインの対応表

A-Dコンバータの値	gの値 [dB]
255	11.90625
254	11.8125
253	11.71875
⋮	⋮
130	0.1875
129	0.09375
128	0
127	− 0.09375
126	− 0.1875
⋮	⋮
2	− 11.8125
1	− 11.90625
0	− 12

$$\tan\frac{\theta_0}{2Q}, \cos\theta_0$$

が計算できることがわかるので，この2式を計算しておきます．

これでtanとcosを計算する必要がなくなったため，計算量はかなり削減されましたが，まだ定数としてテーブル参照できる変数があります．それはμです．

図8 Excelでフィルタ係数を計算してテーブル化しておく
Excelファイルは本書のサポート・ページからダウンロードできる

	A	B	C	D	E	F	G
2	サンプリング・レート(fs)	48000 Hz					
3	処理周波数の最大値	22000 Hz					
4	Q	4.2426407					
5	最大ゲインの絶対値(g_max)	12 dB					
6	イコライザ・バンド数	31					
7	小数部のビット数	24					
9	フィルタ番号	1	2	3	4	5	6
10	フィルタのセンター周波数(f0)	21.5	27.1	34.1	43	54.1	68.2
11	theta0	0.0028143	0.003547	0.004464	0.005629	0.007082	0.008927
12	tan(theta0/(2*Q))	0.0003317	0.000418	0.000526	0.000663	0.000835	0.001052
13	cos(theta0)	0.999996	0.999994	0.99999	0.999984	0.999975	0.99996
15	POTの値	0	1	2	3	4	5
16	POTの値のオフセットを移動	−128	−127	−126	−125	−124	−123
17	ゲインg(dB)	−12	−11.9063	−11.8125	−11.7188	−11.625	−11.5313
18	mu	0.2511886	0.253914	0.25667	0.259455	0.262271	0.265117
19	mu−1	−0.748811	−0.74609	−0.74333	−0.74054	−0.73773	−0.73488
20	4/(1+mu)	3.19696	3.19001	3.183016	3.175976	3.168892	3.161763
22	固定小数点化						
23	tan(theta0/(2*Q))	5564	7013	8825	11129	14001	17651
24	cos(theta0)	16777149	16777110	16777048	16776950	16776795	16776547
25	mu−1	−12562970	−1.3E+07	−1.2E+07	−1.2E+07	−1.2E+07	−1.2E+07
26	4/(1+mu)	53636087	53519489	53402140	53284039	53165186	53045581
28	ソースコピー用						
29	tan(theta0/(2*Q))	5564,	7013,	8825,	11129,	14001,	17651,
30	cos(theta0)	16777149,	16777110,	16777048,	16776950,	16776795,	16776547,
31	mu−1	−12562970,	−12517238,	−12471010,	−12424278,	−12377042,	−12329292,
32	4/(1+mu)	53636087,	53519489,	53402140,	53284039,	53165186,	53045581,

- 設計値を入力
- 31個分のフィルタ係数を計算
- スライド・ボリュームの位置は8ビット（0〜255）分計算する
- フィルタ係数とスライド・ボリューム位置の値を固定小数点にする
- ソースコードに貼り付けしやすいように文字列のみのデータに変換しておく

フィルタ係数の設計

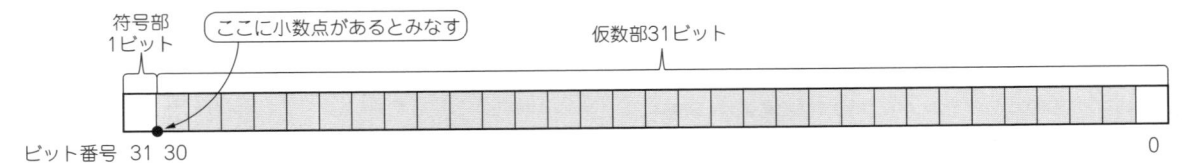

符号部1ビット／ここに小数点があるとみなす／仮数部31ビット

ビット番号 31 30 ... 0

図9 32ビットで±1.0を表現する一般的な固定小数点フォーマット

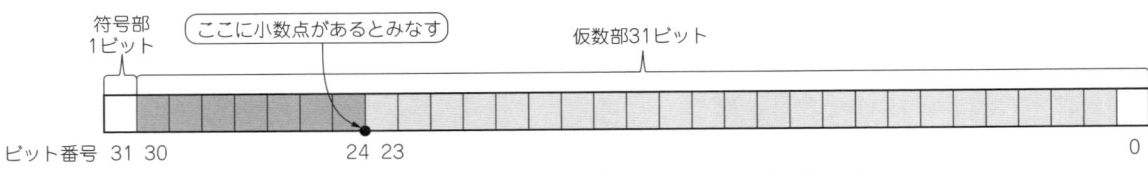

符号部1ビット／ここに小数点があるとみなす／仮数部31ビット

ビット番号 31 30 ... 24 23 ... 0

図10 今回採用する固定小数点フォーマットでは+128～-128までの範囲を表現できるようにくふうする

μはゲイン g から算出します．ゲイン g はユーザが操作するスライド・ボリュームのノブ位置によって決まるため，あらかじめ計算しておくことはできないと思われるかもしれません．ところが，今回スライド・ボリュームの位置は，8ビットのA-DコンバータでA-D変換して求めるので，g の値は0～255までの256段階となります．よって，g から算出する μ は256個のテーブルとして定義できます．256個のテーブルとなると少し大きいですが，μ を求めるためには除算とべき乗計算を含むため，テーブル化しておいた方が処理時間の面で都合がよいです．

また，μが決まると，β，γ，α も求まりますが，この3点までテーブル化するとフィルタの数31×256個×係数3個=23,808と非常に大きくなりますので，β と y(n) を求める際に算出する次の2点，

$$\left(\frac{4}{1+\mu}\right), (\mu-1)$$

をテーブル化し，残りはマイコン側で計算します．これで，

$$\tan\frac{\theta_0}{2Q}, \cos\theta_0, \left(\frac{4}{1+\mu}\right), (\mu-1)$$

の4種を定数としてテーブル化することが決まりました．

● 準備3…固定小数点しか使えないDSPならではの変換式を作っておく

Blackfinは浮動小数点ユニットを持っていませんので，もしfloatやdoubleなどの浮動小数点形式で計算する場合，ソフトウェアで処理することになり，演算に相当時間がかかります．少量の演算量であれば浮動小数点でも構いませんが，31バンド分のフィルタ計算を浮動小数点で計算するには時間がかかりすぎるため，固定小数点数で演算を行います．それに合わせてテーブルの値も固定小数点数に変換する必要があります．

自由に決められる小数点位置ですが，よく使われる形式があります．図9のように符号1ビットをとり，そのすぐ横に小数点を置いて，仮数部31ビットとして，±1.0を表現する方法です．A-Dコンバータから取得するデータやD-Aコンバータに送るデータのサイズは量子化ビット数で絶対値の最大が決まっており，範囲を±1.0としておけば，仮に量子化ビット数が変わってもビット桁を増やしたり減らしたりする対応が容易なためです．

しかし，今回Excelで計算した定数には1を超える数があり，この方法では1を超える数が定義できません．そこで，小数点位置をずらしてもう少し大きな整数を表現できるようにします．Excelで計算した定数の最大値は3.2である点と，オーディオ・データは24ビットなので，計算上のオーバーフローを考慮して少し余裕を持たせます．図10のように，7ビットを整数部に割り当てて，+128から-128までの範囲を表現できるように定義します．

▶ 自然数から固定小数点数への変換

自然数を固定小数点数に変換するには，小数点位置で定義したビット分の2のべき乗分だけ乗算します．例えば，0.5を表現する場合，24ビット分（2の24乗）を乗算して，$0.5 \times 2^{24} = 8388608$ となります．

Excelで計算した数のすべてに 2^{24} を乗算して，固定小数点数に変換すればテーブルの完成です．

プログラムの作成

● Blackfin用にコードを実装

Excelで計算したテーブルをA，B，C，Dとすると，計算式は次のように変わります．

リスト1　完成した31バンド・グラフィック・イコライザのソース

> 2チャネル×31バンド分のフィルタで使用するワーク・メモリを初期化し，スライド・ボリュームのノブ位置が中心(0dB)として初期値を定義する

> スライド・ボリュームのノブ位置が更新された時に呼ばれる関数．フィルタのα，β，γ，$\mu-1$を再計算する関数

> ADCから2チャネル×128サンプル分の転送が完了したときにコールされるフィルタを計算する関数

```c
/* 初期化時にワーク・メモリの初期化を行う */
static void s_filter_init(void)
{
    int32_t l_lc;
    int32_t l_beta, l_beta_n, l_beta_d;
        memset(sv_work, 0, sizeof(sv_work));
        for(l_lc = 0; l_lc < NUM_BANDS; l_lc++)
        {
            sv_work[l_lc].value = 128;
        }
        memset(ge_filter_work, 0, sizeof(ge_filter_
                                                work));
        for(l_lc = 0; l_lc < NUM_BANDS; l_lc++)
        {
            s_gefileter_update(l_lc, sv_work[l_lc].
                                                value);
        }
}
/* スライド・ボリュームが更新された時にコールする */
static void s_gefileter_update(int32_t band_idx,
                                    uint8_t pot_val)
{
    int32_t l_beta, l_beta_n, l_beta_d;
    /* βの分子を計算 */
    l_beta_n = sub_fr1x32(Q8_24_1_0, mult_
fr8_24x24(e_beta_mu[pot_val], e_tan_theta0[band_
                                            idx]));
    /* βの分子を分母を計算 */
    l_beta_d = add_fr1x32(Q8_24_1_0, mult_
fr8_24x24(e_beta_mu[pot_val], e_tan_theta0[band_
                                            idx]));
    /* βを計算 */
    l_beta = (((((long long)l_beta_n)
                            << 24) / l_beta_d) / 2;
    ge_filter_work[0][band_idx].beta = l_beta;
    /* αを計算 */
    ge_filter_work[0][band_idx].alpha
                = sub_fr1x32(Q8_24_0_5, l_beta) / 2;
    /* γを計算 */
    ge_filter_work[0][band_idx].gamma
        = mult_fr8_24x24(add_fr1x32(Q8_24_0_5, l_beta),
e_cos_theta0[band_idx]);
    /* ボリュームのADC値からμ-1を取得 */
    ge_filter_work[0][band_idx].mu_1
                            = e_mu_1[pot_val];
    memcpy(&ge_filter_work[1][band_idx], &ge_filter_
```

```c
work[0][band_idx], sizeof(ge_filter));
}

/* ADCからデータ取得ができたときに計算するフィルタの本体 */
void s_audio_process(const int32_t* p_left_rxbuf,
const int32_t* p_right_rxbuf, int32_t* p_left_txbuf,
                                int32_t* p_right_txbuf)
{
    int32_t l_idx;
    int32_t l_band;
    int32_t l_u, l_x, l_y;

    /* Lチャネルを処理 */
    for(l_idx = 0; l_idx < NUM_SAMPLES; l_idx++)
    {
        l_x = p_left_rxbuf[l_idx] >> 2;
                            /* 入力を-12dB下げる */
        /* バンド数だけループ */
        for(l_band = 0; l_band < NUM_BANDS; l_band++)
        {
            /* u(n)を計算 */
            l_u = 2 * (
                mult_fr8_24x24(ge_filter_work[0]
[l_band].alpha, sub_fr1x32(l_x, ge_filter_work[0]
                                    [l_band].x[1])) +
                        mult_fr8_24x24(ge_filter_work[0]
            [l_band].gamma, ge_filter_work[0][l_band].u[0]) -
                            mult_fr8_24x24(ge_filter_work[0]
            [l_band].beta, ge_filter_work[0][l_band].u[1]));
            ge_filter_work[0][l_band].u[1] = ge_
                        filter_work[0][l_band].u[0];
            ge_filter_work[0][l_band].u[0] = l_u;
            ge_filter_work[0][l_band].x[1] = ge_
                        filter_work[0][l_band].x[0];
            ge_filter_work[0][l_band].x[0] = l_x;
            /* y(n)を計算 */
            l_x = add_fr1x32(l_x, mult_fr8_24x24(ge_
                    filter_work[0][l_band].mu_1, l_u));
        }
        /* 出力バッファに格納 */
        p_left_txbuf[l_idx] = l_x;
    }

    /* Rチャネルを処理 */
    省略(Lチャネルと同じ処理を行う)
}
```

> Lチャネルの31バンド分ループ
> $u(x)$を計算
> 遅延器に保存
> $y(x)$を計算
> 31バンド分のフィルタの演算結果をD-Aコンバータ用のバッファに格納

$$A = \tan\frac{\theta_0}{2Q}$$
$$B = \cos\theta_0$$
$$C = \left(\frac{4}{1+\mu}\right)$$
$$D = (\mu-1)$$
$$\beta = \frac{1}{2}\left(\frac{1-C\cdot A}{1+C\cdot A}\right)$$
$$\gamma = (0.5+\beta)B$$
$$\alpha = (0.5-\beta)\frac{1}{2}$$
$$u(n) = 2\{\alpha[x(n)-x(n-2)]+\gamma u(n-1)-\beta u(n-2)\}$$
$$y(n) = x(n)+D\cdot u(n)$$

あとは式通りにコードを実装していくだけです．

● 演算時の小数点位置の管理

ここでもポイントがいくつかあります．固定小数点同士の加算・減算はそのまま計算できますが，乗算・除算の場合，小数点位置が変わりますので，次のように計算します．

加算…z=x＋y
減算…z=x－y
乗算…z=((long long)x×(long long)y)≫n
除算…z=((long long)x≪n)÷y

nはシフト回数で，小数点位置によって変わります．今回は24です．

乗算は回数が多いので，わかりやすいようにマクロ

リスト2　最適化の実験用にC言語で記述したソース

```c
#include <stdint.h>

void pow2(int32_t input[], int32_t output[],
                              int32_t count)
{
    int32_t lc;
    int32_t x, y;

    for(lc = 0; lc < count; lc++)
    {
        x = input[lc];
        y = ((long long)x * (long long)x) >> 24;
        output[lc] = y;
    }
    return;
}

int32_t adc_input[100];
int32_t dac_output[100];

int main( void )
{
    pow2(adc_input, dac_output, 100);
    return 0;
}
```

- 固定小数点数を2乗する関数pow2
- pow2関数をコールする．データの数は100と定義する

リスト4　gccでコンパイルした場合には時間のかかる乗算命令となってしまう

```
.global ___muldi3;
_pow2:
    [--sp] = ( r7:6, p5:4 );
    LINK 16;
    R6 = R2;
    cc =R2<=0;
    if cc jump .L4;
    P4 = R0;
    P5 = R1;
    R7 = 0 (X);
.L3:
    R7 += 1;
    R0 = [P4++];
    R1 = R0;
    R1 >>>= 31;
    R2 = ROT R0 BY 0 ||
    [SP+12] = R1 ||
    nop;
    call ___muldi3;
    R2 = R1 << 8;
    R0 >>= 24;
    R0 = R2 | R0;
    [P5++] = R0;
    cc =R7==R6;
    if !cc jump .L3 (bp);
.L4:
    UNLINK;
    ( r7:6, p5:4 ) = [sp++];
    rts;
```

- gccの乗算関数を参照
- pow2関数を定義
- 一般的な乗算関数を使用して2乗を計算
- jump命令を使用してfor文を実現

にします．

```
#define mult_fr8_24x24(a, b) (((long
long)(a) * (long long)(b)) >> 24)
```

● **gccだと速度が足りないので純正コンパイラの最適化機能を使った**

　リスト1に完成したソースを示します．ビルドしてBlackfinで実行すると，純正コンパイラであるVisual

リスト3　Visual DSP++で出力されたアセンブラではきちんとDSP命令が使われている

```
_pow2:
.LN_pow2:
    CC = R2 <= 0;
    P0 = R1;
    P2 = R0;
    if CC jump .P35L3 ;
    NOP;                    // Inserted to fix anomaly
w_05000245_with_boundaries.
.P35L6:
    P1 = R2;
    // -- 4 stalls --
    LOOP .P35L2L LC0 = P1;
.P35L2:
    LOOP_BEGIN .P35L2L;
    R0 = [P2++];
    R1 = (A1 = R0.L * R0.L) (FU);
    A1 = A1 >> 16;
    A1 += R0.H * R0.L (M, IS);
    A1 += R0.H * R0.L (M, IS);
    R2 = A1.W;
    A1 = A1 >>> 16;
    R3 = (A1 += R0.H * R0.H) (IS);
    R0 = PACK(R2.L, R1.L);
    R0 >>= 24;
    R1 = R3 << 8;
    R0 = R0 | R1;
    [P0++] = R0;
    LOOP_END .P35L2L;
.P35L7:
.P35L3:
    RTS;
```

- pow2関数を定義
- DSP命令のハードウェア・ループを使用してfor文を実現
- DSP命令を使用して2乗を計算

DSP++でビルドしたコードでは問題なく機能していますが，gccではノイズが発生してしまいます．フィルタの演算に時間がかかりすぎていて，処理落ちが発生していることが原因です．演算がすべて終わる前にDMAがD-Aコンバータにデータを出力しているのです．

　Visual DSP++で最適化をONにすると，Blackfinの並列命令やDSP機能をフル活用し，非常に高い最適化がかかります．gccでもある程度最適化はかかりますが，さすがに純正コンパイラほどの機能はありません．

● **ボトルネックとなる処理の調査方法**

　例えば，リスト2の固定小数点の入力データを2乗する処理を両コンパイラで出力したアセンブリ・リストを確認すると，リスト3のVisual DSP++ではBlackfinのDSP命令を使用していますが，リスト4のgccでは全く使用しておらず，さらに乗算を行うのに乗算のための関数を使用しています．これでは実行速度でもかなりの差が出てしまい，演算時間に制限のあるリアルタイム処理では不利です．

　とはいうものの，純正コンパイラは高価なので，gccを使用したいケースもあります．こういう場合は，ボトルネックとなっている処理を調べ，手動で最適化を行います．

　Visual DSP++では，JTAGデバッガを使用しながら実行すると，関数ごとの処理時間の割合を計測でき

図11 純正開発環境Visual DSP++では関数ごとの処理時間の割合を計測できる便利機能がある

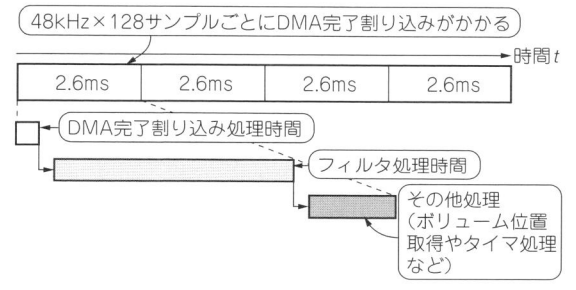

図12 48kHz×128サンプル＝2.6ms以内にフィルタを含む一連の処理を完了させる必要がある

る図11のStatistical Profilingという便利な機能があります．gccの場合は，Blackfinの機能を使用して処理にかかる実行サイクル数を取得することでボトルネックとなる処理を調査します．

● フィルタ処理を2ms以内に終わらせるように処理サイクルを最適化する

今回のケースでは，サンプリング周波数48kHzで128サンプルごとに2チャネル分のフィルタ処理を行うので，2.6ms以内に31バンドのフィルタ処理を終えなければなりません．フィルタ処理以外のUARTのデータ受信や割り込み処理などの時間も考慮しなくてはならないので，図12のようにフィルタ処理を2ms以内に終わらせておきたいところです．

ADSP-BF592の最高クロックは400MHzですが，DSP付属基板では入力クロックの都合で393.216MHzに設定します．この場合の1サイクルあたりの実行時間は2.54nsです．よって2msで処理可能なサイクル数は786432回となり，このサイクル数以内にフィルタ処理が終わればよいということになります．

▶処理サイクル数を調べるマクロを作る

BlackfinコアにはCYCLESレジスタという64ビットのカウンタがあります．コア・クロックに同期してインクリメントしますので，処理の開始と最後のCYCLESレジスタの値の差を取得すれば，実行サイクル数がわかり，処理にどれだけの時間がかかっているか調査できます．

CYCLESレジスタからサイクル数を取得するには，リスト5のマクロを定義します．

処理の最初と最後にこのマクロを配置すると，cycle_cntに処理にかかったサイクル数が保存されます．この値をUARTなどで出力すれば，サイクル数が取得できます．試しに先ほど作成したpow2関数の処理サイクル数（100回ループ時）を表示してみます．

リスト5 実行サイクル数を取得するためのマクロを作成

```
#define BF_START_CYCLE_COUNT( _START_COUNT ) ¥
    do { ¥
        asm volatile ("CLI R0;       ¥n" ¥
                      "R2 = CYCLES;  ¥n" ¥
                      "R1 = CYCLES2; ¥n" ¥
                      "STI R0;       ¥n" ¥
                      "[%0]   = R2;  ¥n" ¥
                      "[%0+4] = R1;  ¥n" ¥
                      : : "a"(&(_START_COUNT)) ¥
                      : "R0", "R1", "R2" ) ; ¥
    } while (0)

#define BF_STOP_CYCLE_COUNT( _CURR_COUNT, _START_COUNT ) ¥
    do { ¥
        BF_START_CYCLE_COUNT(_CURR_COUNT); ¥
        (_CURR_COUNT) ¥
          = (_CURR_COUNT) - (_START_COUNT); ¥
        (_CURR_COUNT) -= 8; ¥
    } while (0)
```

- 割り込みを禁止
- CYCLEレジスタから値を取得
- 割り込みを許可
- 指定した変数に保存
- CYCLEレジスタの値を取得
- CYCLEレジスタの差を計算
- CYCLEレジスタ取得の際に実行した命令の実行サイクル数分を引く

（a）処理の最初に入れるマクロ

```
uint64_t start_cnt, cycle_cnt;
BF_START_CYCLE_COUNT(start_cnt);
  …処理…
BF_STOP_CYCLE_COUNT(cycle_cnt, start_cnt);
```

（b）処理の最後に入れるマクロ

リスト6 グラフィック・イコライザのフィルタ処理関数s_audio_processの実行時間を調べる

```
uint64_t start_cnt, cycle_cnt;
char text[16];
/* UART初期化 */
s_uart_init();
/* 測定開始 */
BF_START_CYCLE_COUNT(start_cnt);
/* フィルタ処理を実行 */
s_audio_process(
    sf_sport_rxbuf[0][0], sf_sport_rxbuf[1][0],
    sf_sport_txbuf[0][0], sf_sport_txbuf[1][0]);
/* 測定終了 */
BF_STOP_CYCLE_COUNT(cycle_cnt, start_cnt);
/* 結果を表示 */
sprintf(text, "%lld¥r¥n", cycle_cnt);
s_uart_print(text);
```

リスト7　乗算を行うmult_fr8_24x24を改良…C言語では解決できないのでアセンブラによる最適化を行った

```
#pragma always_inline
inline static int32_t mult_fr8_24x24(int32_t _a,
                                     int32_t _b)
{
    int32_t l_rv;
    asm(
        "A1 = %1.L * %2.L (FU);"
        "A1 = A1 >> 16;"
        "A0 = %1.H * %2.H, A1 += %1.H * %2.L (M);"
        "A1 += %2.H * %1.L (M);"
        "A1 = A1 >>> 16 - %3;"
        "A0 = A0 << %3 - 1;"
        "%0 = (A0 += A1);"
        : "=d"(l_rv) : "d"(_a), "d"(_b), "n"(32-24)
                     : "A0", "A1");
    return l_rv;
}
```

表3　3種類の信号を入力してゲインを変えて実験した

入力信号の周波数	スライド・ボリュームの設定	結果 出力信号のゲイン
108Hz	0dB	1倍（等倍）
	+6dB	約2倍
	－6dB	約1/2倍
443Hz	0dB	1倍（等倍）
	+6dB	約2倍
	－6dB	約1/2倍
3464Hz	0dB	1倍（等倍）
	+6dB	約2倍
	－6dB	約1/2倍

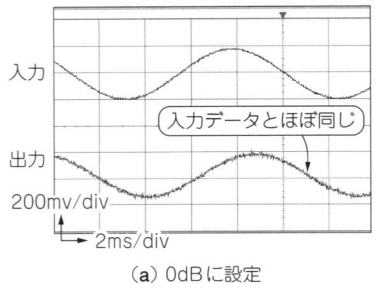

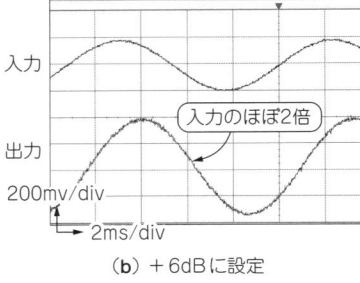

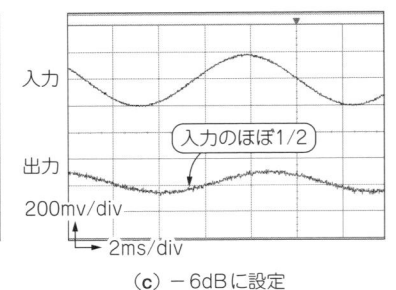

(a) 0dBに設定　　(b) +6dBに設定　　(c) －6dBに設定

図13　108Hzの正弦波を入力してフィルタの動作を調べる…実験成功！

Visual DSP++の場合：1328サイクル
gccの場合：4212サイクル

およそ3倍の差があることがわかります．このように，同じC言語ソースでも，コンパイラによって必要実行サイクル数が大きく異なることがわかります．

同じように，グラフィック・イコライザのフィルタ処理関数s_audio_processの実行時間を調べてみます（リスト6）．ポイントは，割り込みの処理時間が加算されないように，割り込み許可前に行うことです．

結果は1,370,944サイクルでした．786432サイクル以内に収めなければなりませんので，これでは全然間に合いません．

この方法で細かく調べていくと，回数が多く，乗算を行うmult_fr8_24x24を改良すればよさそうです．いろいろ試したのですが，C言語レベルではどうにもなりませんでしたので，今回はアセンブラによる最適化を行います．mult_fr8_24x24をリスト7

のように変更します．

この修正を行い，再度フィルタにかかるサイクル数を調査すると，366,893サイクルと大きく削減でき，目標の半分以下まで落とすことができました．

実験結果

● 3種類の正弦波を入力して実験

テスト用の波形として表3のように108Hz，433Hz，3464Hzの3種類の正弦波形を入力し，スライド・ボリュームのゲインを0dB，+6dB，－6dBに変更したとき，出力波形が正しく変化するか実験しました．

0dB，+6dB，－6dBに設定する理由は，0dBで入力＝出力（等倍），+6dBで出力が2倍，－6dBで出力が1/2倍となるためです．

図13に示すように，108Hzではほぼ期待通りの値となっているため，フィルタは正しく動作しているようです．433Hz，364Hzも同様です．

第10章 250msの時間差で音を出力！反射音もシミュレートできる

19.2Kバイトのメモリに貯めて遅延操作！ディレイ/リバーブ

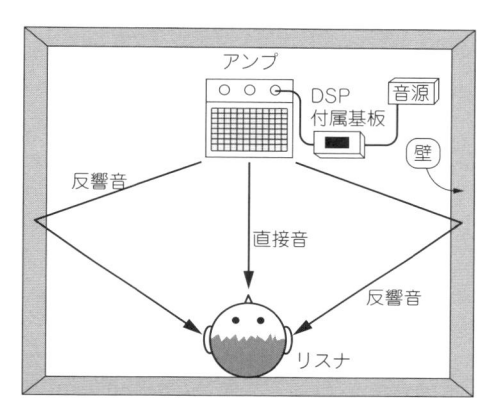

図1 DSPで反響音を作って合成する

図2 ディレイは時間差分身の術
（a）エフェクトなし　（b）ディレイ

● 遅延器（メモリ）で反響音を作る

反響音とは，図1のように文字通り音が何かにぶつかって一定時間遅れて聞こえてくる音のことです．ギター用エフェクタではおなじみの，空間系と呼ばれるディレイやリバーブが，この反響音を作り出します．

フィルタのブロック図でも登場した遅延器（ディレイ）ですが，もっと大きな数の遅延器を用意すると，まるでやまびこや，ホールなどにいるような反響音を作成することができます．

ディレイとリバーブを実現するために必要となるのが，音を録音するためのメモリです．ディレイをかける時間分だけのメモリが必要になります．

こんな信号処理

● あれれ？音が…遅れて…聞こえて…くるよ

本章では，音が遅れて聞こえるエフェクタ，「ディレイ」と「リバーブ」を作ってみます．両者は厳密には異なるものですが，基本的にはメモリに音を貯めて，出力するというしくみは同じです．

▶ディレイ…出した音をそのままコピー＆合成

ディレイは，直接音から一定時間後に同じ音が遅れ

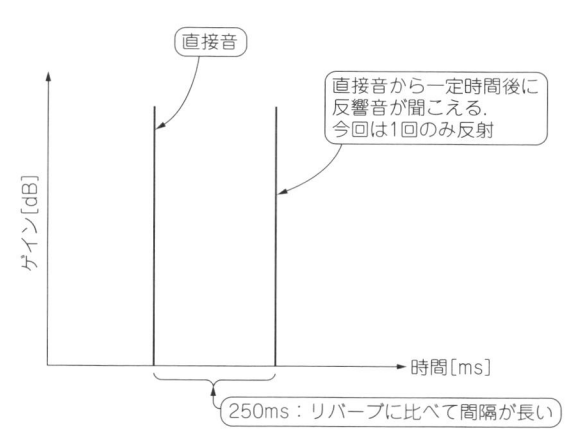

図3 遅延させた信号を原音と同じゲインで出力する…ディレイ

て出力され，何度も跳ね返ったように聞こえる図2のようなエフェクトです．図3のようにやまびこのように反響音がはっきりと聞こえるのがポイントです．

▶リバーブ…出した音が減衰しながらホールを再現

リバーブは，図4のようにホールやコンサート会場と言った空間の反響音を再現するエフェクトです．本格的な機材ではシミュレーションで実現します．本章ではそこまで厳密な反響音計算はせずに，ディレイの

(a) エフェクトなし　　（b) リバーブ

図4　リバーブはコンサート・ホールのような反響音を出せる

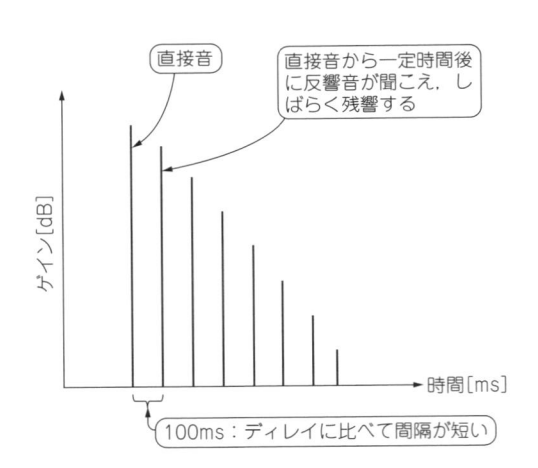

図5　遅延させた信号を原音より減衰させて出力し反響音にする…リバーブ

ソースコードを改造して，**図5**のように単純に音が減衰していくシンプルな構成で作ってみます．
このディレイとリバーブを作成し，両者の違いを確認しながら，遅延時間の変化で音がどう変わるか確認してみます．なお，ギター用のエフェクターとしては，**写真1**のようなものを目にします．

予備検討

● ディレイ/リバーブの処理

DSP付属基板でディレイを行うときのハードウェア構成を**図6**に示します．バッファ・メモリに一定時

写真1　市販のギター用ディレイ BOSS DM-2W（ローランド）

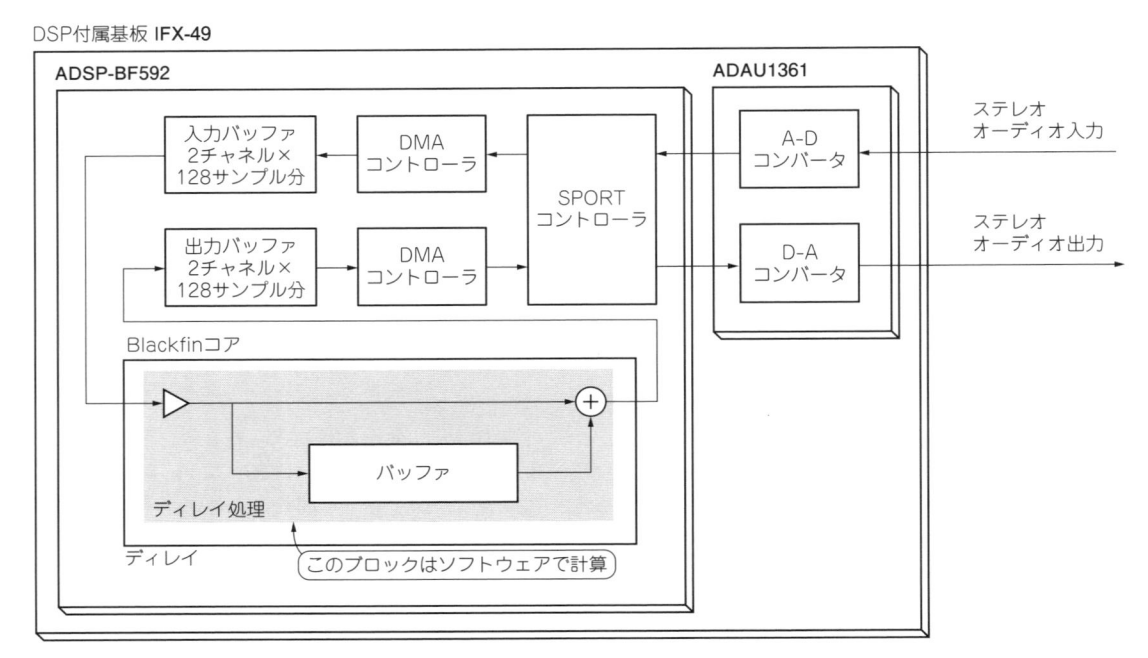

図6　ディレイを行うときの基板の動作

第10章　19.2Kバイトのメモリに貯めて遅延操作！ディレイ/リバーブ

間分を蓄積し，元の音とは別に遅延させて出力します．リバーブも同様です．

● 録音をするためのメモリのサイズを計算しておく

▶ディレイの遅延時間を250msとする

仮に250msのディレイを作る場合，必要になるメモリサイズは次の通りです．

Sampling Rate (Hz) × Time (Sec) × Channel × sizeof (int32_t) = 48,000Hz × 0.25sec × 2channel × 4バイト = 96,000バイト

これで96Kバイト必要なことが分かりますが，ADSP-BF592のデータ・メモリとして使えるサイズは36Kバイト（32K+4Kバイト）なので，ハードウェアの上限を超えてしまいます．ディレイの場合，遅延時間を短くするとやまびこのように聞こえないので，妥協して，ディレイ・バッファをint16_tに落とし，モノラルで処理することで250ms分確保します．

Sampling Rate (Hz) × Time (Sec) × Channel × sizeof (int16_t) = 48,000Hz × 0.25sec × 1channel × 2バイト = 24,000バイト

▶リバーブの遅延時間は50ms〜100ms

リバーブは，遅延時間が50ms〜100msあればよいので，次のように定義し，ステレオで処理します．

Sampling Rate (Hz) × Time (Sec) × Channel × sizeof (int16_t) = 48,000Hz × 0.1sec × 2channel × 2バイト = 19,200バイト

これなら問題なく入りそうです．

ディレイのプログラム

● 入力信号をメモリに貯めて250ms後に取り出す

ディレイの処理は図7のように表せます．入力サンプリング・データをディレイ用のメモリに格納していき，250ms後に取り出し，加算して出力します．ディレイ用メモリのサイズ不足のため，今回はモノラルで処理します．

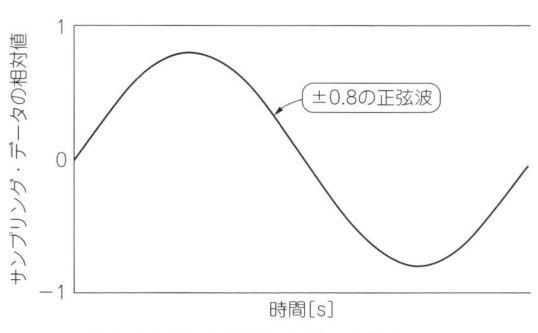

● オーバーフローしないように入力を0.5倍しておく

入力の0.5倍の乗算器は，加算時にオーバーフローしないようにするために入れています．±1.0がD-Aコンバータが出力できる上限だとすると，入力データと250ms後のディレイ・データを加算した際，±1.0を超えないようにしなければなりません．入力データが図8のように大きい場合，D-Aコンバータの波形をつぶさないように入力データを調整します．

作成したディレイのプログラムをリスト1に示します．

動かしてみる

● ディレイの結果

正弦波を入力し，出力信号をオシロスコープで計測します．

指定したディレイ・タイムだけ遅れてデータが出力されていることを確認します．1000Hzの正弦波を入

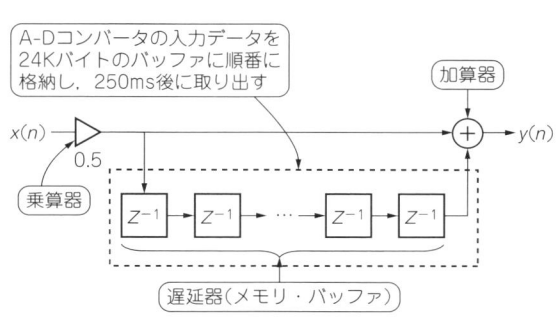

図7 ディレイはメモリ＝遅延器に入力データを貯めておいて指定時間後に出力する

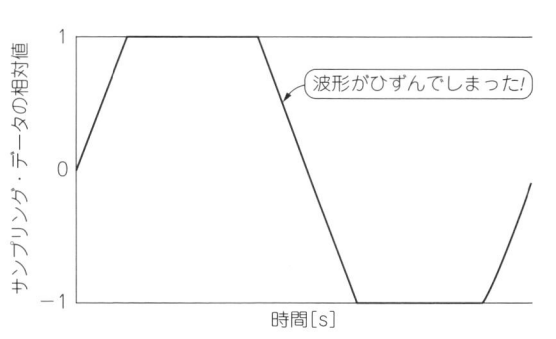

図8 入力データが大きい場合，そのまま加算すると，上限を超えて波形が歪んでしまう場合がある
（a）入力データ（A-Dコンバータからゲイン±0.8の正弦波が送られてきた）
（b）出力をゲイン±1.0におさめる

リスト1　作成した250msディレイのプログラム

```
#define DELAY_TIME          (250)       /* delay time in ms */
#define DELAY_BUF_SIZE      (SAMPLING_RATE * DELAY_TIME / 1000)

/* 遅延時間を確保するため，ディレイ・バッファは16ビットで定義 */
static int16_t s_delay_buf[DELAY_BUF_SIZE];
static int32_t s_delay_buf_idx = 0;

static void delay(const int32_t* p_rxbuf[2], int32_t* p_txbuf[2])
{
    int32_t l_lc;
    int32_t l_x;
    int32_t l_in;

    for(l_lc = 0; l_lc < NUM_SAMPLES; l_lc++)
    {
        /* メモリが足りないので，L = RとしてLだけ処理 */
        l_in = p_rxbuf[0][l_lc] / 2;
        l_x = add_fr32(l_in, s_delay_buf[s_delay_buf_idx] << (FIXED_POINT_DECIMAL - 16));
        s_delay_buf[s_delay_buf_idx] = l_in >> (FIXED_POINT_DECIMAL - 16);
        p_txbuf[0][l_lc] = l_x;
        p_txbuf[1][l_lc] = l_x;

        s_delay_buf_idx = (s_delay_buf_idx + 1) % DELAY_BUF_SIZE;
    }
}
```

（注釈：入力データを半分に／250ms前のデータと加算／入力データをバッファに保存）

力し，出力までにかかる時間を図9のように計測しました．入力データを1/2していますので，ディレイ・バッファからデータが出力される前は波形が半分になります．250ms後にディレイ・バッファからのデータが加算されて合わさって出力されます．

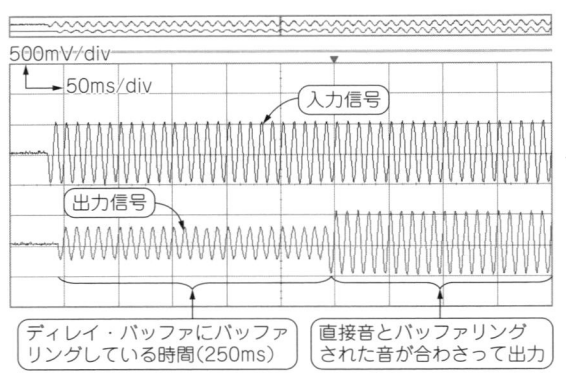

図9　1000Hzの正弦波を入力してディレイを動かしてみた…250ms後にディレイ音が出力されている

リバーブのプログラム

● 出力データを入力データと加算する「フィードバック」を使う

図10はリバーブの信号処理フローです．見た目はディレイと似ていますが，メモリ・バッファのデータの保存方向がディレイとは逆で，出力のデータを入力データと加算するフィードバック構造となっています．フィードバックさせることで，音がたくさん反射したように聞こえます．

● プログラム

リバーブのプログラムをリスト2に示します．DELAY_REPEATはフィードバックする量を調整し，0～0.9の範囲で指定します．リバーブの残響音の長さを調整することができます．0にするとリバーブが消え，1以上に設定すると，発散してしまいます．

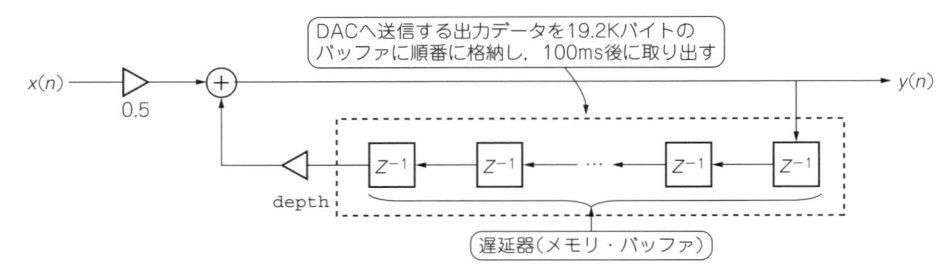

図10　リバーブの信号処理フロー

リスト2　作成したリバーブのプログラム

```
#define DELAY_TIME          (100)  /* delay time in ms */
#define DELAY_REPEAT        (0.50) /* 0～0.95 */

#define DELAY_BUF_SIZE      (SAMPLING_RATE * DELAY_TIME / 1000)

/* 遅延時間を確保するため，ディレイ・バッファは16ビットで定義 */
static int16_t s_delay_buf[NUM_CHANNEL][DELAY_BUF_SIZE];
static int32_t s_delay_buf_idx = 0;

static void reverb(const int32_t* p_rxbuf[2], int32_t* p_txbuf[2])
{
  int32_t l_lc;
  int32_t l_x;

  for(l_lc = 0; l_lc < NUM_SAMPLES; l_lc++)
  {
    /* L channel */
    l_x = add_fr32(p_rxbuf[0][l_lc] / 2, mult_fr32(s_delay_buf[0][s_delay_buf_idx] << (FIXED_POINT_DECIMAL - 16),
                                                  FLOAT_TO_FRACT(DELAY_REPEAT)));
    s_delay_buf[0][s_delay_buf_idx] = l_x >> (FIXED_POINT_DECIMAL - 16);
    p_txbuf[0][l_lc] = l_x;

    /* R channel */
    l_x = add_fr32(p_rxbuf[1][l_lc] / 2, mult_fr32(s_delay_buf[1][s_delay_buf_idx] << (FIXED_POINT_DECIMAL - 16),
                                                  FLOAT_TO_FRACT(DELAY_REPEAT)));
    s_delay_buf[1][s_delay_buf_idx] = l_x >> (FIXED_POINT_DECIMAL - 16);
    p_txbuf[1][l_lc] = l_x;

    s_delay_buf_idx = (s_delay_buf_idx + 1) % DELAY_BUF_SIZE;
  }
}
```

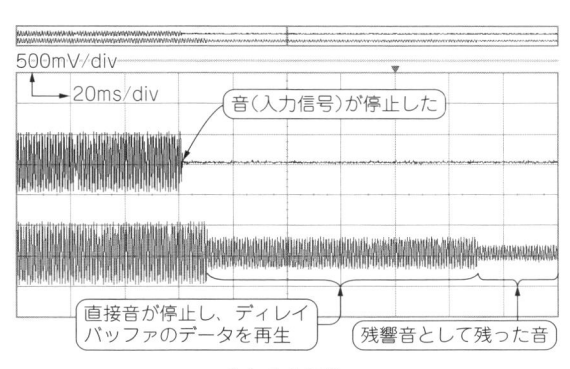

（a）入力直後

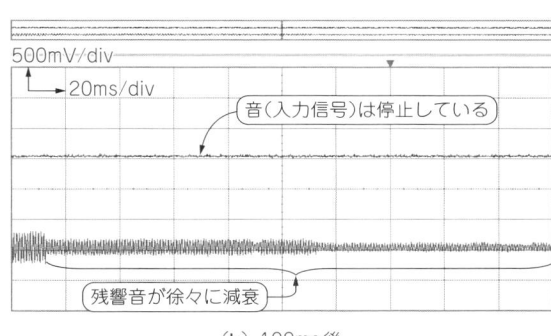

（b）100ms後

図11　作成したリバーブの効果を試してみる

● 動かしてみると…

　作成したプログラムを試してみます．実際の楽器の音を入力すると倍音の影響で余分な高周波が表れて効果が見づらくなるため，正弦波を入力し，出力信号をオシロスコープで計測してみます．図11のように残響音が徐々に減衰しています．

コラム1　Blackfin用実行ファイルの形式

　Blackfin用実行ファイルには2種類あります．拡張子が.dxeのELF形式ファイルと，.ldrの独自形式ファイルです．.dxeファイルはJTAGデバッガやU-BOOTなどのブートローダから実行する場合に使用し，.ldrファイルは，Blackfinがフラッシュ・メモリからブートする際に使用します．.ldrファイルは.dxeファイルから作成し，bfin-elf-ldrコマンドを使用します．作成した.ldrファイルをフラッシュ・メモリのオフセット0から書き込めばOKです．

Appendix 4 スイッチでエフェクト切り替え&ロータリ・ボリュームで効きを調節

これぞ自作！コンパクト・マルチ・エフェクタの製作

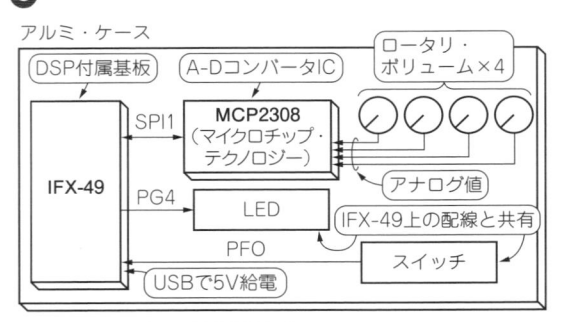

図1 A-Dコンバータ回路を追加する

写真1 自作エフェクタの醍醐味！ケースに入れる

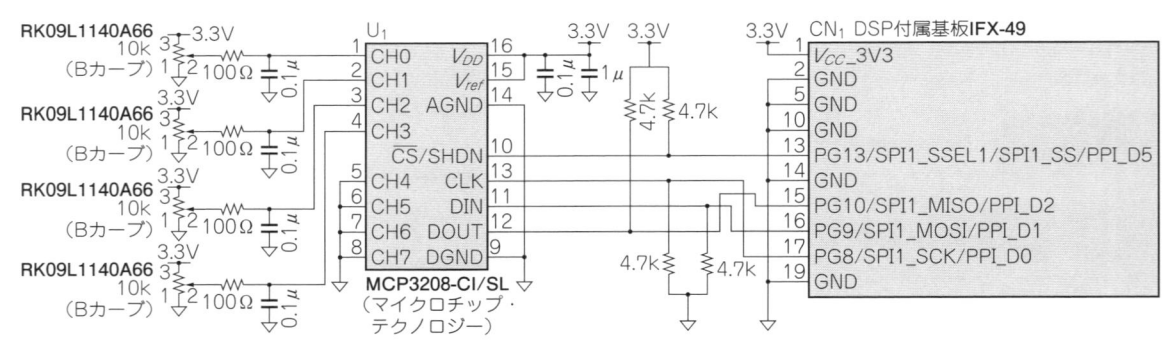

図2 追加したA-Dコンバータ回路

　付属DSP基板のフィルタ係数などパラメータ値は，パソコンからDSPに送信します．しかし，単独のエフェクタとして使うには，パソコンは不要です．そこで，A-Dコンバータ回路を図1のように追加して4個のポテンショメータ（ロータリ・ボリューム）を接続し，パラメータ値を変更できるようにしました．それを，アルミ・ケースに入れてみました（写真1）．

▶ステップ1：回路を作る

　回路を図2に示します．A-Dコンバータは入手が容易なMCP3208を使いました．拡張プラットホームと同じようにSPI1バスで接続します．

▶ステップ2：プログラムを作る

　ソースコードも修正します．拡張プラットホーム用に作成したexadc.c（第18章参照）をコピーし，MCP2308用に追加します．データシートを参照し，SPIの通信の修正も行います．作成したプログラムは付属CD-ROMにmisc_mcp3208_multiという名前で格納してあります．スイッチでディレイ/トレモロを切り替え，各パラメータをポテンショメータで調節できます．

▶ステップ3：ケースに入れる

　ケースに入れると，自分専用エフェクタとして持ち運べます．ケースはタカチ TD9-12-4Nがちょうどよいサイズなので，これを加工します．

　加工は意外と面倒なので，Ginga Drops（http://www.gingadrops.jp/）というオンライン・ショップを利用しました．このショップでは，自作エフェクタ用に穴あけなどの加工をしてくれます．今回は，IFX-49が収納できるように特別に加工をお願いしました．

第11章 周波数発振器LFOと原音を乗算して周期的に出力の強弱をつける

正弦波を生成してコントロール！左右のチャネル音量を自動的に変えるオート・パン

本章では，出力時に左右の音量をそれぞれ周期的に変えるステレオ処理「オート・パン」を作ってみます．Lチャネルの音量が小さいときはRチャネルの音量が大きい，Lチャネルの音量が大きいときはRチャネルの音量が小さい，というように音量を自動で調節します．音源の位置が図1のように左右に動いているように聞こえます．

周期的に音量を変化させるには，DSPで正弦波を生成して入力信号と乗算し，左右のチャネルそれぞれの音量ゲインを変化させます．本章では，正弦波をDSPで生成するプログラムを作って，オート・パン処理プログラムを作ります．

こんな信号処理

● 音源位置が変化する空間系エフェクト

オート・パンの「パン」とは，パンニングの略であり，音源の位置を変化させることを指します．図2のように左右それぞれのチャネルの出力音量を変えると，音源の位置が変化しているように聞こえます．

カテゴリとしては空間系のエフェクトですが，楽器に直接接続するタイプのものはあまり多くありません．そのため，楽器を演奏する人にはあまり聞き慣れないかもしれません．しかし，楽曲を編曲するときや録音した音源をミックスするときなどにはよく使用されています．曲の要所要所で使用すると左右前後への空間的広がりを持たせることができます．曲の流れにアクセントをつけ，音楽的に幅を持たせることができるエフェクトです．

● sin波を2チャネルそれぞれに乗算する

オート・パンを実現するには，図3のような処理を行います．処理は以下の3ステップです．

(1) エレキ・ギターなどのアナログ信号をA-Dコンバータで，ディジタル信号に変換する

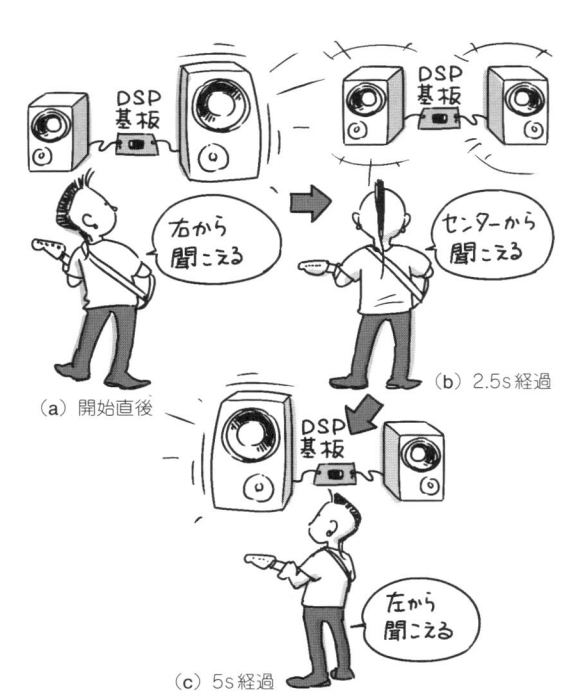

図1　右から左へ/左から右へ…オート・パン

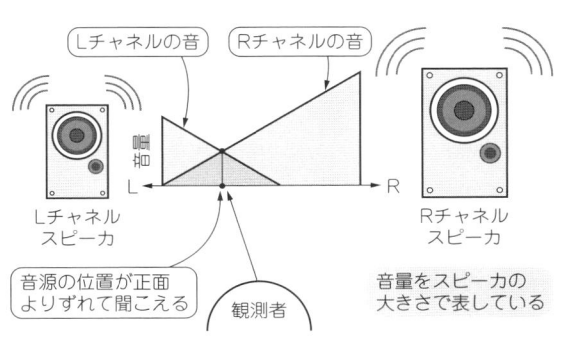

図2　左右の音量バランスが変わると音源の位置が変わって聞こえる

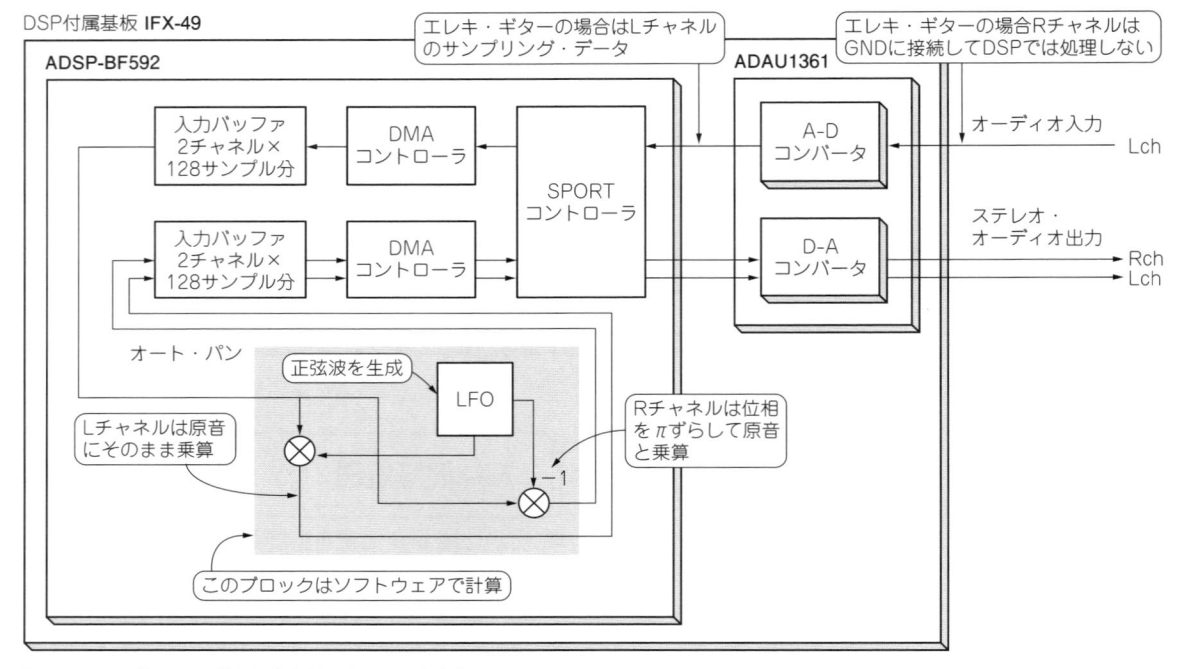

図3 オートパンはsin波を原音と足し合わせて出力する

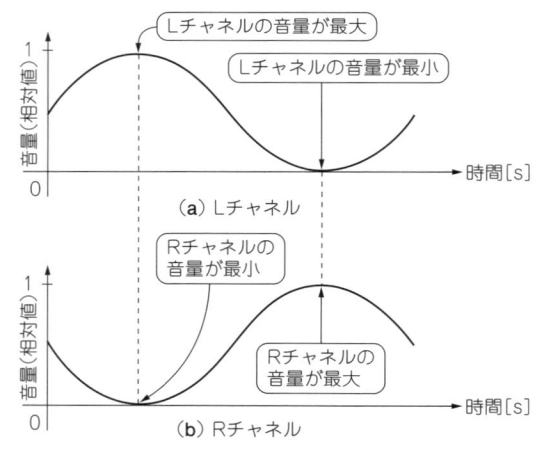

図4 LチャネルとRチャネルの音量変化を反比例させる
(a) Lチャネル
(b) Rチャネル

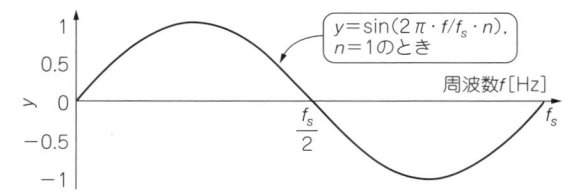

図5 発振器の基本！1周期のsin波

(2) DSPでオート・パン用の信号処理を行い，その結果をステレオ化する
(3) D-Aコンバータからステレオで出力する

　オート・パンはエレキ・ギターなどのモノラル音源をステレオの信号として変換し，ステレオとして出力しています．

　DSP内部では，モノラル入力信号を2チャネルに枝分かれさせてそれぞれに対してLFO（発振器）によるsin波と乗算し，ステレオ化しています．

　Lチャネルはsin波をそのまま乗算，Rチャネルはsin波の位相を反転した波形を乗算しています．これはLとRのチャネルで音量の変化を反転させるためです．図4に示すようにLチャネルの音量が大きいときはRチャネルの音量が小さくなり，Rチャネルの音量が大きいときはLチャネルの音量が小さくなります．

● オート・パンの要…sin波の発振器

　オート・パンを実現させるための要となる機能は，任意の周波数を発振させる発振器（Oscillator）です．特に0.1Hzといった低い周波数を生成させる発振器をLFO（Low Frequency Oscillator）と言います．

　今回は，正弦波（sin波）のLFOを作ります．sin波の式は以下のとおりです．fは周波数，f_sはサンプリング・レート，nはサンプリング点です．

$$y = \sin(2\pi \cdot f/f_s \cdot n),$$
$$n = 0, 1, 2, 3, \cdots$$

　1周期分のsin波は図5のようになります．

表1 sin_fr16()の引数xが取り得る範囲

実　数	$-1.0 \leq x < -0.5$	$-0.5 \leq x < 0$	$0 \leq x < 0.5$	$0.5 \leq x < 1.0$
固定小数点	0x8000 ≤ x < 0xC000	0xC000 ≤ x < 0x0000	0x4000 ≤ x < 0x4000	0x4000 ≤ x ≤ 0x7FFF
ラジアン（角度）	$-\frac{\pi}{2} \leq x < -\frac{\pi}{4}$	$-\frac{\pi}{4} \leq x < 0$	$0 \leq x < \frac{\pi}{4}$	$\frac{\pi}{4} \leq x < \frac{\pi}{2}$

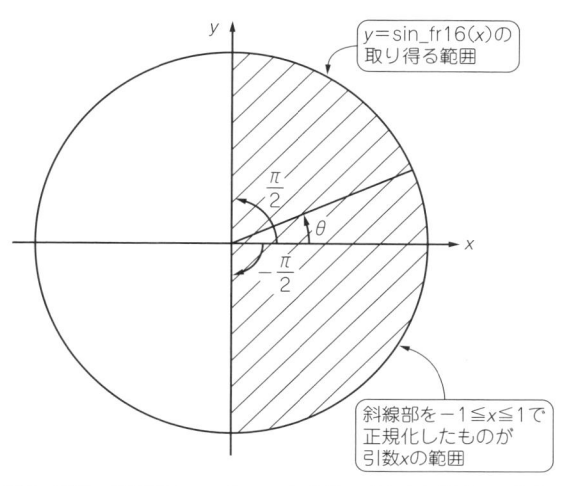

図6 引数xの範囲[$-\pi/2$, $\pi/2$]を描いてみると半円しか表現できない

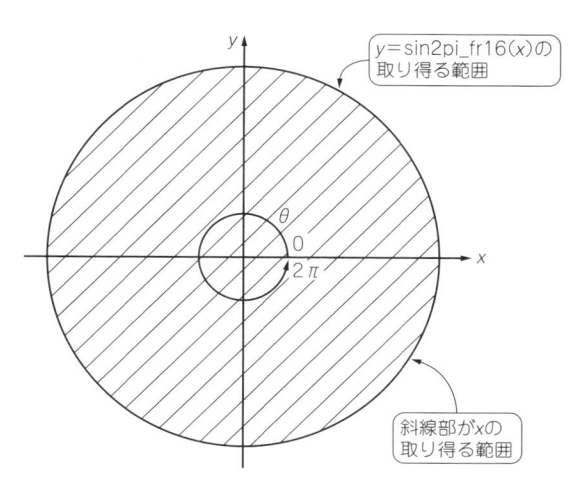

図7 ライブラリ関数sin_fr16()の範囲を拡張してsin2pi_fr16()関数を作ると円周の全部を表現できる

正弦波発振器のプログラム

● ステップ1…メーカ製ライブラリをそのまま使うと$-\pi/2$〜$\pi/2$しか表現できない

LFOを作るには，メーカで用意されているDSPライブラリのsin波生成関数sin_fr16()を使用します．以下のように使います．

fract16 sin_fr16 (fract16 x)

fract16は，16ビットの固定小数点形式と定義された型で，実体はtypedefされたshort型です．引数xの詳細はVisual DSP++のマニュアルには次のように書かれています．

The sin_fr16, sin_fr32, sin_fx16 and sin_fx32 functions input a fractional value in the range [-1.0, 1.0) corresponding to [$-\pi/2, \pi/2$].

引数xの取り得る範囲は[-1, 1)です．この範囲は[$-\pi/2, \pi/2$]を$-1 \leq x < 1$で正規化した範囲です．固定小数点形式（Q1.15）で表すと[0x8000, 0x7FFF]になります．なお，ここでの]は以下，)は未満という意味です．ちょっとした違いですが，固定小数点では非常に重要です．Q1.15の場合，-1.0は表現できますが1.0を表現できないためです．よって，1.0 * 1.0 = 1.0になりません．

表1，図6に引数xの範囲をまとめたものを示します．

● ステップ2…ライブラリを改造して出力できる正弦波の範囲が0〜2πの関数を作る

図6のように，sin_fr16()では，[$-\pi/2$, $\pi/2$]の半円の範囲しか指定できません．オート・パンでは，[0, 2π]の範囲の正弦波を生成する必要があります．そのため，引数xの範囲を拡張した新たなsin関数が必要です．

今回は，図7のようにsin_fr16の引数xの範囲を[0, 2π]まで拡張した関数sin2pi_fr16()を用意します．リスト1にsin2pi_fr16()を示します．BlackfinのDSPマニュアル(1)を参考に作りました．この関数は数学の授業で登場するsin関数のような感覚で扱えます．

sin2pi_fr16()を用いるとsin_fr16(x)の引数xの取り得る範囲と比べて2倍の範囲の値[0, 2π]を指定できます．しかし，実際に指定する引数の固定小数点値は，表2に示すように，0(0x0000)から正の整数の最大値32767(0x7FFF)の範囲[0x0000, 0x7FFF]となります．sin_fr16(x)の引数xの固定小数点値の[0x8000,0x7FFF]と比べて1ビット分少なく，半分の精度です．

● sin波生成プログラム

sin2pi_fr16()の使い方を，sin波を出力するリスト2のプログラムを例に説明します．このプログ

表2 sin2pi_fr16(x)の引数xが取り得る範囲

実　数	0.0 ≦ x < -0.25	0.25 ≦ x < 0.5	0.5 ≦ x < 0.75	0.75 ≦ x < 1.0
固定小数点	0x0000 ≦ x < 0x2000	0x2000 ≦ x < 0x4000	0x4000 ≦ x < 0x6000	0x6000 ≦ x < 0x7FFF
ラジアン（角度）	$0 \leq x < \frac{\pi}{2}$	$\frac{\pi}{2} \leq x < \pi$	$\pi \leq x < \frac{3\pi}{4}$	$\frac{3\pi}{4} \leq x < 2\pi$

リスト1　0〜2πの範囲の正弦波を生成する関数sin2pi_fr16()を作る

http://www.analog.com/static/imported-files/software_manuals/50_bf_cc_rtl_mn_rev_5.4.pdf を参照

```
/* sinを算出 */
static int16_t sin2pi_fr16(int16_t x)
{
    if(x < 0x2000)  /* <0.25 */
    {
        /* first quadrant [0..π/2): */
        /* sin_fr16([0x0..0x7fff]) = [0..0x7fff] */
        return sin_fr16(x * 4);
    }
    else if(x == 0x2000)  /* = 0.25 */
    {
        return 0x7FFF;
    }
    else if(x < 0x6000)  /* < 0.75 */
    {
        /* if (x < 0x4000) */
        /* second quadrant [π/2..π): */
        /* -sin_fr16([0x8000..0x0)) = [0x7fff..0) */

        /* if (x < 0x6000) */
        /* third quadrant [π..3/2π): */
        /* -sin_fr16([0x0..0x7fff]) = [0..0x8000) */
        return -sin_fr16((0xC000 + x) * 4);
    }
    else
    {
        /* fourth quadrant [3/2π..2π): */
        /* sin_fr16([0x8000..0x0)) = [0x8000..0) */
        return sin_fr16((0x8000 + x) * 4);
    }
}
```

表3　式(1)とソース・コードの変数の関係

式(1)の値	ソースコード内の記述
y	p_txbuf[0]：Lチャネルの出力DMA用バッファ
	p_txbuf[1]：Rチャネルの出力DMA用バッファ
sin()	sin2pi_fr16：Q1.15の固定小数点値の引数を取るsin関数（2πを乗算する処理も含む）
$f/f_s \cdot n$	(s_sine_idx & 0x7FFF)：1サンプリング数ごとのsin関数の演算結果の増分

fr16()で演算したsin波のデータを格納
(3) s_sine_idxをs_sine_diff分進める
(4) (2)と(3)をサンプリング数分ループ

　今回は0.2Hzのsin波を生成して出力するプログラムとしたため，入力からのデータp_rxbuf[1]は使いません．

▶プログラムのキモ！ sin2pi_fr16()の使いかた
　このプログラムの肝となるのは，sin2pi_fr16()でsin波を生成する処理です．
　おさらいですが，sin波は以下の式で作れます．

$$y = \sin(2\pi \cdot f/f_s \cdot n)$$
$$n = 0, 1, 2, 3, \cdots \qquad (1)$$

　この式とソース・コードの変数の関係を表3に示します．式(1)のyに当たる部分はスピーカなどに出力するためのDMA領域で，左右のチャネル分あります．sin()は前項で紹介したsin2pi_fr16()です．
　sin()の引数に当たる$f/f_s \cdot n$についてはこれから説明していきます．
　リスト2のs_sine_diff, s_sine_idxの初期

ラムは以下の順序で処理を行います．
(1) sin波のパラメータs_sine_diff, s_sine_idxの初期化
(2) 左右の出力用DMA p_txbuf[2]にsin2pi_

リスト2　sin波を出力するプログラムを作る

```
#define FIXED_POINT_DECIMAL (24)          /* 固定小数点の小数点ビット数 */
#define SINE_FREQ           0.2    ←同期5s  // Hz
#define SAMPLING_RATE       (48000)       /* サンプリング・レート */
static void gen_sine(const int32_t* p_rxbuf[2], int32_t* p_txbuf[2])
{
    /* sine関数の変数初期化 */
    static uint32_t s_sine_diff = (FLOAT_TO_Q31((float)SINE_FREQ / (float)SAMPLING_RATE));
    static int32_t s_sine_idx = 0;              // Q1.31
    /* サンプリング数のカウンタ */
    int32_t l_lc;

    for(l_lc = 0; l_lc < NUM_SAMPLES; l_lc++)
    {
        p_txbuf[0][l_lc] = sin2pi_fr16((s_sine_idx >> (31-15)) & 0x7FFF) << (FIXED_POINT_DECIMAL - 15);
        p_txbuf[1][l_lc] = sin2pi_fr16((s_sine_idx >> (31-15)) & 0x7FFF) << (FIXED_POINT_DECIMAL - 15);
        s_sine_idx += s_sine_diff;
    }
}
```

(1) 浮動小数点型 (float型) から固定小数点型Q1.31へ変換 ← マクロ FLOAT_TO_Q31を使用する
    s_sine_diff = (FLOAT_TO_Q31((float)SINE_FREQ / (float)SAMPLING_RATE))
(2) sin2pi_fr16()の演算用にQ1.15 [0x0000, 0x7FFF]の範囲に収める (Q1.31→Q1.15)
    (s_sine_diff >> (31 - 15)) & 0x7FFF ← 固定小数点型Q1.31からQ1.15へ変換するには右に(31 - 15)ビット・シフトする
(3) sin2pi_fr16() を演算
(4) (3)の演算結果を出力用に変換 (Q1.15 → Q8.24)
    p_txbuf[0] = sin2pi_fr16((s_sine_diff >> (31 -15) &0x7FFF) << (24 - 15)

図8 固定小数点でf/f_sを計算する手順

化処理をもう一度見てみましょう．

s_sine_diffとは，設定するsin波の周波数をサンプリング・レートで割ったものです．このs_sine_diffは，表3における$f/f_s \cdot n$のうちのf/f_sにあたる値です．

f/f_sでは小数点同士の割り算が出てきます．この割り算のうち，特に浮動小数点同士の割り算には多くの演算時間を要するため，信号処理では極力避けるようにします．そのため，s_sine_diffのように同じ値を何度も演算するような場面では最初に演算しておき，値を保持して固定値として演算に使用するようにしています．

このs_sine_diffは浮動小数点ではなく，固定小数点で演算します．固定小数点の方が浮動小数点に比べて演算時間が短いことや，ADSP-BF592が浮動小数点に対応していないためです．

用意した関数sin2pi_fr16()の引数の取り得る範囲[0x0000, 0x7FFF]を考慮すると，以下のステップを踏む必要があります．
(1) 浮動小数点型から固定小数点型Q1.31へ変換
(2) sin2pi_fr16()の演算用にQ1.15へ変換
(3) sin2pi_fr16()の演算結果を出力用に変換
(4) sin2pi_fr16()の演算結果を出力として扱うためにQ8.24へ変換

詳細を図8に示します．

s_sine_idxは以下に示すようにs_sine_diffを加算した累積値を格納する変数です．

s_sine_idx += s_sine_diff;

s_sine_idxは図9のように現在のサンプリング数(n)によって刻々とs_sine_diffずつ変化していきます．

● sin波の実験結果

プログラムを実際に動かしてみます．作った関数をリスト3のように呼び出します．このコードをコンパイルし実行します．オシロスコープで測定した結果を図10に示します．

リスト3 sin波をDSP付属基板で出力するプログラム

```
void codec_audio_process(const int32_t* p_rxbuf[2],
                               int32_t* p_txbuf[2])
{
    int32_t l_lc;

    /* 基板のスイッチを押すたびにフィルタON/OFFの切り替え */
    if(mode == 0)
    {
        gen_sine(p_rxbuf, p_txbuf);
                                    // Sin波を生成する関数
    }
    else
    {
        /* バイパス */
        for(l_lc = 0; l_lc < NUM_SAMPLES; l_lc++)
        {
            p_txbuf[0][l_lc] = p_rxbuf[0][l_lc];
            p_txbuf[1][l_lc] = p_rxbuf[1][l_lc];
        }
    }
}
```

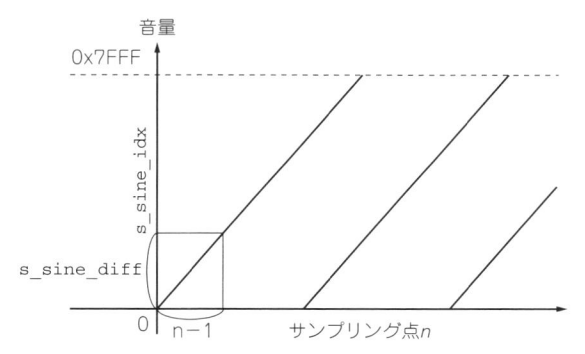

図9 s_sine_idxで0x0000〜0x7FFFをカウントする

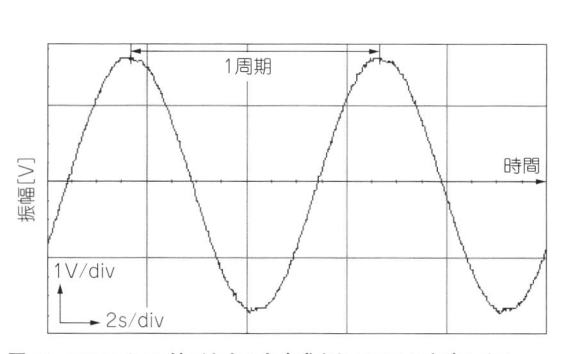

図10 0.2Hzのsin波がきちんと生成されているかを確かめる

正弦波発振器のプログラム 95

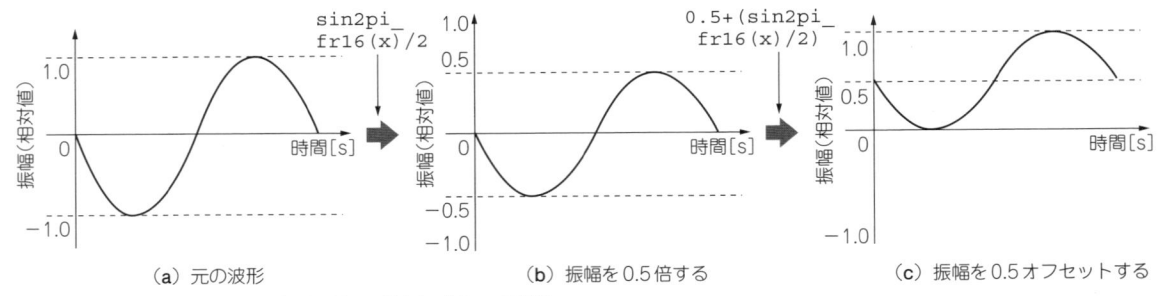

図11 LチャネルのLFO出力を音量のゲイン範囲に合わせる手順
（a）元の波形　（b）振幅を0.5倍する　（c）振幅を0.5オフセットする

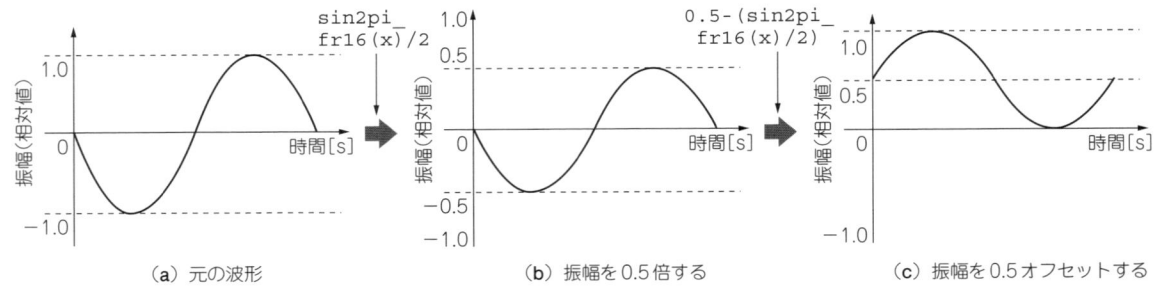

図12 RチャネルのLFO出力を音量のゲイン範囲に合わせるときに位相も反転しておく
（a）元の波形　（b）振幅を0.5倍する　（c）振幅を0.5オフセットする

オート・パンのプログラム

● ゲインを上げ過ぎないように出力範囲の変換を行う

LFOの出力は[-1, +1]までのsin波なので，そのまま入力信号と乗算すると，sin波の値がマイナスの時に出力信号が反転するオート・パンができてしまいます．オート・パンでは，LFOで音量を変化させるため，LFOから出力される値を0以上に変換します．そのため，Lチャネルは図11のように処理します．

まず，sin2pi_fr16(x)が出力する範囲[-1.0, 1.0]から0.5を乗算して，[-0.5, 0.5]の範囲にします．そして0.5 + sin2pi_fr16()として出力範囲を変更し[0, 1.0]の範囲とします．

リスト4 オート・パンのソースコード

```
#define AUTOPAN_FREQ        0.2         // Hz
void auto_pan(const int32_t* p_rxbuf[2], int32_t* p_txbuf[2])
{
    /* sineの変数初期化 */
    static const int32_t s_sine_diff = (FLOAT_TO_Q31((float)AUTOPAN_FREQ / (float)SAMPLING_RATE));
    static int32_t s_sine_idx = 0;      // Q1.31
    int32_t l_lc;
    int32_t l_sine;

    for(l_lc = 0; l_lc < NUM_SAMPLES; l_lc++)
    {
        /* L channel */
        l_sine = add_fr32(FLOAT_TO_Q24(0.5), mult_fr32(FLOAT_TO_Q24(0.5), (int32_t)sin2pi_fr16((s_sine_idx >>
                                            (31-15)) & 0x7FFF) << (FIXED_POINT_DECIMAL - 15)));
        p_txbuf[0][l_lc] = mult_fr32(p_rxbuf[0][l_lc], l_sine);

        /* R channel */
        l_sine = sub_fr32(FLOAT_TO_Q24(0.5), mult_fr32(FLOAT_TO_Q24(0.5), (int32_t)sin2pi_fr16((s_sine_idx >>
                                            (31-15)) & 0x7FFF) << (FIXED_POINT_DECIMAL - 15)));
        p_txbuf[1][l_lc] = mult_fr32(p_rxbuf[1][l_lc], l_sine);

        s_sine_idx += s_sine_diff;
    }
}
```

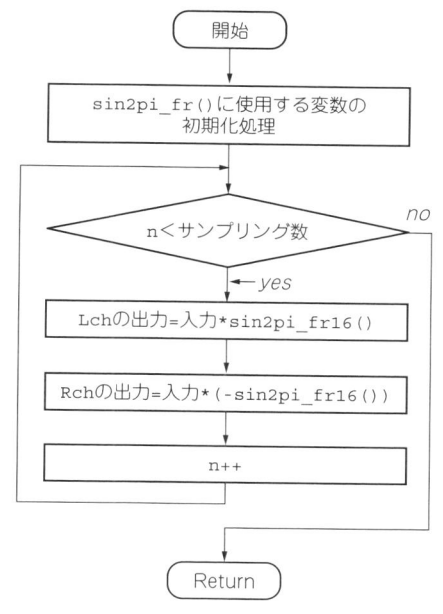

図13 オート・パンの処理フロー

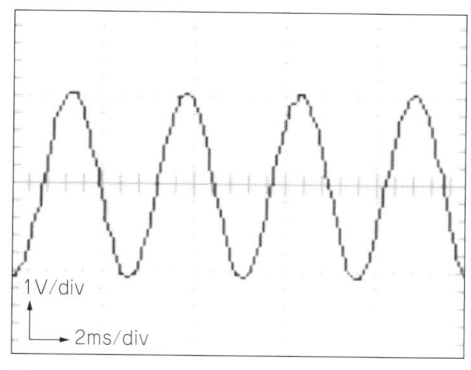

図14 400Hzのsin波をLチャネルに入力してみる

Rチャネルには反転したsin波を乗算します．

Rチャネルは，**図12**のように動作します．まずsin2pi_fr(x)が出力する範囲[-1.0, 1.0]に0.5を乗算して，[-0.5, 0.5]の範囲にします．しかし，Rチャネルでは，0.5＋sin2pi_fr16()するのではなく，0.5－sin2pi_fr16()として波形の反転を行い，[0, 1.0]の範囲に変換します．

こうして作ったLFOを使うと，**図4**のようにLチャネルとRチャネルで音量の変化が反比例した波形を得られます．

● プログラムの作成

オート・パンの処理フローを**図13**に示します．このフローでは，入力信号に対してLFO sin2pi_fr()の出力結果を乗算して，音量を変化させています．また，LチャネルとRチャネルでは音量の変化のさせ方が反比例しています．このことを踏まえて実際のソースコードを**リスト4**に示します．

図11で説明したように，sin2pi_fr16()の出力結果に＋0.5を加算しています．このsin2pi_fr16()の出力値が固定小数点値であるため，浮動小数点型をQ8.24に変換するマクロFLOAT_TO_Q24()を用いて，Q8.24の固定小数点型に変換した0.5をsin2pi_fr16()に乗算しています．

ここで乗算に使用しているmult_fr32()は，固定小数点型同士の乗算を行うときに用いる関数です．次にFLOAT_TO_Q24(0.5)にsin2pi_fr16()を加算しています．このとき，固定小数点同士の加算に

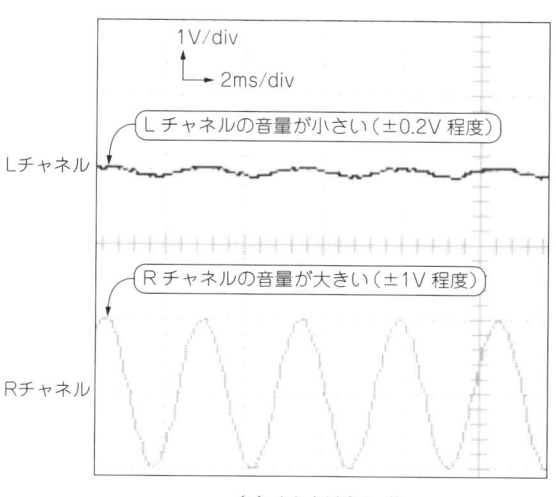

(a) 入力直後

(b) (a)より2.5s後

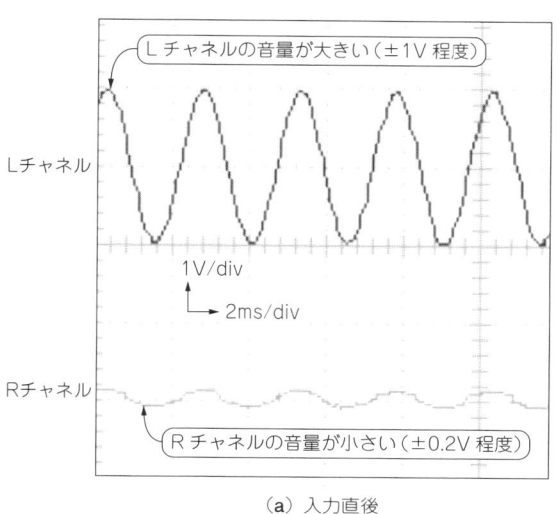

図15 400Hzのsin波を入力したときのオート・パンの処理結果

オート・パンのプログラム

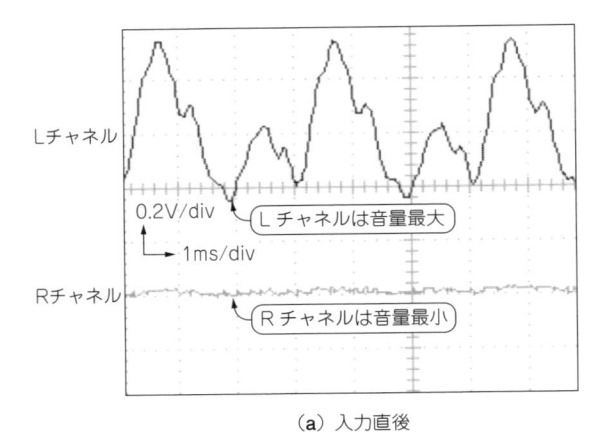

図17 442Hzのギター音を入力してオートパン処理してみた
- (a) 入力直後
- (b) (a)より2.5s後

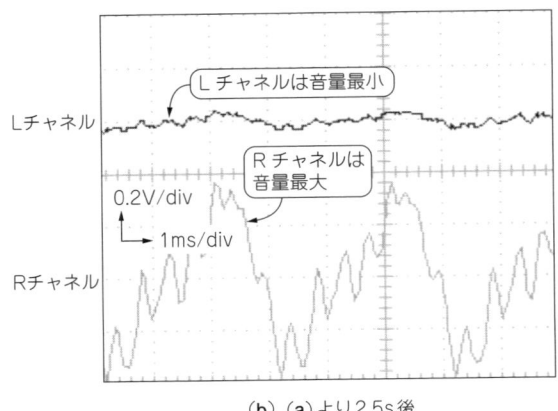

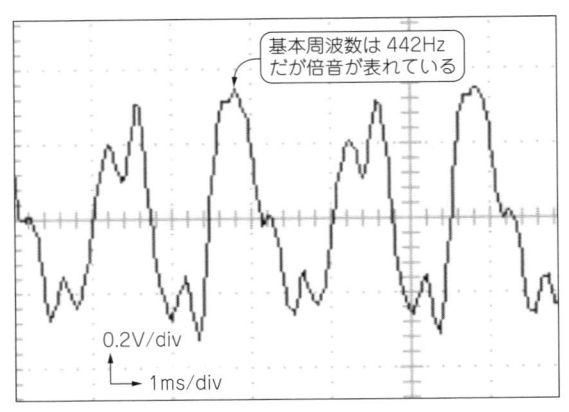

図16 442Hzのギターの波形を入力してみる

はadd_fr32()を用います．こうして得られたLチャネルのLFOの値l_sineを入力信号p_rxbuf[0][l_lc]に乗算しています．

Rチャネルの入力信号p_rxbuf[1][l_lc]では，FLOAT_TO_Q24(0.5)をsin2pi_fr16()に乗算するまでは同じですが，今度はLチャネルとは反対にその演算結果からFLOAT_TO_Q24(0.5)からsin2pi_fr16()を減算します．

こうして，取り得る範囲を[-1.0, 1.0]から[0, 1.0]とした-sin2pi_fr16()の波形を生成しています．固定小数点同士の減算にはsub_fr16()を用います．このようにして得られたRチャネルのLFOの値l_sineをp_rxbuf[0][l_lc]に乗算してい

ます．

こうすることで左右で音量の変化が反比例して出力されるエフェクト，オート・パンを実現できます．

実験結果

プログラムの動作を確かめるために，sin波とエレキ・ギターの2種類の入力信号で実験しました．

▶sin波

図14のように400Hzのsin波を入力します．この入力信号に対してオート・パン処理をしたものが図15です．図15(a)はLチャネルの音量が大きくなっているときの波形です．図15(b)は反対に，Rチャネルの音量が大きくなっているときの波形です．

▶ギター音

入力信号が442Hzのギターの音を入力してみました．図16にその入力信号の波形を示します．

こちらも同様に，入力信号に対してオート・パン処理をしたものを図17に示します．図17(a)はLチャネルの音量が大きくなっているときの波形です．図17(b)は反対に，Rチャネルの音量が大きくなっているときの波形です．

図16，図17でギターの音の波形がそれぞれ異なって見えますが，ギターは弦を弾いてから音が消えるまでの間に刻々と波形が変化するという性質をもつ楽器であるため，全く同じ波形をとることは難しいと言えます．

第12章 原音に乗算する正弦波の帯域を変えるだけ！
オート・パンのプログラムをちょこっと改造

AM変調で音量や音程を変える！トレモロ/リング・モジュレータ

図1 トレモロ…同じ高さの音を周期的に音量を変えながら出力する

図2 リング・モジュレータ…入力信号の周波数を高くする

● 原音と正弦波を乗算するだけで劇的効果

　正弦波生成器LFOを使って，「トレモロ」，「リング・モジュレータ」という2種類のエフェクトを作ってみます．どちらも原音と，LFOで生成した正弦波を乗算します．トレモロもリング・モジュレータも原理はまったく同じですが，正弦波生成器の周波数が異なります．それぞれ以下の効果が得られます．

- トレモロ…周期的に音量を変えながら同じ周波数の音を出力（図1）
- リング・モジュレータ…入力した原音の周波数を高く/低く変えて出力（図2）

● 原理はオート・パンとほぼ同じ

　実は，第11章のオート・パンとほぼ同じ原理です．オート・パンのプログラムをちょこっと変更するだけでこれらの効果が得られます．第11章のオート・パンではLとRのそれぞれのチャネルに対して，位相がπ（180°）反転した正弦波を掛けて音量を調整しました．トレモロ/リング・モジュレータは，LとRそれぞれで同じ位相の正弦波を掛けて出力します．

トレモロの信号処理

● トレモロの原理

　トレモロは，同じ高さの音を周期的に出すエフェクトです．クラシック・ギターには，トレモロ奏法というギター・テクニックがあり，同じ弦を違う指を使って連続で弾く方法で，これを再現するものです．エフェクタでは，音量を周期的に変えることでトレモロを再現します．

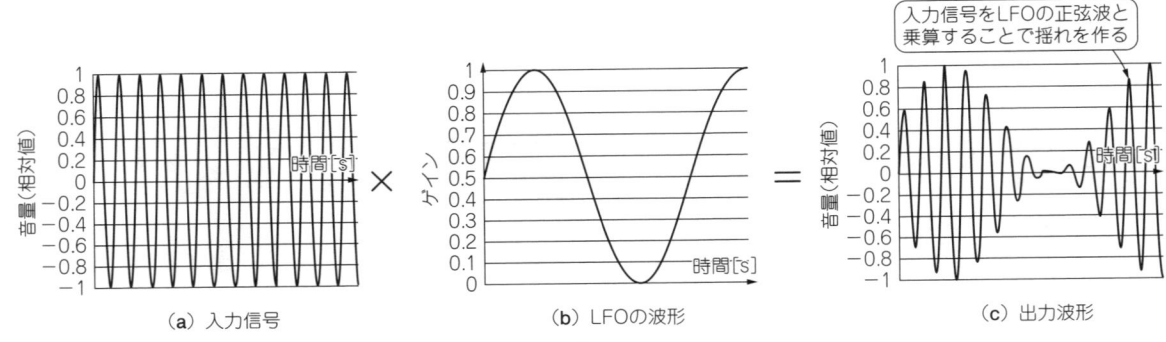

図3 入力信号とLFOで生成した正弦波を乗算する…トレモロの原理

(a) 入力信号　　(b) LFOの波形　　(c) 出力波形

第11章でオート・パンのプログラムを作りましたが，これを流用します．オート・パンでは，入力信号とLFO（Low Frequency Oscillator）で生成した正弦波をLチャネルとRチャネルそれぞれの入力信号と乗算していました．トレモロも**図3**のようにLFOの出力をボリュームに見立てて，オート・パンと同じ方法で実現できます．

● オート・パンとの違い

トレモロで使う正弦波はオート・パンよりも高い周波数です．オート・パンでは，LFOで0.2Hzなどの非常にゆっくりとした周期を作りましたが，トレモロでは10Hzあたりのもう少し短い周期の正弦波を作ります．また，LとRチャネルに乗算する正弦波は，それぞれ位相を180°ずらしましたが，トレモロでは同じ位相の正弦波を乗算します．

トレモロのプログラム

● LFO出力信号の作成

図4にDSP付属基板IFX-49でトレモロ処理を行う構成を示します．LFOの詳細は，第11章のオート・パンを参照してください．オート・パンと同様，音量を操作したいので，**図5**のようにLFOの出力±1の範囲を0.5±0.5に変換してから原音と乗算します．

● トレモロの作成

プログラムを作ると，**リスト1**のようになります．

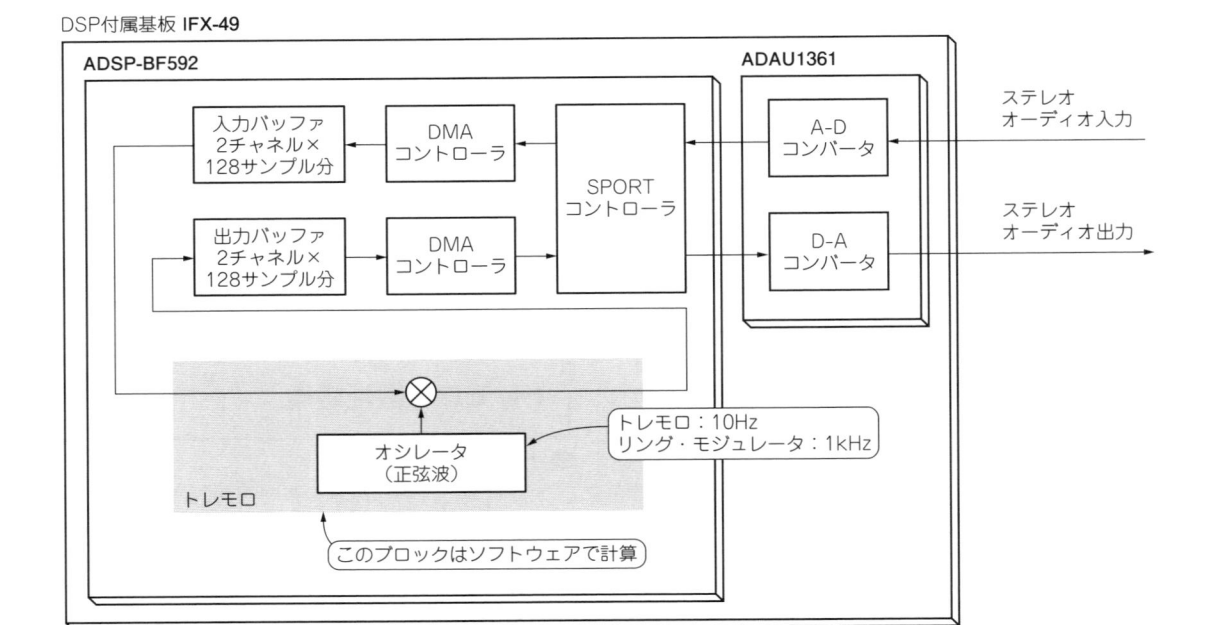

図4 トレモロ/リング・モジュレータの処理ブロックはオート・パンとまったく同じ！

図5
LFOの出力を0.5±0.5の範囲に変換しておく

(a) 元の波形 　(b) 変換後

0.5±0.5におさめる

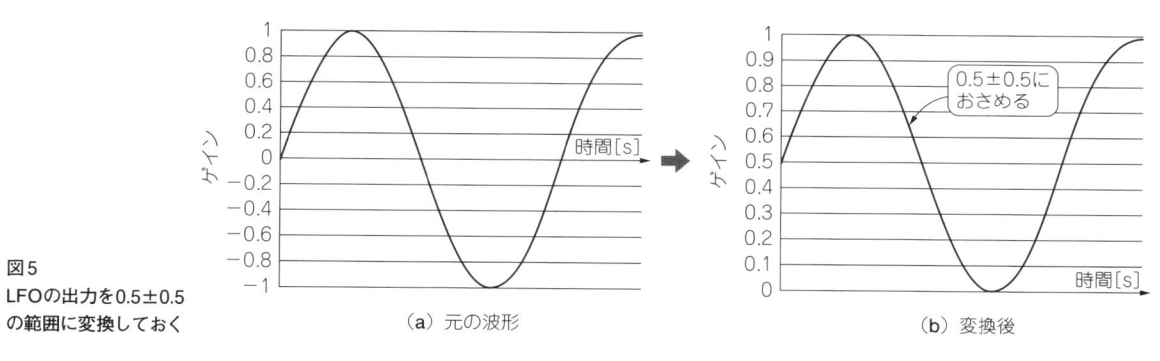

リスト1　トレモロのプログラム

```
/* sinを算出 */
int16_t sin2pi_fr16(int16_t x)
{
    /* 中略 */

#define TREMOLO_FREQ         1 // Hz    ← 周波数を変更

void tremolo(const int32_t* p_rxbuf[2], int32_t* p_txbuf[2])
{
    /* sinの変数初期化 */
    static const int32_t s_sine_diff = (FLOAT_TO_Q31((float)TREMOLO_FREQ / (float)SAMPLING_RATE));
    static int32_t s_sine_idx = 0;        // Q1.31
    int32_t l_lc;
    int32_t l_sine;       ← オート・パンと異なりLとRに分けずにそのまま乗算する

    for(l_lc = 0; l_lc < NUM_SAMPLES; l_lc++)
    {
        /* 0.5±0.5でSin波を生成 */
        l_sine = add_fr32(FLOAT_TO_Q24(0.5), mult_fr32(FLOAT_TO_Q24(0.5),
                    (int32_t)sin2pi_fr16((s_sine_idx >> (31-15)) & 0x7FFF) << (FIXED_POINT_DECIMAL - 15)));
        /* Lチャネル */
        p_txbuf[0][l_lc] = mult_fr32(p_rxbuf[0][l_lc], l_sine);    ← オシレータの出力と信号を乗算し、ボリュームをコントロールする
        /* Rチャネル */
        p_txbuf[1][l_lc] = mult_fr32(p_rxbuf[1][l_lc], l_sine);

        s_sine_idx += s_sine_diff;
    }
}
/* 略 */
```

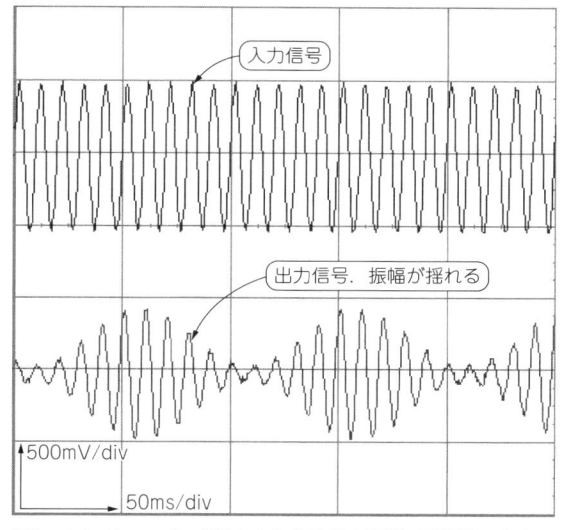

図6　トレモロ・プログラムの出力信号は振幅が周期的に大小できている

入力信号
出力信号．振幅が揺れる
500mV/div
50ms/div

動かしてみると，図6のようになりました．きちんと処理ができているようです．

応用…リング・モジュレータ

● オーディオ帯域の正弦波を原音に乗算すると別の周波数になる

リング・モジュレータは，原音に別の信号を乗算して，別の周波数の音を作り出すエフェクタです．金属的な音が印象的です．アナログ回路では，トランスやアナログ・マルチプライヤ（アナログ信号同士の乗算を行う回路やIC）を使って作ります．

2種類の信号を乗算するという意味では，トレモロと同じ原理です．トレモロでは原音とオシレータの低い周波数信号を乗算してボリュームを揺らしています．リング・モジュレータは，オシレータの出力をもっと高い周波数にします．例えば1kHzあたりの周

応用…リング・モジュレータ　101

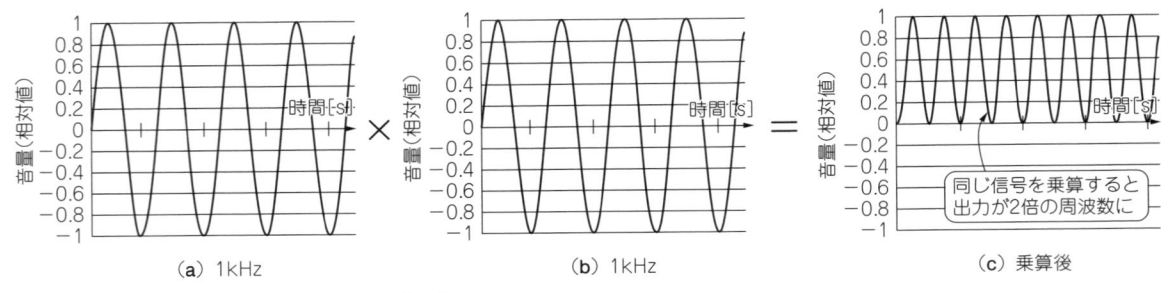

図7 同じ周波数同士を乗算すると周波数が2倍になる
1kHz同士の正弦波を乗算すると2kHzになる

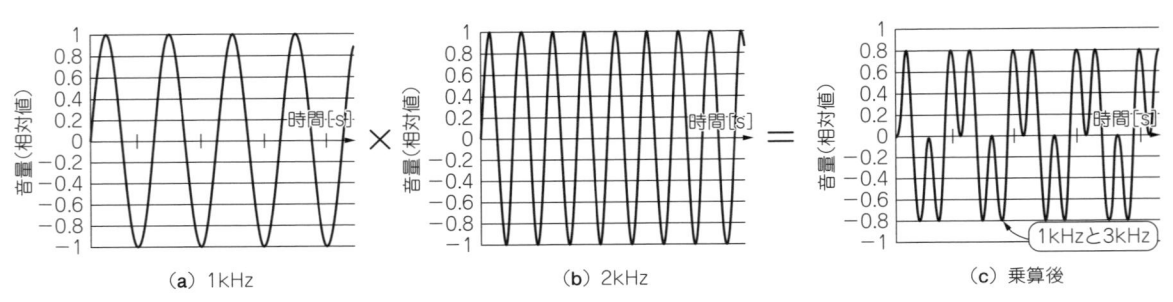

図8 1kHzと2kHzの正弦波を乗算すると、1kHzと3kHzの正弦波になる

リスト2 リング・モジュレータのプログラム

```
#define RINGMOD_FREQ          1000 // Hz    ←(周波数を1000Hzに変更)
void ringmod(const int32_t* p_rxbuf[2], int32_t* p_txbuf[2])
{
    /* sinの変数初期化 */
    static const int32_t s_sine_diff = (FLOAT_TO_Q31((float)RINGMOD_FREQ / (float)SAMPLING_RATE));
    static int32_t s_sine_idx = 0;     // Q1.31
    int32_t l_lc;
    int32_t l_sine;

    for(l_lc = 0; l_lc < NUM_SAMPLES; l_lc++)
    {
        l_sine = (int32_t)sin2pi_fr16((s_sine_idx >> (31-15)) & 0x7FFF) << (FIXED_POINT_DECIMAL - 15);
        /* Lチャネル */
        p_txbuf[0][l_lc] = mult_fr32(p_rxbuf[0][l_lc], l_sine);   ←(オシレータの出力を入力信号にそのまま乗算(0.5±0.5に変換しない))
        /* Rチャネル */
        p_txbuf[1][l_lc] = mult_fr32(p_rxbuf[1][l_lc], l_sine);

        s_sine_idx += s_sine_diff;
    }
}
```

波数にすると，原音が変調され，原音のピッチ（音程，周波数）が変わって高い音となります．これが金属的な音に聞こえます．

● 別の周波数を作る原理…三角関数の積和公式

　リング・モジュレータの原理は，2種の信号を乗算すると，別の周波数が作れるという点にあります．試しに，Excelで1kHzの正弦波を作り，1kHzの正弦波の値を2乗して図7のようにグラフにしてみます．すると，マイナスの値同士が乗算されるため，正弦波の

谷がプラス側に転じて2倍の周波数になっています．
　また，1kHzと2kHzの正弦波を乗算すると，図8の波形になります．波形が少し乱れたように見えますが，1kHzと3kHzの正弦波ができます．つまり，周波数の加算と減算となって表れます．
　これは，高校の数学で出てきた下記の式で説明できます．

$$\sin\alpha \cdot \sin\beta = -\frac{1}{2}\{\cos(\alpha+\beta) - \cos(\alpha-\beta)\}$$

　正弦波同士を乗算すると，加算された周波数と減算

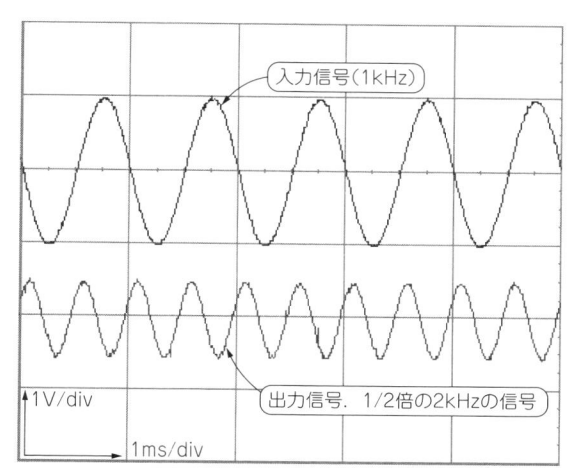

(a) 入力正弦波：1kHz

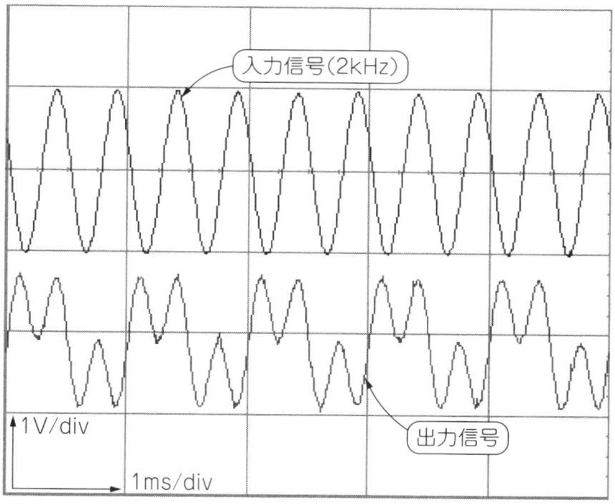

(b) 入力正弦波：2kHz

図9 リング・モジュレータのプログラムを作ってオシレータの出力1kHzと入力信号を乗算してみる

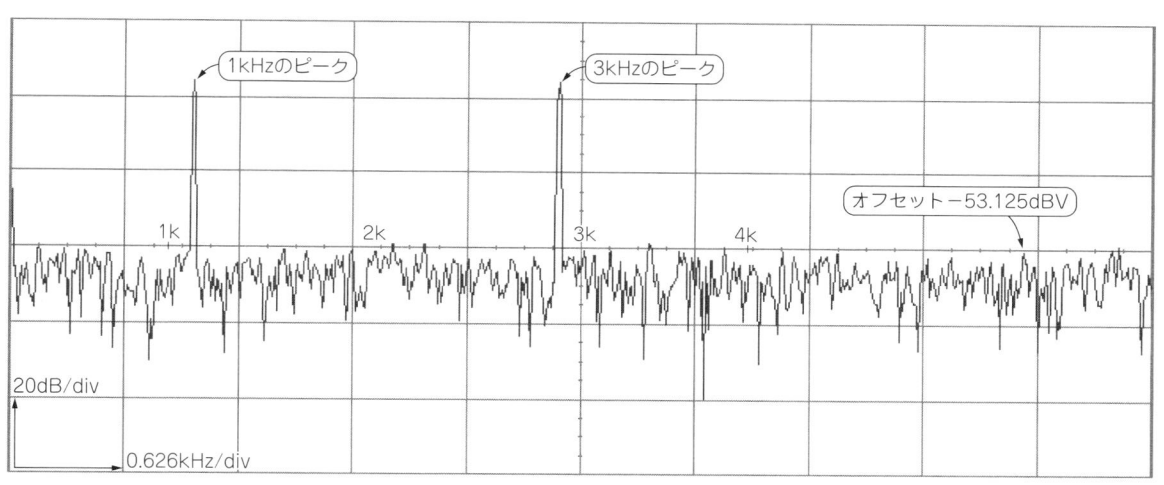

図10 リングモジュレータを実行した波形の周波数分布をFFTで見ると1kHzと3kHzにピークが見える

された周波数となるという式です．つまり，1kHz同士の乗算の場合，$\alpha = \beta$となりますので，1/2倍された2kHzの周波数になります．

$$\sin\alpha \cdot \sin\alpha = -\frac{1}{2}\{\cos(\alpha+\alpha) - \cos(0)\} = \frac{1 - \cos 2\alpha}{2}$$

● プログラム

トレモロのソース・コードを**リスト2**のように変更します．変更点は2カ所しかありません．オシレータの出力周波数を1000Hzに変更し，そのまま入力信号と乗算します．

● 実験結果

出力結果をオシロスコープで確認してみます．

先ほどのExcelで計算した結果と同じになるか確認するため，ファンクション・ジェネレータを使って，1kHzと2kHzの正弦波を入力します．

オシロスコープで波形を確認すると，**図9**のようにExcelと全く同じ形の波形になっていることが確認できます．

また，2kHzの正弦波入力時，1kHzと3kHzとなっているか確認するため，**図10**のようにオシロスコープのFFT（高速フーリエ変換）機能でスペクトラムを表示してみます．すると，1kHzと3kHzに山が確認でき，きちんと公式と一致しています．

応用…リング・モジュレータ

第13章 出力サンプリング速度を変えて音程をゆらす！補間でよりなめらかに

FMラジオと同じ周波数変調を試す！ビブラート

（a）普通に歌う

（b）ビブラートあり

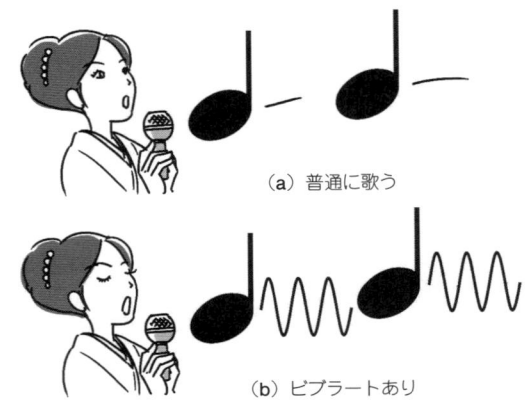

図1 イラスト 坂本冬美氏はビブラートの達人

こんな信号処理

● 信号の出力サンプリング・レートを変動させて音程を周期的に揺らす

　ビブラートとは，「周期的な音程の揺れ」をする図1のようなエフェクトです．カラオケでも，歌がうまい人はビブラートを使って歌いますね．歌では必須とも呼べる歌唱法です．音程を保ちつつ，揺れる音の幅や揺れる速さが一定だときれいに聞こえるようです．

　ビブラートの原理は，メモリにいったん入力信号のサンプリング・データをためておき，メモリから信号を出力する速度を変えることで実現します．DSP付属基板では図2のようになります．

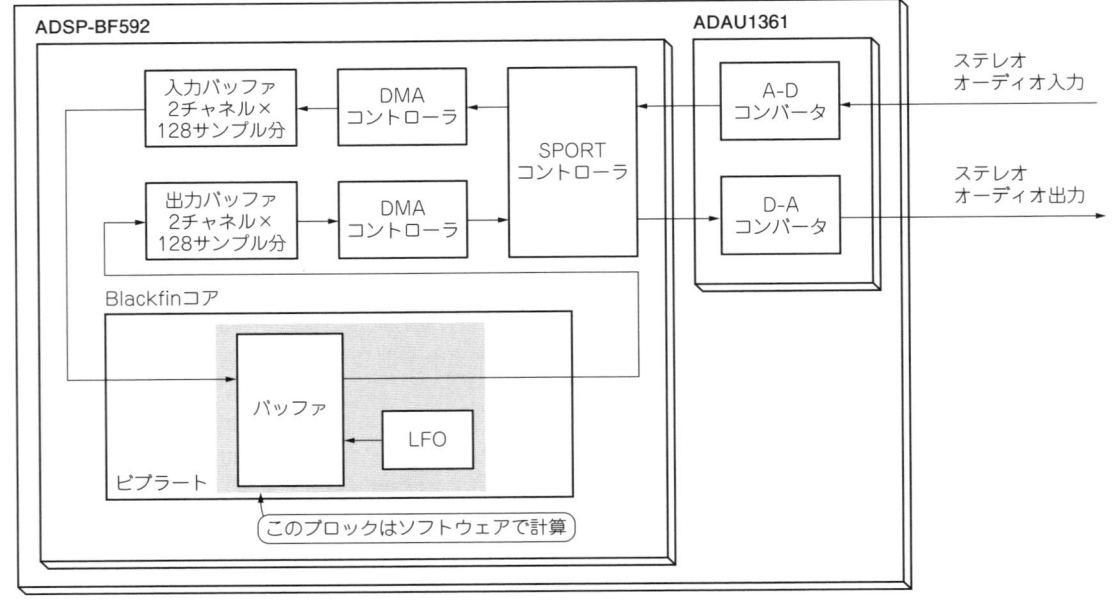

図2 メモリから出力するサンプリング・レートを変える…ビブラートをDSP付属基板で実行する

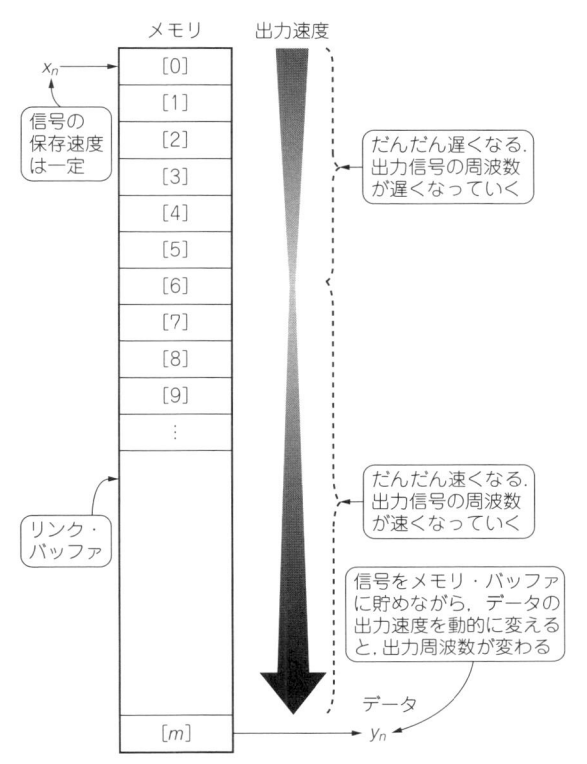

図3 メモリから出力する速度を変える＝再生速度が変わる

要は図3のように出力信号のサンプリング・レートを少し変動させています．また，変動のさせ方は図4のように正弦波となるよう計算しながら揺らします．

● トレモロと似てるけど違う

周期的な音の揺れという意味では，トレモロが似たようなエフェクタとなりますが，原理は全く違います．トレモロは，周期的に振幅を変動させるのに対して，ビブラートは周波数を変動させます．図5の波形を見てください．トレモロは周期的に振幅である高さが変わるのが確認できるのに対し，ビブラートの場合は，振幅ではなく時間によって周波数が変化します．

プログラム

以上に示した方法でプログラムを作ると，リスト1のようになります．

● ピンチ！周波数が高いと波形が崩れる

100Hzの正弦波で試したところ，図6(a)のようになりました．ところが，入力周波数の周波数を上げていくと，出力波形が大きく崩れてしまいます．10kHzの時は図6(b)のように波形が崩れます．

● 出力波形が崩れる理由

これには理由があります．入力信号のサンプリング・レートは一定なので，出力信号の出力速度が遅くなったとき，複数回同じメモリ・アドレスのデータを出力し続けてしまいます．

1周期のサンプリング点数が少なくなる高い周波数では，この現象が顕著に表れ，図7のように波形が崩れたように見えます．これではノイズとして聞こえてしまいますので，次に示す対策を行います．

● 対策…線形補間で手当てする

この問題の対策方法は，線形補間でデータを生成することです．線形補間とは，図8のように2点のサンプリング・データを線で結び，その間の高さを算出して中間データを作成することです．

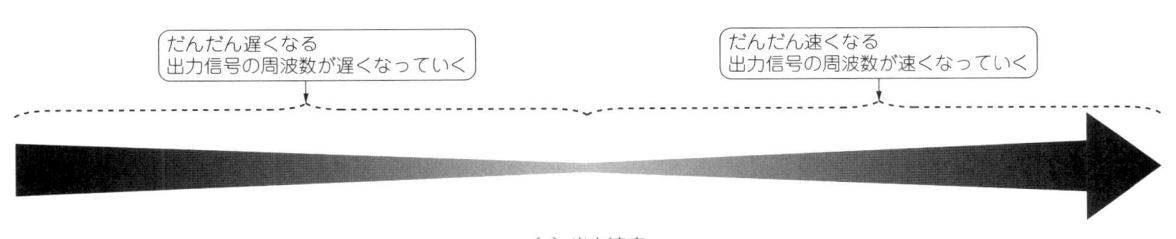

(a) 出力速度

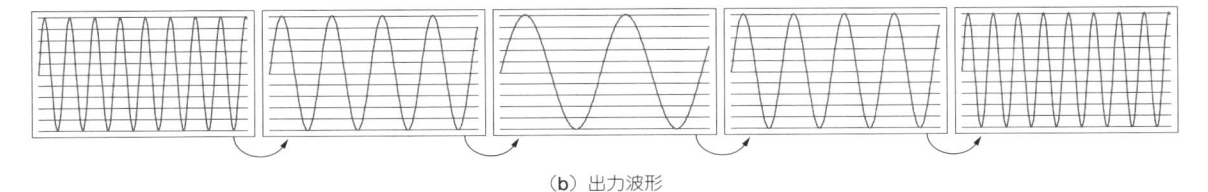

(b) 出力波形

図4 出力信号が正弦波となるように計算しながら動作させる

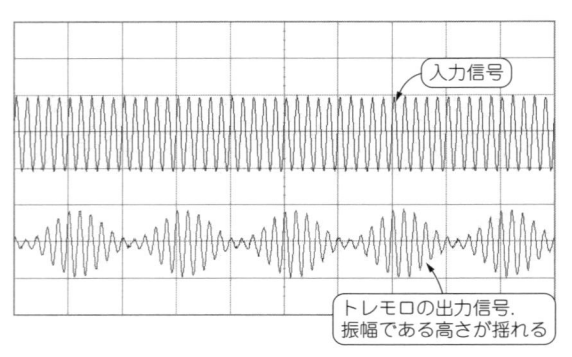

(a) トレモロの出力信号

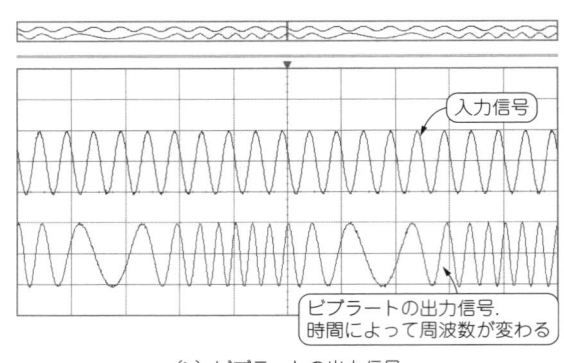

(b) ビブラートの出力信号

図5 周期的に波形を変える方法は二通りある

リスト1 しくみ通りに作ったビブラートのプログラム

```
#define VIBRATE_MOD_FREQ    10    // Hz
#define VIBRATE_WIDTH        2
                // ±ms ※計測の時はわかりやすくするため10msにしています
/* ディレイ・バッファのサイズ */
#define VIBRATE_BUF_SIZE   (size_t)(SAMPLING_RATE *
                            VIBRATE_WIDTH / 1000 * 2 + 1)
#define VIBRATE_DEPTH      (SAMPLING_RATE *
                            VIBRATE_WIDTH / 1000)

void vibrate(const int32_t* p_rxbuf[2],
                   int32_t* p_txbuf[2])
{
 /* sineの変数初期化 */
 static const int32_t s_sine_diff =
                (FLOAT_TO_Q31((float)VIBRATE_MOD_FREQ /
                             (float)SAMPLING_RATE));
 static int32_t s_sine_idx = 0;      // Q1.31
 /* Vibrate用バッファ */
 static int32_t s_vib_buf[2][VIBRATE_BUF_SIZE];
 static int32_t s_vib_idx = 0;
 int32_t l_lc;
 int32_t l_sine;      // Q17.15
 int32_t l_sine_hz;   // Q17.15
 int32_t l_m;

 for(l_lc = 0; l_lc < NUM_SAMPLES; l_lc++)
 {
   l_sine   = (int32_t)sin2pi_fr16((s_sine_idx
                      >> (31-15)) & 0x7FFF);
   l_sine_hz = FLOAT_TO_Q15(VIBRATE_DEPTH)
                      + (VIBRATE_DEPTH * l_sine);
   l_m      = (FLOAT_TO_Q15(s_vib_idx)
                      - l_sine_hz) >> 15;
            /* >> 15 は，Q17.15からintに変換するため */

   if(l_m < 0)
   {
     l_m += VIBRATE_BUF_SIZE;
   }

   s_vib_buf[0][s_vib_idx] = p_rxbuf[0][l_lc];
   p_txbuf[0][l_lc]= s_vib_buf[0][l_m];

   s_vib_buf[1][s_vib_idx] = p_rxbuf[1][l_lc];
   p_txbuf[1][l_lc]= s_vib_buf[1][l_m];

   s_sine_idx += s_sine_diff;
   s_vib_idx = (s_vib_idx + 1) % VIBRATE_BUF_SIZE;
 }
}
```

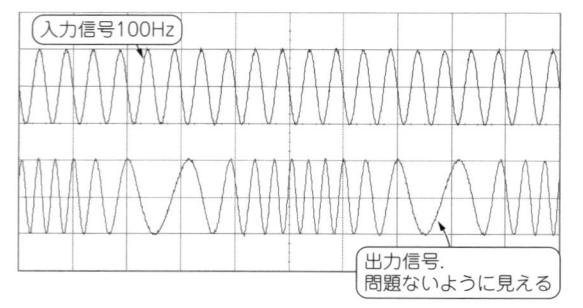

(a) 入力正弦波：100Hz

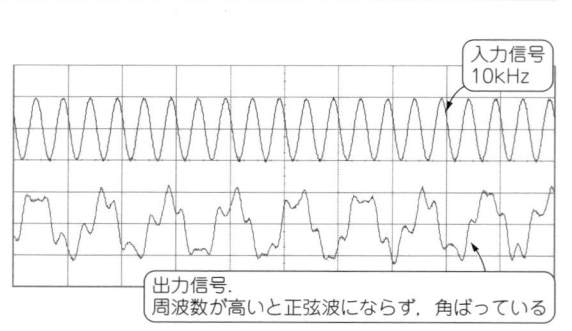

(b) 入力正弦波：10kHz

図6 とりあえずプログラミングしたビブラートの出力を試す

サンプリング・データ $x_m = a$，その次のサンプリング・データ $x_{m+1} = b$とすると，x_mとx_{m+1}の間の高さcをΔtより求め，Δtは，sin関数で揺らしている出力信号の速度の端数（小数以下の値）から算出します．

$$c = x_m \cdot (1 - \Delta t) + x_{m+1} \cdot \Delta t$$

線形補間を行うと，図9のようにちょっときれいな波形になります．さすがに，正弦波を完ぺきに再現！というわけにはいきませんが，線形補間前よりもよくなりました．

コラム1　ビブラートのプログラムはアームがないギター向き

ビブラートというとギター・エフェクタでは珍しいかもしれませんが，ジミ・ヘンドリックスがUni-Vibeというエフェクタでビブラートをかけていたのは有名です．

実は，エフェクタを使わずとも，**写真A**のようにギターのアームを使い，弦を伸び縮みさせて音程を揺らしビブラートをかけることができます．しかし，アームがないレスポールなどのギターでは難しいため，エフェクタを使うことがあります．

写真A　ギターのトレモロアームは実はビブラートの効果

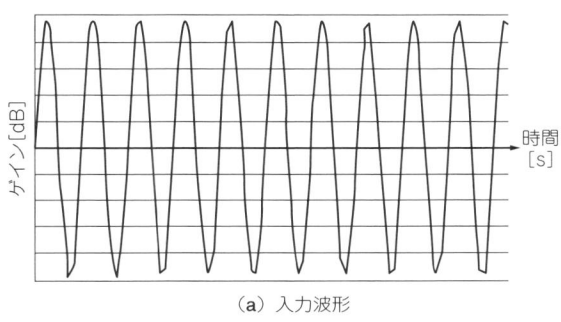

図7　高い周波数ではビブラートの出力波形が崩れてノイズになってしまう
（a）入力波形
（b）出力波形

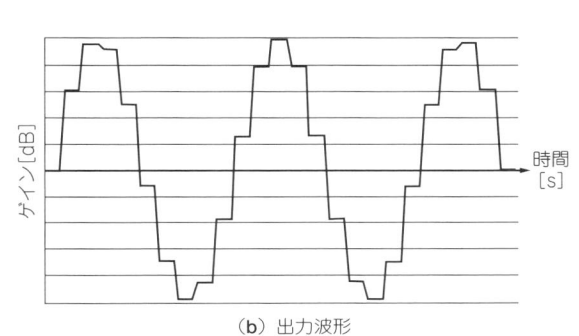

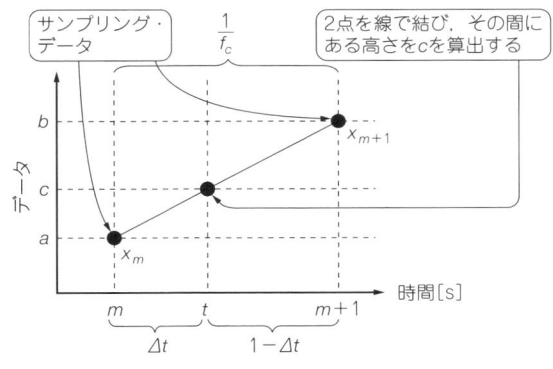

図8　サンプリング・データを整える…線形補間

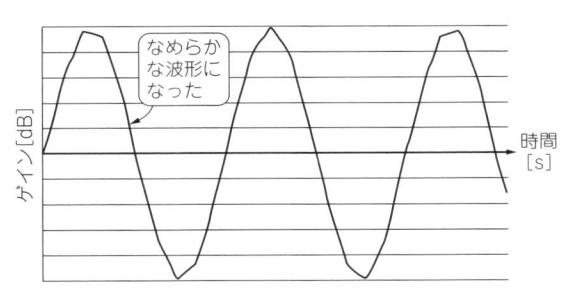

図9　出力信号に線形補間を行って整形できた

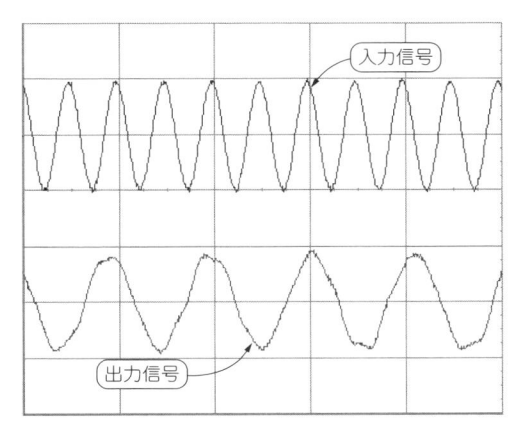

図10　線形補間を行ったビブラート・プログラムの出力信号

● 改良したプログラム

線形補間の処理を**リスト2**のようにソースコードに追加します．

動かしてみる

出力波形を**図10**に示します．正弦波に近くなり，倍音のような余計な信号は現れなくなりました．

リスト2 線形補間の処理を追加したビブラートのプログラム

```c
#define VIBRATE_MOD_FREQ        10      // Hz
#define VIBRATE_WIDTH           2       // ±ms ※計測の時はわかりやすくするため10msにしています

/* ディレイ・バッファのサイズ */
#define VIBRATE_BUF_SIZE        (size_t)(SAMPLING_RATE * VIBRATE_WIDTH / 1000 * 2 + 1)
#define VIBRATE_DEPTH           (SAMPLING_RATE * VIBRATE_WIDTH / 1000)

// 線形補間あり
void vibrate(const int32_t* p_rxbuf[2], int32_t* p_txbuf[2])
{
  /* sineの変数初期化 */
  static const int32_t s_sine_diff = (FLOAT_TO_Q31((float)VIBRATE_MOD_FREQ / (float)SAMPLING_RATE));
  static int32_t s_sine_idx = 0;        // Q1.31
  /* Vibrate用バッファ */
  static int32_t s_vib_buf[2][VIBRATE_BUF_SIZE];
  static int32_t s_vib_idx = 0;
  int32_t l_lc;
  int32_t l_sine;       // Q17.15
  int32_t l_sine_hz;    // Q17.15
  int32_t l_t;          // Q17.15
  int32_t l_tm;         // Q17.15
  int32_t l_delta;      // Q8.24
  int32_t l_m0;
  int32_t l_m1;         // m1 = m0 + 1

  for(l_lc = 0; l_lc < NUM_SAMPLES; l_lc++)
  {
    l_sine    = (int32_t)sin2pi_fr16((s_sine_idx >> (31-15)) & 0x7FFF);
    l_sine_hz = FLOAT_TO_Q15(VIBRATE_DEPTH) + (VIBRATE_DEPTH * l_sine);

    l_t       = FLOAT_TO_Q15(s_vib_idx) - l_sine_hz;
    l_tm      = l_t & 0xFFFF8000;       /* Q17.15の小数点切り捨て，整数だけ算出 = floor関数 */
    l_m0      = l_tm >> 15;             /* Q17.15からintに変換 */
    l_m1      = l_m0 + 1;
    l_delta   = (int32_t)((int16_t)(l_t & 0x7FFF)) << (FIXED_POINT_DECIMAL - 15);  /* 小数点のみ取り出し，Q8.24に変換 */

    if(l_m0 < 0)
    {
      l_m0 += VIBRATE_BUF_SIZE;
    }
    if(l_m1 < 0)
    {
      l_m1 += VIBRATE_BUF_SIZE;
    }

    s_vib_buf[0][s_vib_idx] = p_rxbuf[0][l_lc];
    p_txbuf[0][l_lc]= mult_fr32(l_delta, s_vib_buf[0][l_m1]) + mult_fr32(FLOAT_TO_Q24(1.0)
                                                                - l_delta, s_vib_buf[0][l_m0]);

    s_vib_buf[1][s_vib_idx] = p_rxbuf[1][l_lc];
    p_txbuf[1][l_lc]= mult_fr32(l_delta, s_vib_buf[1][l_m1]) + mult_fr32(FLOAT_TO_Q24(1.0)
                                                                - l_delta, s_vib_buf[1][l_m0]);

    s_sine_idx += s_sine_diff;
    s_vib_idx = (s_vib_idx + 1) % VIBRATE_BUF_SIZE;
  }
}
```

第14章 サッと試せる！ビブラートのプログラムをちょこっと改造するだけ

変調信号を原信号に加算して音を多重化！コーラス

こんな信号処理

● 原音と少しだけ周波数が異なる音を作って加算

コーラスとは，合唱を意味する音楽用語で，複数人で歌っているような雰囲気をかけることができるエフェクトです．図1のように，原音と周波数が異なる音を作って加算するという処理を行います．

これはビブラートの処理と似ています．ビブラートは原音と周波数が異なる音を出力しますが，コーラスはその出力を原音と足しあわせます．

プログラム

● ビブラートのプログラムを改造するだけ

上記のように，ビブラートのソース・コードを少し変更するだけでコーラスが作成できます．ビブラート音を原音と加算すればよいため，リスト1に示すようにソース・コードを修正します．発振器を0.1Hz，変調する期間を±25msとし，原音と加算しています．

▶動かしてみると…

1kHzの正弦波を入力し，リスト1のプログラムを実行した結果を図2に示します．ここでは，わかりやすいようにVIBRATE_MOD_FREQは10Hzにしています．

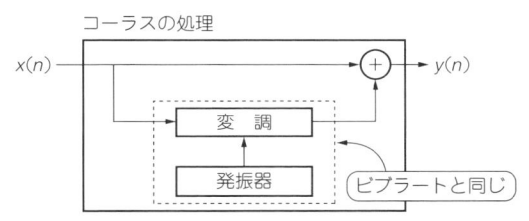

図1 原音を変調した信号を使って音を多重化する…コーラス

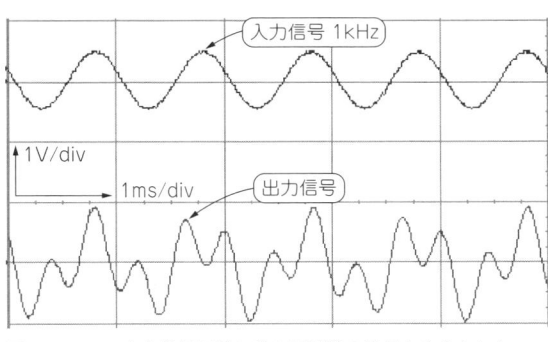

図2 1kHzの出力信号以外に他の周波数の信号も出力された

リスト1 プログラムはビブラートの信号をちょこっと改造するだけ

```
#define VIBRATE_MOD_FREQ    0.1 // Hz          ← 周波数を変更
#define VIBRATE_WIDTH       25  // ±ms         ← WIDTH（変調する時間）を変更
void vibrate(const int32_t* p_rxbuf[2], int32_t* p_txbuf[2])
{
    中略
    for(l_lc = 0; l_lc < NUM_SAMPLES; l_lc++)
    {
    中略
        s_vib_buf[0][s_vib_idx] = p_rxbuf[0][l_lc];
        p_txbuf[0][l_lc] = p_rxbuf[0][l_lc] + mult_fr32(l_delta, s_vib_buf[0][l_m1])
                                + mult_fr32(FLOAT_TO_Q24(1.0) - l_delta, s_vib_buf[0][l_m0]);
      ← 原音と加算する
        s_vib_buf[1][s_vib_idx] = p_rxbuf[1][l_lc];
        p_txbuf[1][l_lc] = p_rxbuf[1][l_lc] + mult_fr32(l_delta, s_vib_buf[1][l_m1]) + mult_fr32
                                            (FLOAT_TO_Q24(1.0) - l_delta, s_vib_buf[1][l_m0]);
    中略
    }
}
```

第15章 音量に合わせて中心周波数をうねうね！
低域と高域をカットして特徴的に

係数を動的に変える便利なフィルタを試す！オート・ワウ

図1 伝説のギタリストも愛用したワウをディジタル信号処理で作ってみる
（a）エフェクトなし
（b）オート・ワウ

写真1 エレキ・ギター界での飛び道具！ワウ・ペダル

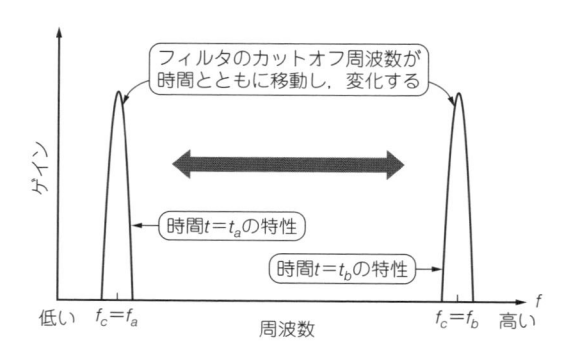

図2 時間経過でバンドパス・フィルタの特性を変化させる

こんな信号処理

● 動的にフィルタ特性を変えてみる

本章では，特性を動的に変えられるフィルタを使ってみます．SVF(State Variable Filter)という状態変数型フィルタです．ローパス，ハイパス，バンドパス，バンドリジェクションの特性も同時に得ることができる変わったフィルタです．このSVFを使って，ギター用エフェクタ「ワウ」を作ってみます．

今までに紹介したFIRフィルタやIIRフィルタでは，あらかじめ設計ツールで係数を求めておきました．係数を求めておくことで，信号処理実行中にフィルタ計算だけに専念できるわけですが，ワウの場合は信号処理実行中に特性を変更する必要があります．今までのフィルタを使用すると，フィルタ係数を信号処理実行中に逐次計算しなければなりません．IIRフィルタやFIRフィルタの係数計算量は大きく，これらを使用すると，処理に時間がかかります．そこで，今回は状態変数型フィルタSVFを使用し，ワウを実現します．

● ワウでギター音をうねうね！

ワウとは，図1のように文字通り音がワウワウ聞こえる少し変わったエフェクタです．

ギター用では，足でペダルを操作してフィルタのかかり具合を変化させるワウ・ペダルと呼ばれるエフェクタ（写真1）と，ペダルの代わりに周期的にフィルタの特性を変化させるオート・ワウがあります．ここでは後者を作成します．

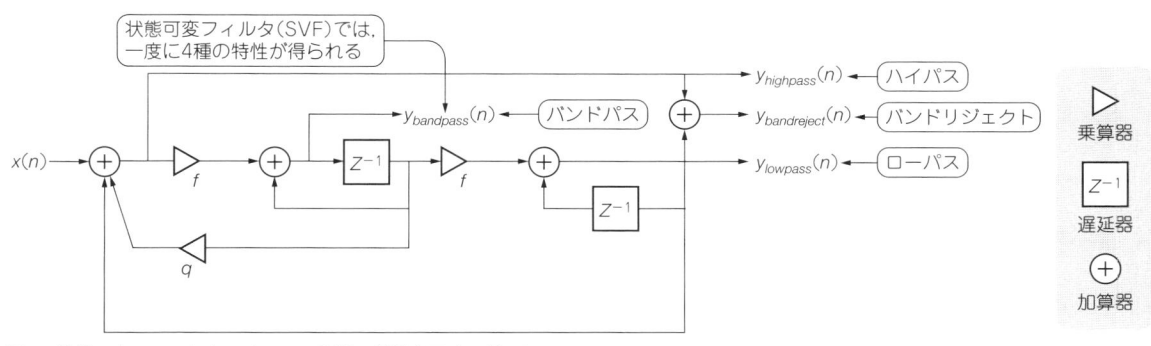

図3 状態可変フィルタ（SVF）では4種類の特性を同時に得られる

冒頭で述べたように，特性を随時変化させるフィルタを使えばワウ独特の音が得られます．このフィルタ特性は図2のように時間とともに変化するため，プログラムの動作中にフィルタ特性を変化させる必要があります．

状態変数型フィルタSVF

● 4種類のフィルタ効果を得られる

SVFの一番の特徴は，ローパス，ハイパス，バンドパス，バンドリジェクションの4種類の結果が同時に得られることです（図3）．また，乗算器の係数 f を変えることで，カットオフ周波数を変化させることができます．

ブロック図で出てくる f と q は，次式で定義されます．

$$f = 2\sin\left(\frac{\pi f_c}{f_s}\right)$$

f_c：カットオフ周波数
f_s：サンプリング周波数

$$q = \frac{1}{Q}$$

Q：選択度

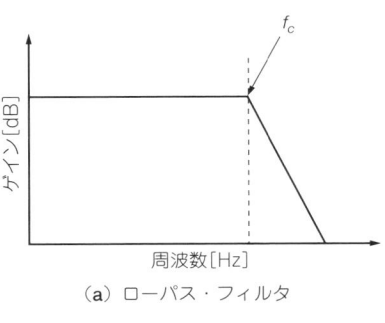

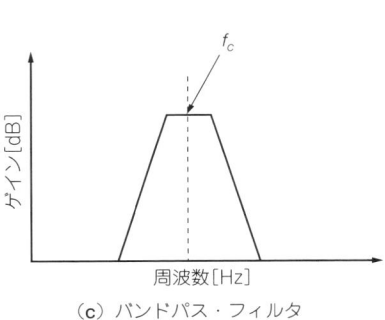

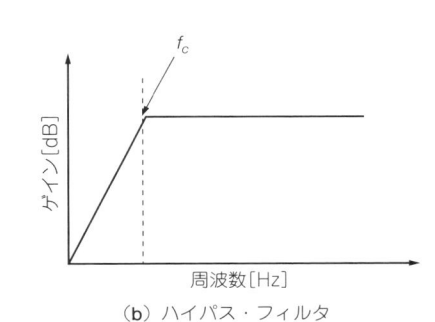

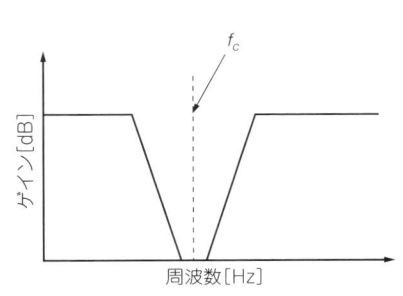

表1 各フィルタでのカットオフ周波数の意味は異なる

種類	カットオフ周波数の意味
ローパス・フィルタ	フィルタがかかり始める周波数
ハイパス・フィルタ	フィルタがかかり終わる周波数
バンドパス・フィルタ	フィルタの通過の中心となる周波数
バンドリジェクション・フィルタ	フィルタがかかる中心となる周波数

図4 フィルタ動作の特性を決めるカットオフ周波数

(a) ローパス・フィルタ
(b) ハイパス・フィルタ
(c) バンドパス・フィルタ
(d) バンドストップ・フィルタ（バンドリジェクション・フィルタ）

状態変数型フィルタSVF

リスト1 SVFのプログラム

```c
struct svf_state
{
  int32_t f;
  int32_t q;
  int32_t low;
  int32_t high;
  int32_t band;
  int32_t notch;
  int32_t z1;
  int32_t z2;
};

struct svf_state s_svf_state[2];

/* Sineを算出 (Visual DSP++ HELPのsin_fr16参照) */
int16_t sin2pi_fr16(int16_t x)
{
  if(x < 0x2000)  /* <0.25 */
  {
    /* first quadrant [0..π/2]: */
    /* sin_fr16([0x0..0x7fff]) = [0..0x7fff]  */
    return sin_fr16(x * 4);
  }
  else if(x == 0x2000)  /* = 0.25 */
  {
    return 0x7FFF;
  }
  else if(x < 0x6000)  /* < 0.75 */
  {
    /* if (x < 0x4000) */
    /* second quadrant [π/2..π]: */
    /* -sin_fr16([0x8000..0x0)) = [0x7fff..0) */

    /* if (x < 0x6000) */
    /* third quadrant [π..3/2π]: */
    /* -sin_fr16([0x0..0x7fff]) = [0..0x8000) */
    /* ※gccの場合,引数をint16_tへの明示的な変換が必要 */
    return -sin_fr16((int16_t)((0xC000 + x) * 4));
  }
  else
  {
    /* fourth quadrant [3/2π..2π]: */
    /* sin_fr16([0x8000..0x0)) = [0x8000..0) */
    /* ※gccの場合,引数をint16_tへの明示的な変換が必要 */
    return sin_fr16((int16_t)((0x8000 + x) * 4));
  }
}

void svf_init(struct svf_state* state, int32_t cutoff)
{
  /* 注意:cutoffはQ17.15 */
  state->f = 2 * ((int32_t)sin2pi_fr16((cutoff / (int32_t)(SAMPLING_RATE * 2)) & 0x7FFFU) << (FIXED_POINT_DECIMAL - 15));
  state->q = FLOAT_TO_Q24(1);  /* 0～2の範囲で設定 */
}

/* State Variable Filterを計算 */
void svf_filter(struct svf_state* p_state, int32_t input)
{
  int32_t l_f = p_state->f;
  int32_t l_q = p_state->q;
  int32_t l_low;
  int32_t l_high;
  int32_t l_band;
  int32_t l_notch;
  int32_t l_z1 = p_state->z1;
  int32_t l_z2 = p_state->z2;

  // L = D2 + F1 * D1
  l_low = add_fr32(l_z2, mult_fr32(l_f, l_z1));
  // H = Q1*I - L - Q1*D1
  l_high = sub_fr32(sub_fr32(mult_fr32(l_q,
                  input), l_low), mult_fr32(l_q, l_z1));
  // B = F1 * H + D1
  l_band = add_fr32(mult_fr32(l_f, l_high), l_z1);
  // N = H + L
  l_notch = add_fr32(l_high, l_low);

  // D1 = B
  p_state->z1 = l_band;
  // D2 = L
  p_state->z2 = l_low;

  p_state->low   = l_low;
  p_state->high  = l_high;
  p_state->band  = l_band;
  p_state->notch = l_notch;
}

static void svf(const int32_t* p_rxbuf[2], int32_t* p_txbuf[2])
{
  int32_t l_lc;

  for(l_lc = 0; l_lc < NUM_SAMPLES; l_lc++)
  {
    /* L channel */
    svf_init(&s_svf_state[0], FLOAT_TO_Q15(1000));
    svf_filter(&s_svf_state[0], p_rxbuf[0][l_lc]);
    p_txbuf[0][l_lc] = s_svf_state[0].low;

    /* R channel */
    svf_init(&s_svf_state[1], FLOAT_TO_Q15(1000));
    svf_filter(&s_svf_state[1], p_rxbuf[1][l_lc]);
    p_txbuf[1][l_lc] = s_svf_state[1].low;
  }
}
```

● フィルタの動作を定義するカットオフ周波数を動的に変化させる

f_cはカットオフ周波数といい,**表1**,**図4**のようにフィルタの種別で意味が違います.例えばローパス・フィルタではフィルタがかかり始める周波数,ハイパス・フィルタではフィルタがかかり終わる周波数です.

このカットオフ周波数f_cをプログラム動作中に変更することで,動的に特性が変化するフィルタを作ることができます.

SVFを使うと,第3章で作成したベース・ブーストも同じように作成でき,カットオフ周波数を変えれば,トレブル・ブーストも作成できます.

プログラム

● 予備実験…SVFで各フィルタを作ってみる

SVFのプログラムを**リスト1**に示します.

▶ローパス・フィルタ

ローパス・フィルタの特性を実験してみました.f_c = 1000Hzと定義したときの結果を**図5**に示します.1000Hz以上で減衰しているようすが見られます.うまく動作しているようです.

▶バンドパス・フィルタ

続いて,f_c = 1000Hzと定義したときのバンドパス・

(a) 入力正弦波：100Hz
(b) 入力正弦波：500Hz
(c) 入力正弦波：1kHz
(d) 入力正弦波：1.5kHz
(e) 入力正弦波：2kHz
(f) 入力正弦波：3kHz
(g) 入力正弦波：4kHz

図5 カットオフ周波数 f_c = 1000Hzのときのローパス・フィルタ動作

(a) 入力正弦波：100Hz
(b) 入力正弦波：500Hz
(c) 入力正弦波：1kHz
(d) 入力正弦波：1.5kHz
(e) 入力正弦波：2kHz
(f) 入力正弦波：3kHz
(g) 入力正弦波：4kHz

図6 カットオフ周波数 f_c = 1000Hzのときのバンドパス・フィルタ動作

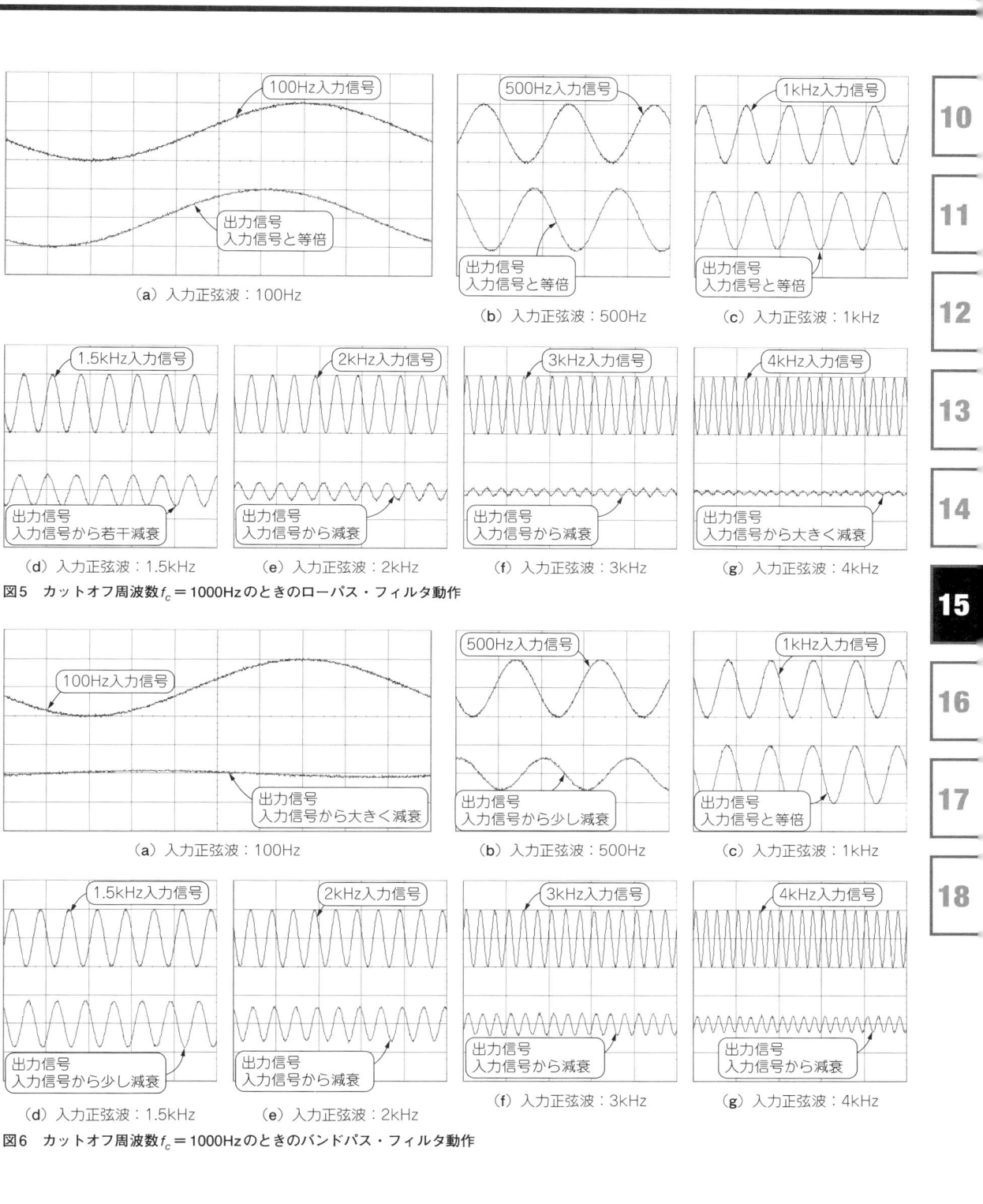

フィルタの特性を実験してみます．バンドパスなので，図6のように1kHz以外は減衰している特性のフィルタになります．バンドパス・フィルタも問題なく動作しているようです．

● カットオフ周波数を変化させる周期を決める

フィルタの確認ができたところで，次はフィルタのカットオフ周波数 f_c をどのように変化させるかを決めます．最初に f_c の範囲を決めて，どのくらいの周期でずらすかを決めます．

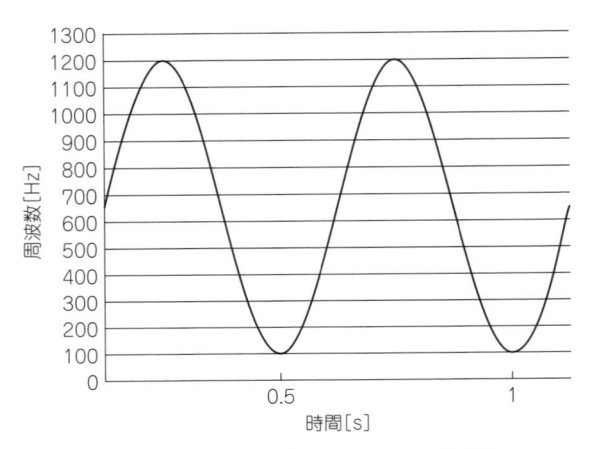

図7 カットオフ周波数を正弦波で100～1200Hzとする

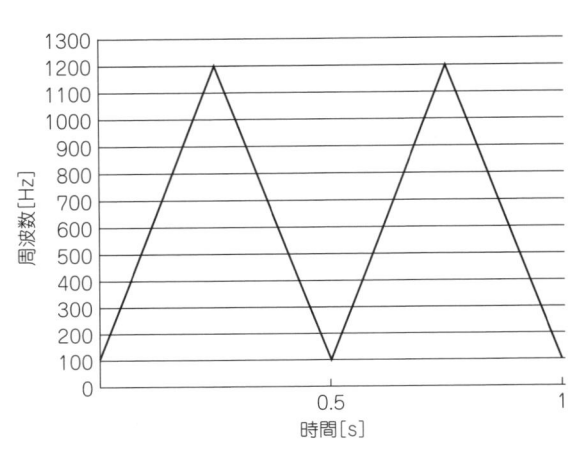

図8 飛び道具エフェクタにするためにカットオフ周波数を三角波で作ってみる

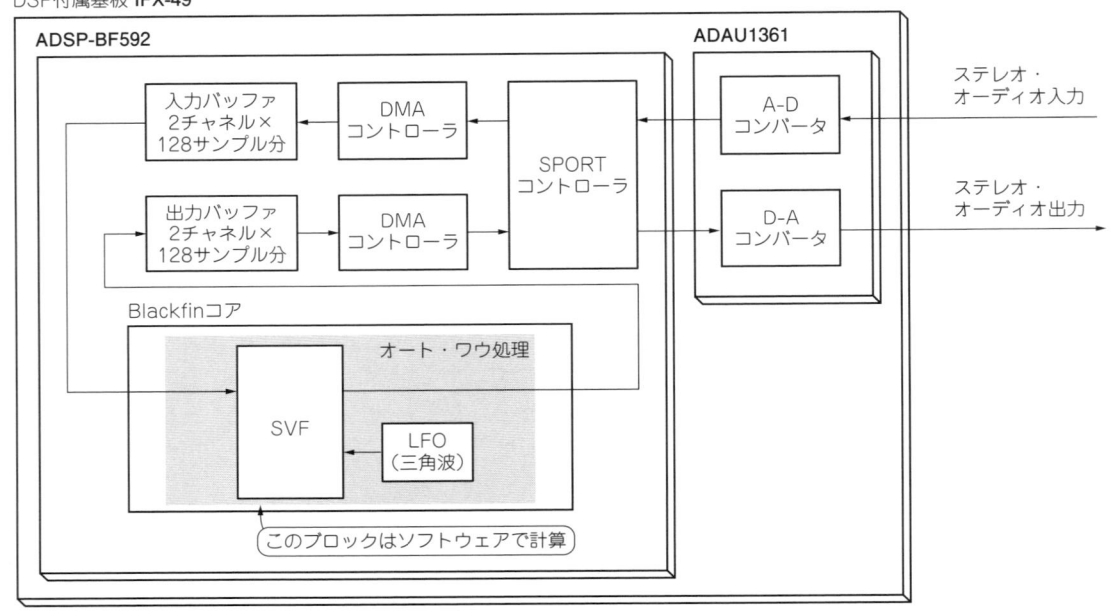

図9 DSP付属基板でのワウ・プログラムの信号フロー

今回は，一般的なギターの周波数範囲が82Hz（6弦開放弦）～1175Hz（1弦22フレット）なので，100～1200Hzまで変化させます．また，ゆったり変化させたいので，2Hzの周期で変化させます．正弦波で変化させると，**図7**のように，650Hzを中心として，100～1200Hzの間で揺れます．このまま正弦波として変化させてもよいのですが，ギター・エフェクタという特性上，少し変わった変化となるよう，今回は**図8**のように三角波で実装してみます．

DSP付属基板に**図9**のように処理を実装します．リスト2のようにプログラムを作成します．

動かしてみる

1kHzの正弦波を入力し，時間とともにゲインが変わればフィルタのカットオフ周波数が動いていることになります．**図10**にその結果を示します．（a）～（c）のようにゲインが変化しています．

リスト2　三角波で変数を変化させた完成版ワウ・プログラム

```c
struct svf_state
{
  int32_t f;
  int32_t q;
  int32_t low;
  int32_t high;
  int32_t band;
  int32_t notch;
  int32_t z1;
  int32_t z2;
};
struct eft_autowah_t
{
  struct svf_state svf_state[2];
  int32_t cutoff; /* カットオフ周波数．Q17.15 */
  int32_t updown;
};
struct eft_autowah_t s_autowah;

/* 設定 */
#define EFT_AUTOWAH_FREQ_LOW    (200)
#define EFT_AUTOWAH_FREQ_HIGH   (2000)
#define EFT_AUTOWAH_FREQ_SPEED  (2)   /* Hz */
#define EFT_AUTOWAH_FREQ_DELTA ¥
  FLOAT_TO_Q15((float)((EFT_AUTOWAH_FREQ_HIGH
 - EFT_AUTOWAH_FREQ_LOW) * EFT_AUTOWAH_FREQ_SPEED * 2)
                                / (float)SAMPLING_RATE))

/* Sineを算出 (Visual DSP++ HELPのsin_fr16参照) */
int16_t sin2pi_fr16(int16_t x)
{
  if(x < 0x2000) /* <0.25 */
  {
    /* first quadrant [0..π/2]: */
    /* sin_fr16([0x0..0x7fff]) = [0..0x7fff]  */
    return sin_fr16(x * 4);
  }
  else if(x == 0x2000) /* = 0.25 */
  {
    return 0x7FFF;
  }
  else if(x < 0x6000) /* < 0.75 */
  {
    /* if (x < 0x4000) */
    /* second quadrant [π/2..π]: */
    /* -sin_fr16([0x8000..0x0]) = [0x7fff..0] */

    /* if (x < 0x6000) */
    /* third quadrant [π..3/2π): */
    /* -sin_fr16([0x0..0x7fff]) = [0..0x8000) */
    /* ※gccの場合，引数をint16_tへの明示的な変換が必要 */
    return -sin_fr16((int16_t)((0xC000 + x) * 4));
  }
  else
  {
    /* fourth quadrant [3/2π..2π): */
    /* sin_fr16([0x8000..0x0)) = [0x8000..0) */
    /* ※gccの場合，引数をint16_tへの明示的な変換が必要 */
    return sin_fr16((int16_t)((0x8000 + x) * 4));
  }
}

static void svf_init(struct svf_state* state, int32_t
cutoff)
{
  /* 注意:cutoffはQ17.15 */
  state->f = 2 * (sin2pi_fr16((cutoff / (int32_t)
(SAMPLING_RATE * 2)) & 0x7FFFU) << (FIXED_POINT_
DECIMAL - 15));
  state->q = FLOAT_TO_Q24(0.5);  /* 0～2の範囲で設定 */
}

/* State Variable Filterを計算 */
static void svf_filter(struct svf_state* p_state,
                                     int32_t input)
{
  int32_t l_f = p_state->f;
  int32_t l_q = p_state->q;
  int32_t l_low;
  int32_t l_high;
  int32_t l_band;
  int32_t l_notch;
  int32_t l_z1 = p_state->z1;
  int32_t l_z2 = p_state->z2;

  // L = D2 + F1 * D1
  l_low  = add_fr32(l_z2, mult_fr32(l_f, l_z1));
  // H = Q1*I - L - Q1*D1
  l_high = sub_fr32(sub_fr32(mult_fr32(l_q, input),
                   l_low), mult_fr32(l_q, l_z1));
  // B = F1 * H + D1
  l_band = add_fr32(mult_fr32(l_f, l_high), l_z1);
  // N = H + L
  l_notch = add_fr32(l_high, l_low);

  // D1 = B
  p_state->z1 = l_band;
  // D2 = L
  p_state->z2 = l_low;

  p_state->low   = l_low;
  p_state->high  = l_high;
  p_state->band  = l_band;
  p_state->notch = l_notch;
}

static void auto_wah(const int32_t* p_rxbuf[2],
int32_t* p_txbuf[2])
{
  int32_t l_lc;

  for(l_lc = 0; l_lc < NUM_SAMPLES; l_lc++)
  {
    /* L channel */
    svf_init(&s_autowah.svf_state[0],
                                 s_autowah.cutoff);
    svf_filter(&s_autowah.svf_state[0],
                                 p_rxbuf[0][l_lc]);
    p_txbuf[0][l_lc] = s_autowah.svf_state[0].band;

    /* R channel */
    svf_init(&s_autowah.svf_state[1],
                                 s_autowah.cutoff);
    svf_filter(&s_autowah.svf_state[1],
                                 p_rxbuf[1][l_lc]);
    p_txbuf[1][l_lc] = s_autowah.svf_state[1].band;

    /* フィルタ周波数変更 (三角波) */
    if(0 == s_autowah.updown)
    {
      s_autowah.cutoff += EFT_AUTOWAH_FREQ_DELTA;
      if(s_autowah.cutoff >=
                FLOAT_TO_Q15(EFT_AUTOWAH_FREQ_HIGH))
      {
        s_autowah.cutoff =
                FLOAT_TO_Q15(EFT_AUTOWAH_FREQ_HIGH);
        s_autowah.updown = 1;
      }
    }
    else
    {
      s_autowah.cutoff -= EFT_AUTOWAH_FREQ_DELTA;
      if(s_autowah.cutoff <=
                 FLOAT_TO_Q15(EFT_AUTOWAH_FREQ_LOW))
      {
        s_autowah.cutoff =
                 FLOAT_TO_Q15(EFT_AUTOWAH_FREQ_LOW);
        s_autowah.updown = 0;
      }
    }
  }
}
```

(a) 任意の時間に入力

(b) (a)から200ms後

(c) (b)から100ms後

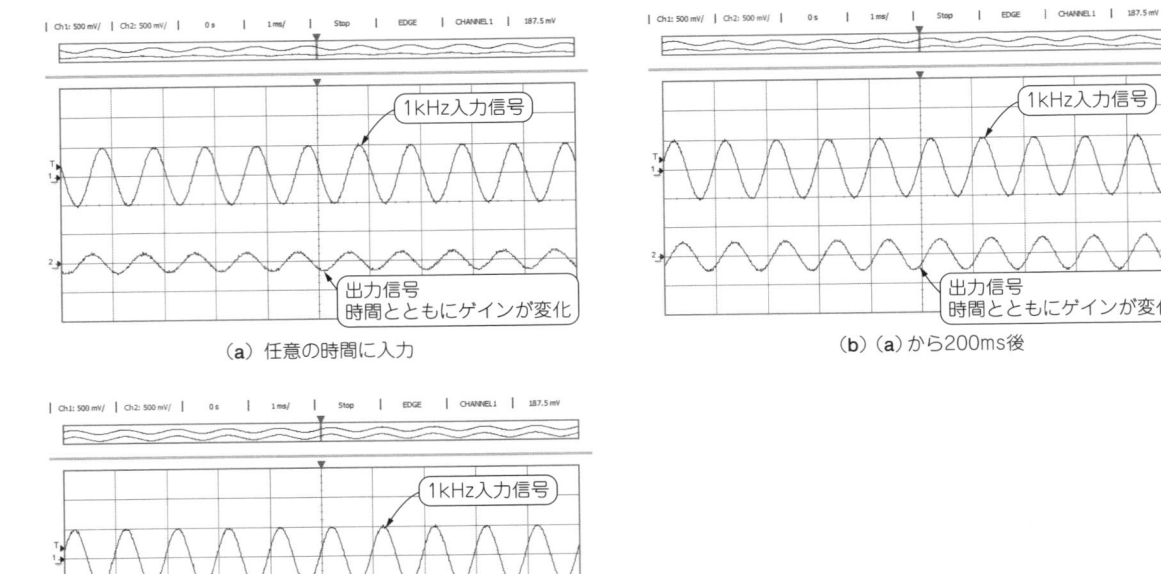

図10 作成したワウ・プログラムに1kHzの正弦波を入力して動かしてみた

第16章 アセンブラ命令で高速クリップ！オーディオでは使わない「ひずみ」に挑戦

ゲインを過剰に上げてフィルタでなめらかに！ディストーション

こんな信号処理

● オーディオでは使われないひずみエフェクト！

ディストーションは，ギターの信号をあえて歪ませて厚みのある音を作るエフェクタです．図1のようにロックやメタルといった曲では頻繁に使われます．音の信号を忠実に録音・再生するためのオーディオ機器にはない機能で，ギターなどの楽器やシンセサイザのために，あえて歪んだ音を作り出すのです．

● 入力波形を増幅しまくってカットする

ディストーションの原理は簡単です．図2のように，入力信号を大きく増幅させ，一定の値で信号をカットします．この波形の上下を一定の値でカットすることをクリップといい，ディストーションの要となります．また，ゲインを高くするほど，クリップする大きさを小さくするほど歪が大きくなり，ディストーションとしての効果が高くなります．

● アナログで作るディストーションの場合は…

OPアンプを使ったアナログ・ディストーションを作ってみたことはあるでしょうか．その回路は，図3のように，OPアンプのフィードバックに2本のダイオードが挿入された構造です．OPアンプで増幅しま

（a）エフェクトなし　　（b）ディストーション

図1　わざと歪ませるギター用エフェクト「ディストーション」

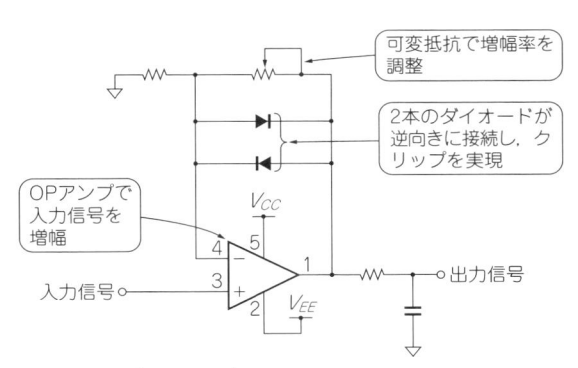

図3　アナログ回路でのディストーション

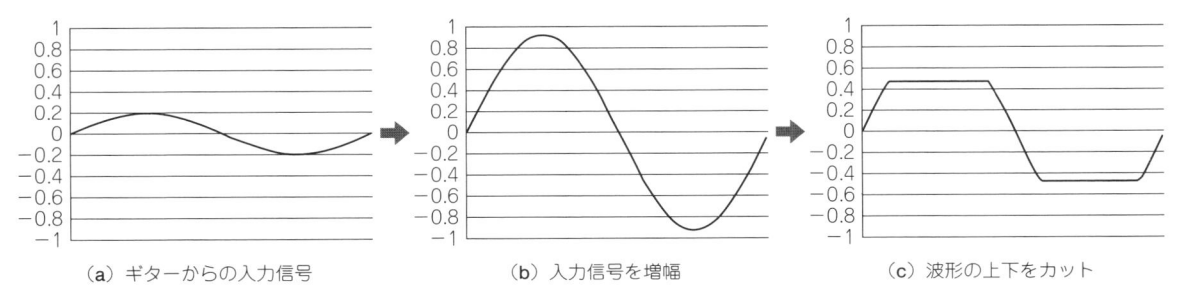

（a）ギターからの入力信号　　（b）入力信号を増幅　　（c）波形の上下をカット

図2　信号を増幅させてわざとカットして歪みを作る…ディストーションの原理

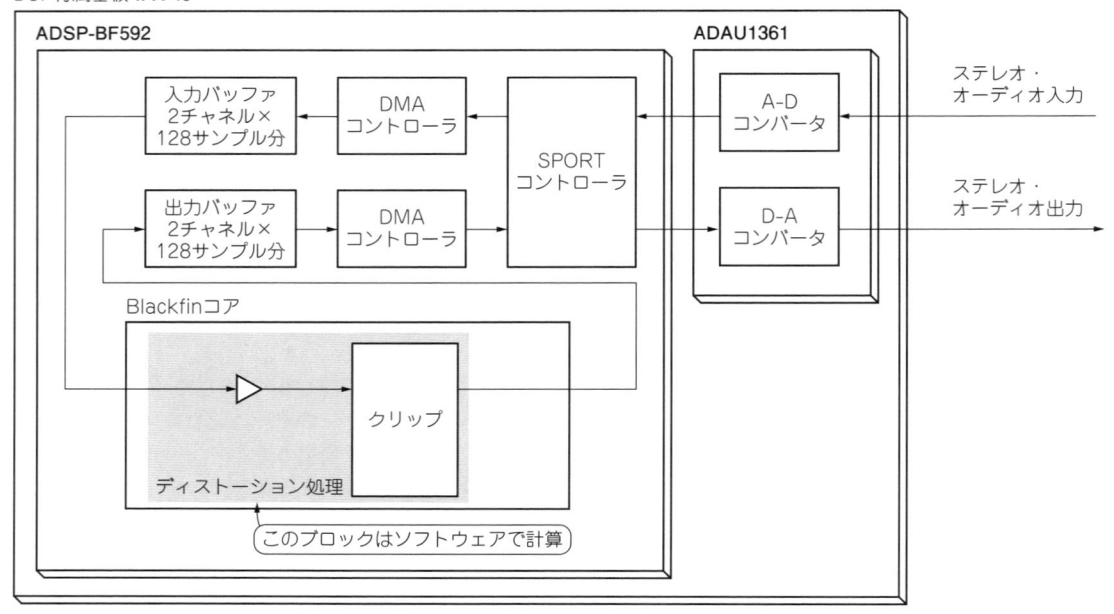

図4 DSP付属基板でディストーションを作ってみる

すが，可変抵抗（POT）を回すことでフィードバックの抵抗値を変え，増幅率を変化させられます．また，ダイオードが波形の上下をカット（クリップ）し，歪を作り出しています．この回路に相当する機能をプログラムで実現してみます．

プログラム

● 原理をそのままプログラムにしてみる

DSP付属基板でディストーションを作るときの構成を図4に示します．シンプルなディストーションを作る場合，他のエフェクタのように複雑な計算はありません．リスト1のたった3行のコードで終わってしまいます．

● アセンブラ命令maxとminを使用してプログラムを最適化

プログラム中，max_fr32とmin_fr32という関数を使用し，クリップを実現しています．max_fr32は，2個の引き数を比較し，大きな値を戻り値として返し，min_fr32は2個の引数を比較し，小さな値を戻り値として返します．if文で記述するとリスト2，リスト3のようになります．

これらはBlackfinプロセッサのMAXとMINというアセンブラ命令を使っており，1命令でif文での大小

リスト1 ディストーションの処理はたったの3行で済む

```
/* ディストーションのゲインを定義 */
#define OUTPUT_GAIN    FLOAT_TO_FRACT(8)
/* プラス側のクリップの値を定義 */
#define CLIP_POS       FLOAT_TO_FRACT(0.5)
/* マイナス側のクリップの値を定義 */
#define CLIP_NEG       FLOAT_TO_FRACT(-0.5)
int32_t distortion(int32_t input)
{
    int32_t data;

    data = mult_fr32(OUTPUT_GAIN, input);   ← 入力データを増幅
    data = min_fr32(CLIP_POS, data);        ← 波形をクリップ（上側）
    data = max_fr32(CLIP_NEG, data);        ← 波形をクリップ（下側）

    return data;
}
```

リスト2 アセンブラ命令MAXは大きな値を戻り値として返す

```
int32_t max_fr32(int32_t a, int32_t b)
{
    if(a >= b)
        return a;
    else
        return b;
}
```

リスト3 アセンブラ命令MINは小さな値を戻り値として返す

```
int32_t min_fr32(int32_t a, int32_t b)
{
    if(a <= b)
        return a;
    else
        return b;
}
```

(a) ＋側

min_fr32により，0.5以上の場合は0.5で固定され，山がカットされる

(b) －側

max_fr32により，－0.5以上の場合は－0.5で固定され，山がカットされる

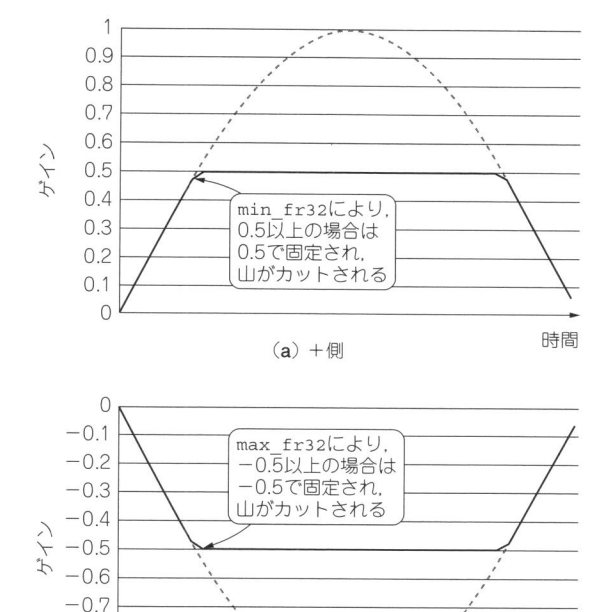

図5 クリップさせてみる波形のイメージ

比較をせずに値を取得できるので，便利な命令です．

この関数を使って波形の山を0.5の値でクリップする場合，min_fr32を使用して，常に小さい値を返すようにします．すると，0.5以下の値の場合は信号の値そのままを返し，0.5を超える値は0.5で固定され，図5のように山がカットされた波形になります．

● 実行してみる

このプログラムに正弦波を入力し，クリップされた波形となるか確認します．すると，図6のようにクリップできています．

改造する

● ディジタルならでは！クリップする値の調整ができる

OPアンプを使ったディストーションでは，ダイ

リスト4 非対称クリップを試すのもプログラムなら簡単

```
/* プラス側のクリップの値を定義 */
#define CLIP_POS      FLOAT_TO_FRACT(0.3)
/* マイナス側のクリップの値を定義 */
#define CLIP_NEG      FLOAT_TO_FRACT(-0.6)
```

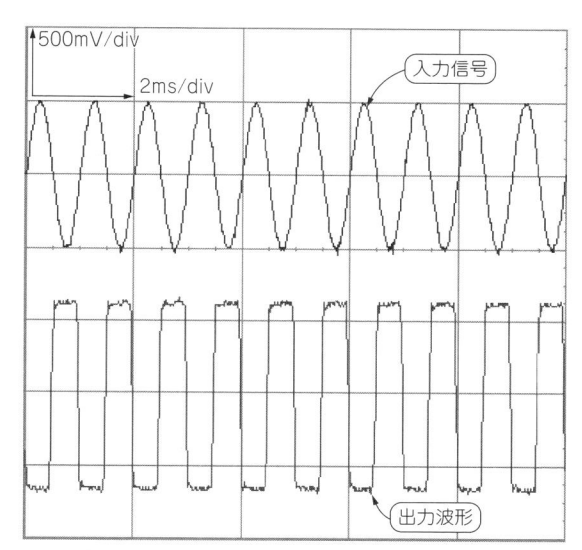

図6 ディストーション・プログラムで出力した波形

オードを使ってクリップする電位を決めていますが，この電位はダイオードの特性により決まってしまいます．クリップはディストーションの要になりますから，ダイオードの種類を変更したり，ダイオードの代わりにLED，MOSFETを使ったりして調整することで音を変えることができます．しかし，音を比較するために部品を交換するのは何かと面倒です．

ディジタルの場合，数字を変えるだけで微調整ができますので，いろいろとクリップの値を変えて好みの音を作り出してみましょう．

例えば，リスト4のようにクリップする値の定義を変えると，アナログ・ディストーションでよく使われるダイオードを3個使う図7に示す非対称クリップも簡単に作成できます．非対称クリップは図8のような波形です．ぜひ，ギター音を聞き比べてみて下さい．

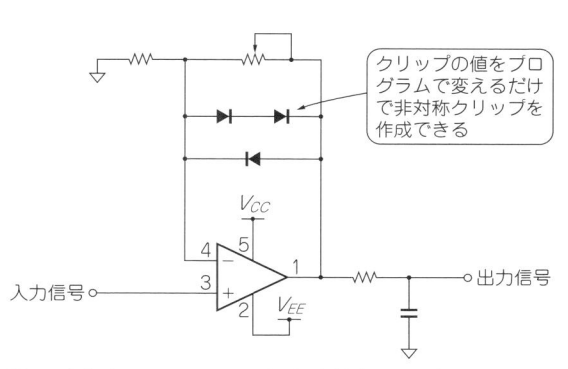

図7 改造ディストーションの定番！非対称クリップ回路

改造する 119

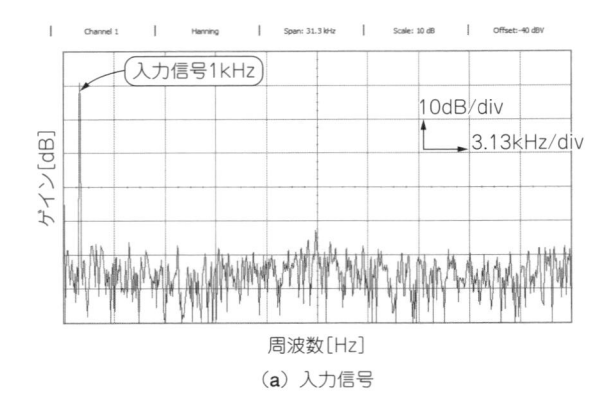

図9 エレキ・ギターを弾いて信号を入力してFFT波形を調べてみた

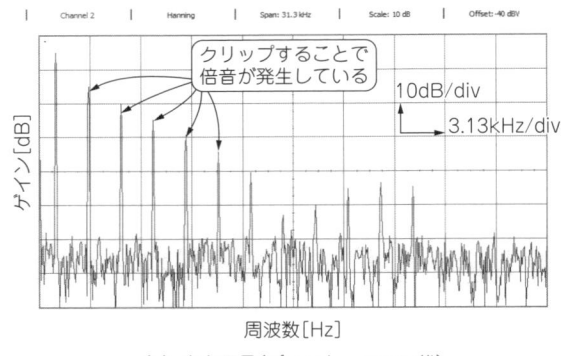

（a）入力信号 — 入力信号1kHz, 10dB/div, 3.13kHz/div

（b）出力信号（ディストーション後） — クリップすることで倍音が発生している, 10dB/div, 3.13kHz/div

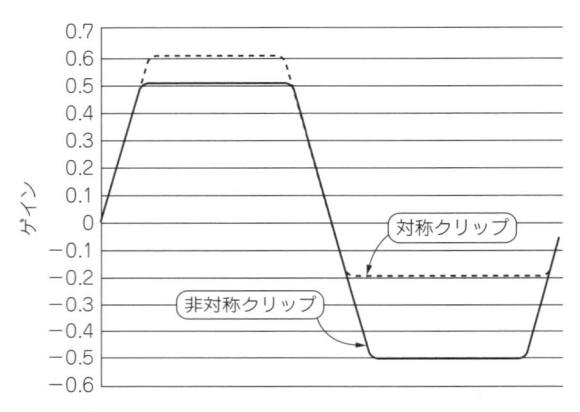

図8 非対称クリップはカットされるゲインが＋と－で異なる

● よりGoodに！フィルタを使って倍音をなめらかにする

▶気持ちよさの敵！倍音が発生している

クリップすることでディストーションらしい音を作り出しますが，ギターで弾いて音を出すと，意外と不快な高域音が聞こえてきます．お世辞にもいい音とは言えません．

これをオシロスコープのFFT機能を使用して，スペクトラムを確認すると，図9のようにクリップすることで倍音が発生しています．倍音とは基音（入力信号）の2倍，3倍，4倍…，と整数倍された周波数を指します．これがディストーションの音の正体ですが，倍音が大きすぎると，高音が強調され過ぎて，逆に不快な音になります．

▶倍音殺し！基本のディジタル・フィルタで抑制する

不快な音になってしまっては意味がありませんの

コラム1　歪み系エフェクトの分類

ディストーション・ペダルの例を**写真A**に示します．

歪み系エフェクタの分類には，ディストーションの他に，オーバードライブ，ファズと，3種類に分かれていますが，原理的に大きく違いがあるわけではありません．歪の作りだす回路や，歪の大きさで呼び方が変わったり，メーカによっても定義が違うケースがありますが，ここではすべてディストーションとして定義します．

写真A ディストーションやオーバードライブはロック／メタルで必須のギター用エフェクター

（a）ディストーション BOSS DS-2（ローランド）

（b）オーバードライブ／ディストーションの2回路を搭載BOSS OS-2（ローランド）

リスト5　移動平均フィルタを追加してディストーションを改良する

```c
/* ディストーションのゲインをを定義 */
#define OUTPUT_GAIN    FLOAT_TO_FRACT(8)
/* プラス側のクリップの値を定義 */
#define CLIP_POS       FLOAT_TO_FRACT(0.5)
/* マイナス側のクリップの値を定義 */
#define CLIP_NEG       FLOAT_TO_FRACT(-0.5)
/* 移動平均フィルタのタップ数を定義 */
#define NUM_SMA_TAP    16
/* 移動平均フィルタの遅延器数を定義 */
#define NUM_DELAY      (NUM_SMA_TAP - 1)
/* 遅延器を定義 */
static int32_t d[NUM_DELAY];

static int32_t sma_filter(int32_t input_data)
{
    int32_t average;
    int32_t lc;
    /* 入力データを1/16にする */
    input_data /= NUM_SMA_TAP;
    /* 入力データと遅延器の全データを加算し、平均を算出 */
    average = 0;
    for(lc = 0; lc < NUM_DELAY; lc++)
    {
        average += d[lc];
    }
    average += input_data;

    /* 遅延器に保存する */
    for(lc = (NUM_DELAY - 1); lc > 0; lc--)
    {
        d[lc] = d[lc - 1];
    }
    d[0] = input_data;

    return average;
}

int32_t distortion(int32_t input)
{
    int32_t data;

    data = mult_fr32(OUTPUT_GAIN, input);
    data = min_fr32(CLIP_POS, data);
    data = max_fr32(CLIP_NEG, data);
    data = sma_filter(data);

    return data;
}
```

で，倍音を少し抑えるために，クリップした後に簡単なフィルタを入れて倍音を抑制します．フィルタは何でもよいのですが，フィルタの効きが強すぎると逆に倍音が消えてしまうので，今回はリスト5のように簡単な移動平均フィルタで試します．

フィルタを入れることで図10のように倍音が少し消え，正弦波に近くなりました．これもFFTによるスペクトラムを図11，図12のように確認してみます．

ギターを弾いて音を確認すると，市販のディストーションのような音に近くなりました．

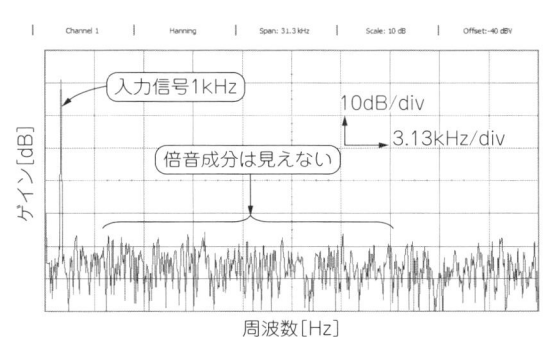

図11　フィルタのみを動かしてギター信号を入力したものをFFTしてみた

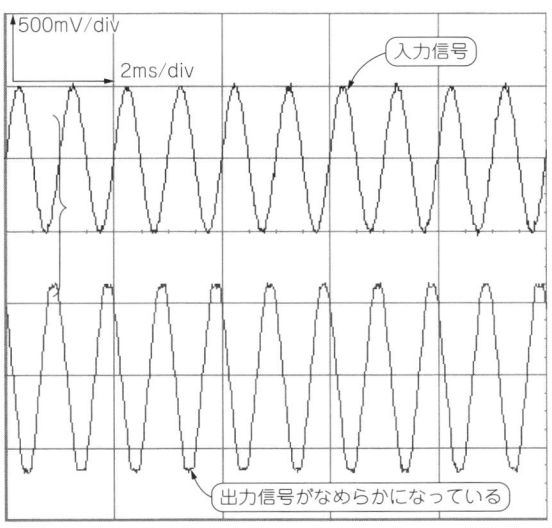

図10　改良したディストーションの出力は倍音がいい感じに消えている

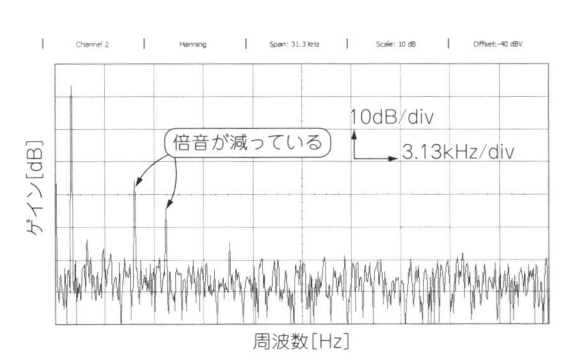

図12　フィルタ追加後の改良ディストーションにギター音を入力しFFTしてみた

第17章 オート・ワウ/ディストーション/リバーブの3段構成！パソコンからパラメータを調整できる

音の特性を可変！マルチエフェクタに挑戦

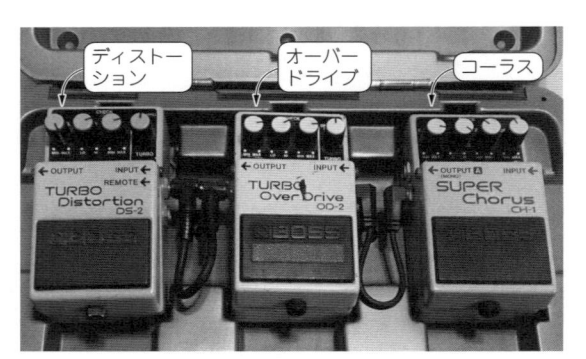

写真1 ギター・エフェクタは組み合わせて使うことが多い

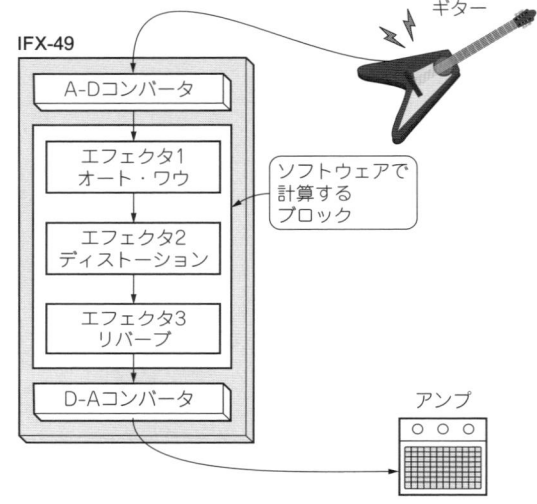

図2 3種類のエフェクタをそのまま連結してみる

● パラメータ変え放題の連結エフェクタ

写真1のようにエフェクタを連結すると，複数のエフェクトを重ねることができます．これと同じように，今まで作成したプログラムを連結することで，マルチエフェクタを作ることができます．今回は，ギター用に今まで作成したエフェクタをつなげて，パソコンから操作する図1（p.123）のようなマルチエフェクタを作成してみます．各プログラムのフィルタ係数などは可変できるように改造し，自分好みの音を直観的に作れるようにしてみます．

ステップ1…そのまま連結してみる

● 入力をLチャネルだけの楽器用に改造して処理を軽くしておく

今まで作成したオート・ワウ，ディストーション，リバーブのソースコードをそのまま連結すると，図2のような形になります．

リスト1（p.124）に連結後のプログラムを示します．

マルチエフェクタは楽器用なので，各エフェクトはモノラル処理に修正し，Rチャネルはしチャネルと同じデータを出力するよう変更しました．

● 各エフェクトの出力を格納する引数を直しておく

各エフェクトを連結した場合，最初のオート・ワウだけA-Dコンバータの入力データであるp_rxbufを引数に取りますが，それ以降は，エフェクトの出力結果を格納しているp_txbufを引数に変更します．

たったこれだけの修正で簡易マルチエフェクタのできあがりです．

ステップ2…使いやすく改造する

● エフェクトのパラメータを変えられるようにする

上述のソースコードでは形としてはマルチエフェクタですが，各エフェクトのパラメータが固定値なので，使い勝手が良くありません．設定を変更する場合，いちいちビルドとプログラムをしなくてはならず，これでは面倒です．そこで，IFX-49用のプログ

図1 ソフトウェア・エフェクタを連結してマルチ化する

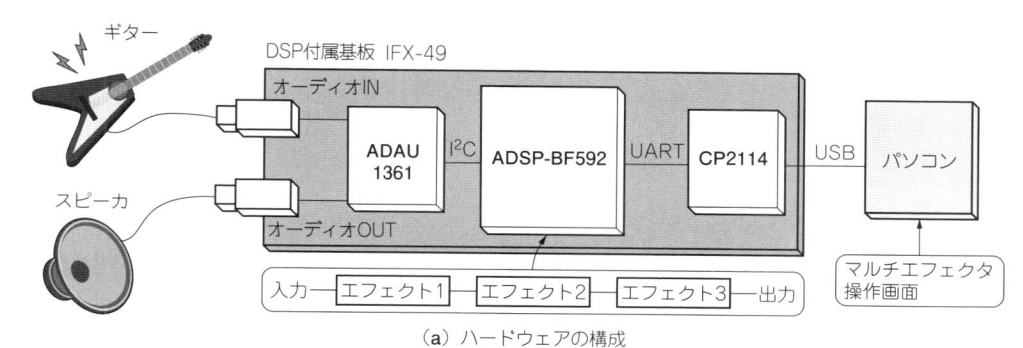

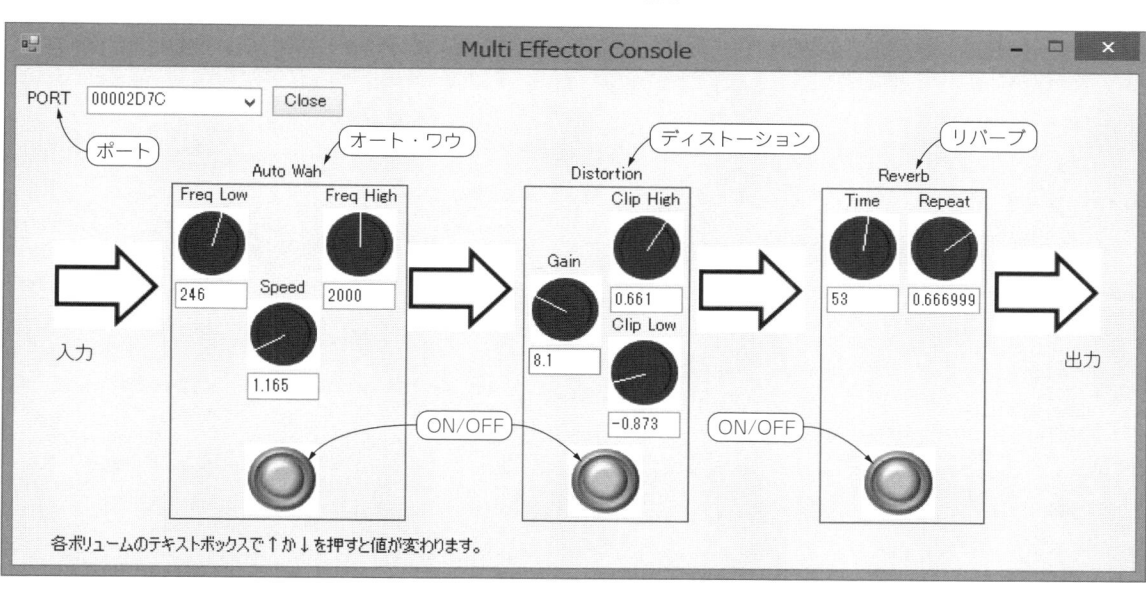

(a) ハードウェアの構成

(b) Windows用操作画面

ラムにさらに手を加えて，エフェクト用のパラメータを可変できるようにします．

また，第9章で作成したグラフィック・イコライザのように，パソコンで操作パネルを作成し，UARTでパラメータのデータを送ることにします．IFX-49には操作用のボリュームがないためにパソコンを操作パネルとするのです．

● IFX-49用プログラム…パラメータを変数に改造する

ここまでのプログラムでは，パラメータはマクロで定義していたため固定値でした．固定値では動作中にパラメータの変更ができないため，これを変数に変更します．

パソコンからのUARTデータを受信したら，エフェクト処理に反映させます．ここでは，オート・ワウを例に次のパラメータを変数に変更します．

- フィルタの中心周波数の最低値
  #define EFT_AUTOWAH_FREQ_LOW
- フィルタの中心周波数の最高値
  #define EFT_AUTOWAH_FREQ_HIGH
- フィルタの中心周波数の変化スピード
  #define EFT_AUTOWAH_FREQ_SPEED

最初に，**リスト2**のようにオート・ワウのON/OFFスイッチおよび，3種のノブの情報を保存できる変数を追加します．

信号処理を行う関数も**リスト3**(p.125)のように変更します．オート・ワウの場合，フィルタの中心周波数を示すfreq_highとfreq_lowおよび，フィルタ変化スピードを示すfreq_deltaに置き換えます．

リスト4に，UARTで受信したデータを，パラメータのための変数に格納する部分を示します．パソコンからのパラメータ・データは，汎用性を高めるため浮動小数点で送信しているため，固定小数点形式に変換して格納します．

リスト1 三つのエフェクト・プログラムをつなげて1個のプログラムにする

```
/* オート・ワウ                                      */
struct svf_state
{
  中略
};
struct eft_autowah_t
{
  中略
};
struct eft_autowah_t s_autowah;
/* 設定 */
  中略
/* sinを算出（Visual DSP++ HELPのsin_fr16参照） */
int16_t sin2pi_fr16(int16_t x)
{
  中略
}
static void svf_init(struct svf_state* state,
                                  int32_t cutoff)
{
  中略
}
/* State Variable Filterを計算 */
static void svf_filter(struct svf_state* p_state,
                                  int32_t input)
{
  中略
}                    ← モノラル用に関数の定義を変更
static void auto_wah(const int32_t* p_rxbuf,
                                  int32_t* p_txbuf)
{                          ← Rチャネルの処理を削除
  int32_t l_lc;
  for(l_lc = 0; l_lc < NUM_SAMPLES; l_lc++)
  {
    /* L チャネル */  ← Rチャネルの処理を削除
    svf_init(&s_autowah.svf_state, s_autowah.cutoff);
    svf_filter(&s_autowah.svf_state, p_rxbuf[l_lc]);
    p_txbuf[l_lc] = s_autowah.svf_state.band;
    /* フィルタ周波数変更（三角波） */
      中略
  }
}

/* ディストーション                                 */
  中略
static int32_t s_sma_lbuf[NUM_SMA_DELAY];
static void sma_filter(const int32_t* p_rxbuf,
                                  int32_t* p_txbuf)
{
  中略
}                    ← モノラル用に関数の定義を変更
static void distortion(const int32_t* p_rxbuf,
                                  int32_t* p_txbuf)
{
  int32_t l_lc;
  int32_t l_x;
```

```
  for(l_lc = 0; l_lc < NUM_SAMPLES; l_lc++)
  {
    /* L チャネル */  ← Rチャネルの処理を削除
    l_x = mult_fr32(OUTPUT_GAIN, p_rxbuf[l_lc]);
    l_x = min_fr32(CLIP_POS, l_x);
    l_x = max_fr32(CLIP_NEG, l_x);
    p_txbuf[l_lc] = l_x;
  }
}

/* リバーブ                                         */
  中略
/* 遅延時間を確保するためディレイ・バッファは16ビットで定義 */
static int16_t s_delay_buf[DELAY_BUF_SIZE];
static int32_t s_delay_buf_idx = 0;
static void reverb(const int32_t* p_rxbuf,
                                  int32_t* p_txbuf)
{                          ← モノラル用に関数の定義を変更
  int32_t l_lc;
  int32_t l_x;
  for(l_lc = 0; l_lc < NUM_SAMPLES; l_lc++)
  {
    /* Lチャネル */  ← Rチャネルの処理を削除
    中略
    s_delay_buf_idx = (s_delay_buf_idx
                            + 1) % DELAY_BUF_SIZE;
  }
}
/* 本体                                             */
void codec_audio_process(const int32_t* p_rxbuf[2],
                                  int32_t* p_txbuf[2])
{
  int32_t l_lc;
  /* 基板のスイッチを押すたびにフィルタON/OFFを切り替え */
  if(mode == 0)
  {
    /* オート・ワウを実行 */
    auto_wah(p_rxbuf[0], p_txbuf[0]);
    /* ディストーションを実行 */
    distortion(p_txbuf[0], p_txbuf[0]);   ← オート・ワウの結果に対してディストーションを実行
    sma_filter(p_txbuf[0], p_txbuf[0]);
    /* リバーブを実行 */
    reverb(p_txbuf[0], p_txbuf[0]);   ← ディストーションの結果に対してリバーブをかける
    /* RチャネルはLと同じデータを出力 */
    for(l_lc = 0; l_lc < NUM_SAMPLES; l_lc++)
    {
      p_txbuf[1][l_lc] = p_txbuf[0][l_lc];
    }
  }
  else
  {
    /* バイパス */
      中略
  }
}
```

リスト2 オート・ワウのON・OFFスイッチと3種のノブ情報を追加する

```
struct eft_autowah_t
{
  struct svf_state svf_state;
  int32_t cutoff;  /* カットオフ周波数．Q17.15 */
  int32_t updown;
  /* スイッチ情報 */
  int32_t effect_enable;   ← パラメータの変数を追加
  /* ノブ情報 */
  int32_t freq_low;
  int32_t freq_high;
  int32_t freq_delta;
};
```

● パソコンのソフトウェア

パソコン側のソフトウェアは，Visual Studio 2008でC#で作成しました．わかりやすいように市販のエフェクタ・ペダルに似せて，ポテンショメータとON/OFFスイッチを配置しました．各ノブ（ツマミ）の下のテキスト・ボックスにカーソルを合わせ，キーボードの矢印キー（↑と↓）で値が上下します．

各パラメータは用途によって値の範囲がさまざまであり，固定小数点では規定が困難なので，浮動小数点形式で定義し，一定時間ごとにIFX-49に送信しています．

リスト3 オート・ワウの信号処理パラメータも可変できるように変数にする

```c
static void auto_wah(const int32_t* p_rxbuf,
                                  int32_t* p_txbuf)
{
  int32_t l_lc;

  if(s_autowah.effect_enable != 0)
  {
    for(l_lc = 0; l_lc < NUM_SAMPLES; l_lc++)
    {
      /* L チャネル */
      svf_init(&s_autowah.svf_state,
                                  s_autowah.cutoff);
      svf_filter(&s_autowah.svf_state,
                                  p_rxbuf[l_lc]);
      p_txbuf[l_lc] = s_autowah.svf_state.band;
      /* フィルタ周波数変更 (三角波) */
      if(0 == s_autowah.updown)
      {                                       ┌─ マクロを変数に変更
        s_autowah.cutoff += s_autowah.freq_delta; ←
        if(s_autowah.cutoff >= s_autowah.freq_high) ←
        {
          s_autowah.cutoff = s_autowah.freq_high;
          s_autowah.updown = 1;
        }
      /* 修正前のコード
        s_autowah.cutoff += EFT_AUTOWAH_FREQ_DELTA;
        if(s_autowah.cutoff >=
                       FLOAT_TO_Q15(EFT_AUTOWAH_FREQ_
                                                HIGH))
        {
          s_autowah.cutoff =
                       FLOAT_TO_Q15(EFT_AUTOWAH_FREQ_
                                                HIGH);
          s_autowah.updown = 1;
        }
      */
      }
      else
      {                                       ┌─ マクロを変数に変更
        s_autowah.cutoff -= s_autowah.freq_delta; ←
        if(s_autowah.cutoff <= s_autowah.freq_low) ←
        {
          s_autowah.cutoff = s_autowah.freq_low;
          s_autowah.updown = 0;
        }
      /* 修正前のコード
        s_autowah.cutoff -= EFT_AUTOWAH_FREQ_DELTA;
        if(s_autowah.cutoff <=
                       FLOAT_TO_Q15(EFT_AUTOWAH_FREQ_
                                                LOW))
        {
          s_autowah.cutoff =
                       FLOAT_TO_Q15(EFT_AUTOWAH_FREQ_
                                                LOW);
          s_autowah.updown = 0;
        }
      */
      }
    }
  }
  else
  {
    for(l_lc = 0; l_lc < NUM_SAMPLES; l_lc++)
    {
      p_txbuf[l_lc] = p_rxbuf[l_lc];
    }
  }
}
```

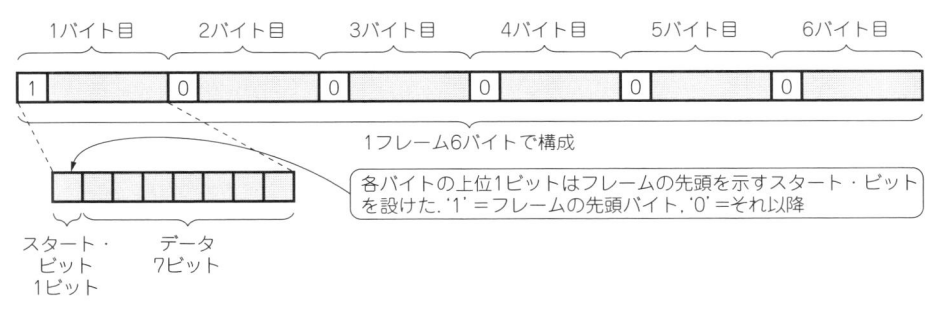

図3 パソコンから送るデータ形式は6バイトを1フレームとする

1フレーム6バイトで構成。各バイトの上位1ビットはフレームの先頭を示すスタート・ビットを設けた。'1'=フレームの先頭バイト、'0'=それ以降

スタート・ビット1ビット／データ7ビット

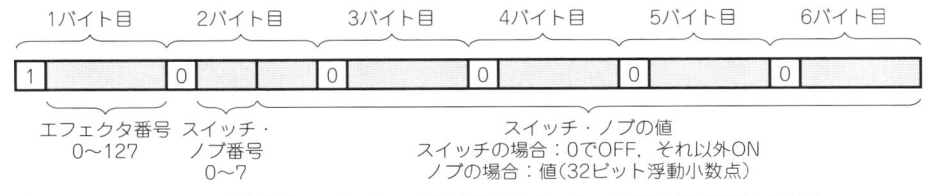

図4 1フレームにエフェクタ番号／スイッチ・ノブの番号／スイッチ・ノブの位置を格納している

- エフェクタ番号 0～127
- スイッチ・ノブ番号 0～7
- スイッチ・ノブの値
  - スイッチの場合：0でOFF，それ以外ON
  - ノブの場合：値（32ビット浮動小数点）

▶パソコンから送るデータ形式

　パソコンから送るデータは，6バイトを1フレームとして，図3のように決めました．全バイトの7ビット目にはスタートビットを設け，'1'の場合フレームの先頭を示すようにしています．DSP側では，UARTからデータを取得し，6バイト受信するごとにエフェクタパラメータ変数を更新しています．

　フレームの中には，以下の情報を図4のように入れています．

ステップ2…使いやすく改造する　125

リスト4 パソコンからUARTで受信した浮動小数点形式のデータを固定小数点形式に変換して格納する

```
case EFT_AUTOWAH:
    /* オート・ワウ */
    switch(nobno)
    {
    case EFT_SWITCH1:
        /* スイッチ */
        s_autowah.effect_enable = (int32_t)val;
        break;
    case NOB1:
        /* FREQ LOW (Q17.15) */
        s_autowah.freq_low = FLOAT_TO_Q15(val);
        break;
    case NOB2:
        /* FREQ HIGH (Q17.15) */
        s_autowah.freq_high = FLOAT_TO_Q15(val);
        break;
    case NOB3:
        /* FREQ SPEED (Q17.15) */
        s_autowah.freq_delta = (mult_fr32_q(
            s_autowah.freq_high - s_autowah.freq_low,
            FLOAT_TO_Q15(val), 15) * 2) / SAMPLING_RATE;
        break;
    }
    break;struct eft_autowah_t
{
```

※スイッチの情報はint（0かそれ以外）に変換
※ポテンショメータの情報をQ17.15に変換して変数に格納．Q値は処理の都合で変える

リスト5 パソコンから送るデータ形式をC#で記述した

```
private byte[] FloatToDataArray(float val)
{
    byte[] l_float = BitConverter.GetBytes(val);
    uint l_vali = ((uint)l_float[3] << 24)
                | ((uint)l_float[2] << 16)
                | ((uint)l_float[1] << 8)
                | (uint)l_float[0];
    byte[] l_rv = new byte[5];
    l_rv[0] = (byte)((l_vali >> 28) & 0x0F);
                                        // 31～28ビット
    l_rv[1] = (byte)((l_vali >> 21) & 0x7F);
                                        // 27～21ビット
    l_rv[2] = (byte)((l_vali >> 14) & 0x7F);
                                        // 20～14ビット
    l_rv[3] = (byte)((l_vali >>  7) & 0x7F);
                                        // 13～ 7ビット
    l_rv[4] = (byte)((l_vali >>  0) & 0x7F);
                                        //  6～ 0ビット
    return l_rv;
}
```

(1) エフェクタ番号（7ビット）
(2) スイッチ・ノブ番号（4ビット）
(3) スイッチ・ノブのデータ（32ビット浮動小数点）

C#で上記フレーム部分を作成したものを**リスト5**に示します．

コラム　拡張基板用マルチエフェクタの使いかた

　第18章（p.127～）で紹介している専用拡張基板「MADSP-BF592-BASE」のサンプル・プログラムを，c18_exb_multiという名前で付属CD-ROMに格納しています．

　このサンプル・プログラムは，7バンド・イコライザと，4種類のエフェクタを**図A**のように組み合わせています．エフェクタはディストーション，トレモロ，コーラス，リング・モジュレータをロータリ・エンコーダで切り替えられます．

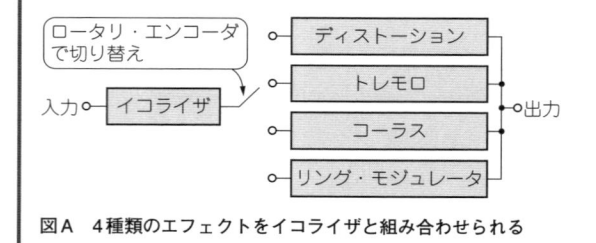

　各エフェクタのパラメータは，左側の三つのロータリ・ボリュームで**表A**のように切り替えられます．右端はマスター・ボリュームです．7バンド・イコライザは常に動作しており，スライド・ボリュームで調節します．スライド・ボリュームの右端もマスター・ボリュームとして機能しますが，これは通常はMAXで使います．

表A　サンプル・プログラムの調節項目

エフェクタの設定	ツマミ		
	左端	左から2番目	左から3番目
ディストーション	ゲイン	クリップ電圧の＋側	クリップ電圧の－側
トレモロ	周波数(RATE)	—	—
コーラス	周波数(SPEED)	DEPTH	—
リング・モジュレータ	周波数(SPEED)	—	—

図A　4種類のエフェクタをイコライザと組み合わせられる

入力→イコライザ→（ロータリ・エンコーダで切り替え）→ディストーション／トレモロ／コーラス／リング・モジュレータ→出力

第18章 ボリューム，スライド・スイッチ，ロータリ・エンコーダ，液晶，microSDスロットでパワーアップ！

持ち運び放題！専用拡張基板で作るグラフィック・イコライザ

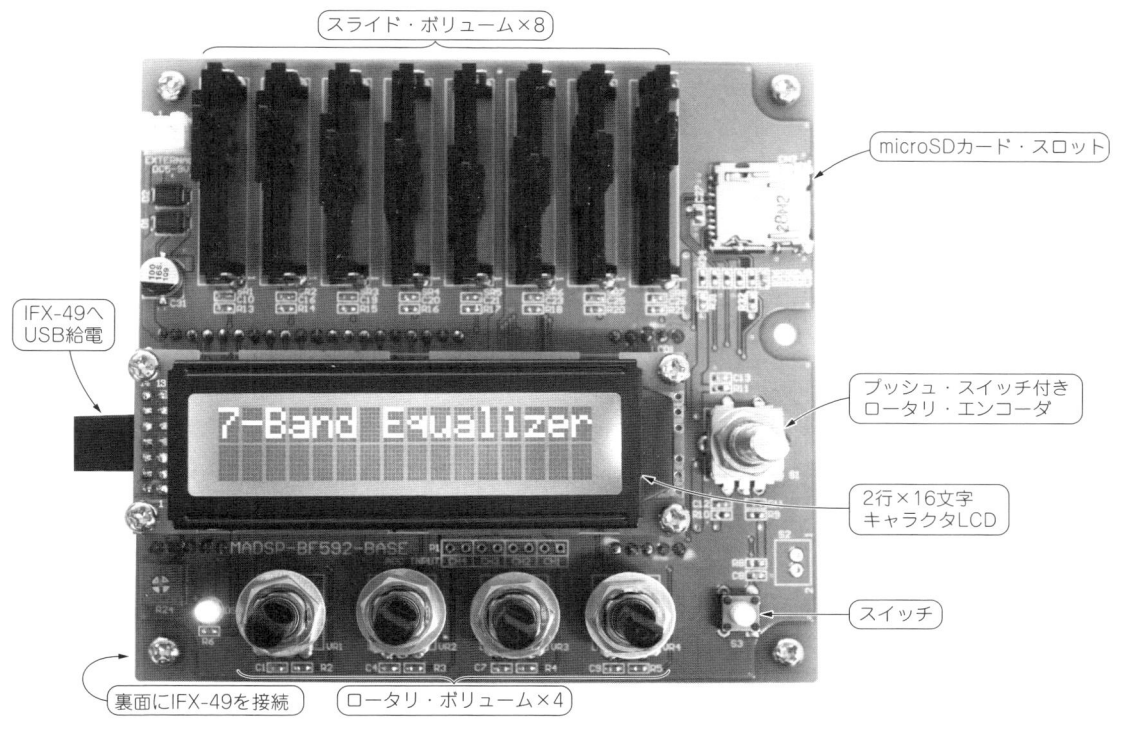

写真1 DSP付属基板IFX-49とドッキングすれば使いやすさUP！ 拡張基板MADSP-BF592-BASE
marutsuで入手できる

● 専用拡張基板でIFX-49を使いやすくしてみる

DSP付属基板IFX-49には，写真1の専用拡張基板「MADSP-BF592-BASE」が用意されています．marutsuで入手できます．

これを使うと，市販品のように使えるスタンドアロン動作のエフェクタを作れます．自分だけの音を直観的に作れるこのエフェクタにモバイル用バッテリなどを接続すれば，いつでもどこでも持ち運んで使えます．

例とするのは7バンド・グラフィック・イコライザです．信号処理の内容は第9章の31バンド・グラフィック・イコライザと同じです．スライド・ボリュームで操作できるイコライザを作り，LCD表示やロータリ・エンコーダの操作を追加してみます．A-DコンバータやLCD，ロータリ・エンコーダの関数をあらかじめ用意しました．

拡張基板の構成

● 搭載部品

拡張基板MADSP-BF592-BASEは，主に以下の部品を搭載しています．

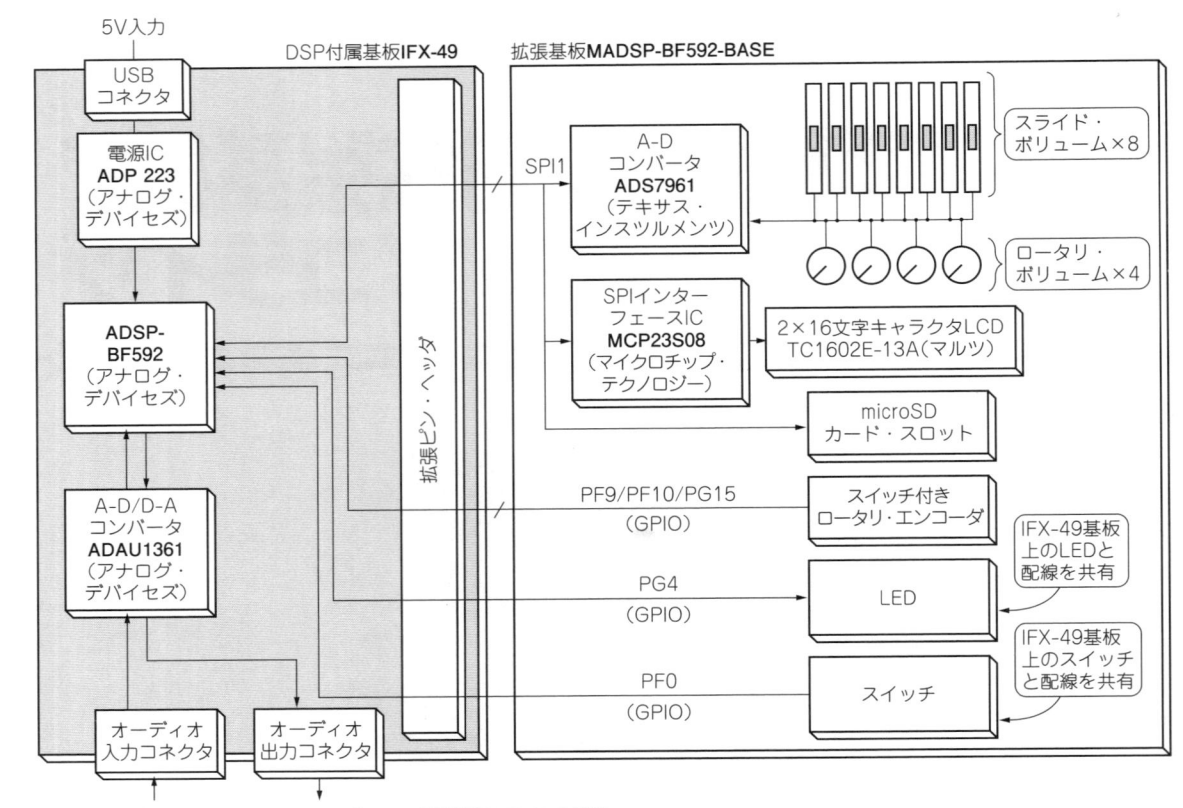

図1 拡張基板MADSP-BF592-BASEとDSP付属基板IFX-49の接続

- ボリューム用A-DコンバータIC
- 8個のスライド・ボリューム
- 4個のロータリ・ボリューム
- 1個のスイッチ付ロータリ・エンコーダ
- 2×16文字キャラクタLCD
- microSDカード・スロット
- LED（IFX-49基板のLEDと配線共有）
- スイッチ（IFX-49基板のスイッチと配線共有）

スライド・ボリュームやロータリ・ボリュームはA-DコンバータICと接続しています．

● IFX-49との接続

IFX-49との接続を図1に示します．A-Dコンバータ，キャラクタLCD，microSDカード・スロットはSPI1で，スイッチ付きロータリ・エンコーダはGPIOのPF9/PF10/PG15で，LED，スイッチはそれぞれPG4とPF0と接続しています．IFX-49の拡張ピン・ヘッダはADSP-BF592と直接接続しています．

7バンド・グラフィック・イコライザを作って試す

拡張基板には8個のスライド・ボリュームが付いています．そこで，7バンド・グラフィック・イコライ

ザ＋ボリュームを作って実験してみます．なお，グラフィック・イコライザの信号処理は第9章を参照ください．

● 製作物の構成

7バンド・グラフィック・イコライザの構成を図2に，ソフトウェアの動作を図3に示します．スライド・ボリュームは8ビットA-Dコンバータに接続されているので，SPI経由でA-Dコンバータの値を取得し，フィルタ係数である$α$, $γ$, $β$, $μ$の値を変更します．

また，スライド・ボリュームは図4のように周波数と機能を割り当てました．一番右はイコライザの機能ではなく，音量を調整します．

● スライド・ボリュームの値を取得するA-Dコンバータの仕様

A-DコンバータにはADS7961（テキサス・インスツルメンツ）を使用しています．ADS7961の仕様を表1に示します．このICを選んだのは，チャネル数が16であり，スライド・ボリュームおよびロータリ・ボリューム，拡張用のピンヘッダの数にちょうどよいためです．

スライド・ボリュームとロータリ・ボリュームの使

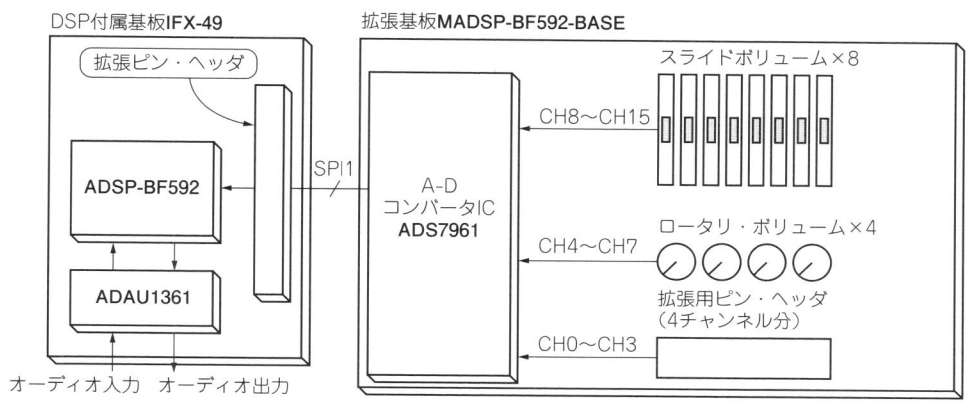

図2 作成する7バンド・グラフィック・イコライザの構成

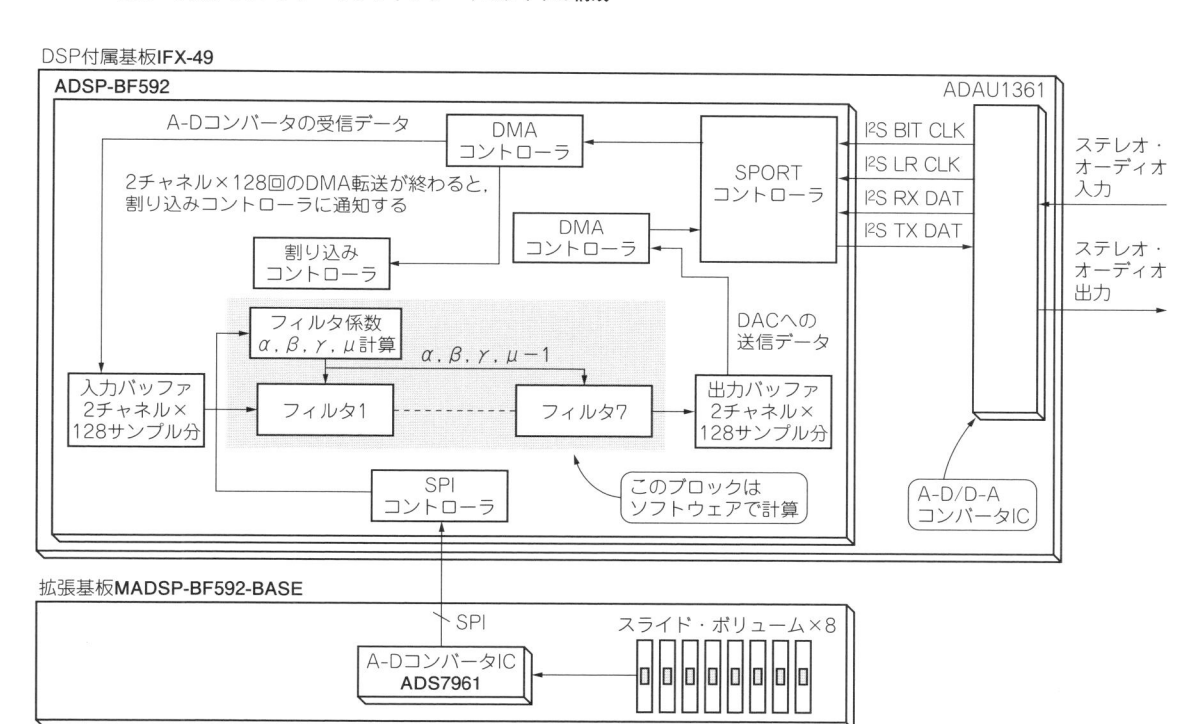

図3 作成する7バンド・グラフィック・イコライザのソフトウェア動作

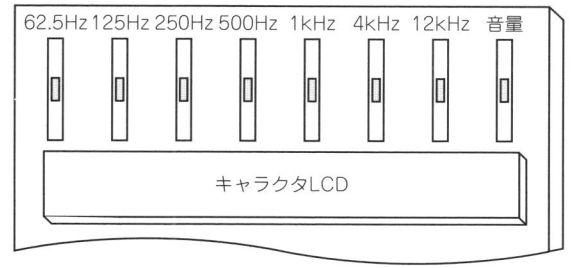

図4 スライド・ボリュームに7バンド分の周波数帯域と音量スイッチを割り当てた

表1 A-DコンバータADS7961の仕様

項目	値
入力チャネル数	16
分解能	8ビット
サンプリング・レート	最大1MHz
制御インターフェース	SPI
GPIO	4本(回路では未使用)

7バンド・グラフィック・イコライザを作って試す　129

リスト1 コンパイル時に使うMakefileに1行追加する

```
LIB += ../common/bfin_timer2.c ../common/bfin_spi1.c ../exboard/clcd.c ../exboard/exadc.c ../exboard/exgpio.c
../exboard/roenc.c ../exboard/exboard.c
```
（拡張ボードで使うBlackfinの機能を追加する）
（拡張ボード用関数のためのソースを追加しておく）

リスト2 初期化コードを追加するだけ

```
int main(void)
{
    uint8_t l_adc_val;
    int32_t l_lc;

    ifx49_init();
    exboard_init();
    clcd_puts("7-Band Equalizer");
```
（拡張基板で使用するBF592のGPIO, GPタイマ2, SPI1を初期化）
（拡張基板で使用するLCD, SPIインターフェースIC, A-Dコンバータを初期化）
（LCDに文字を出力）

リスト3 ボリュームの値を取得してフィルタ係数に反映する

```
static void equalizer(const int32_t* p_rxbuf[2],
                            int32_t* p_
txbuf[2])
{
    int32_t l_idx;
    int32_t l_band;
    int32_t l_u, l_x, l_y;

    /* スライド・ボリュームの状態取得 */
    static int32_t s_adc_ch = EXB_SV_ADC_CH0;
    if(s_adc_ch < EXB_SV_ADC_CH7)
    {
        s_gefileter_update
                    (s_adc_ch - EXB_SV_ADC_CH0,
                     exadc_data_get(s_adc_ch));
        s_adc_ch++;
    }
    else
    {
        ge_filter_vol = exadc_data_get(s_adc_ch) <<
                        (FIXED_POINT_DECIMAL - 8 + 1);
        s_adc_ch = EXB_SV_ADC_CH0;
    }
(以下略)
}
```
（GPタイマで定期的に取得しているA-Dコンバータのサンプリング値を取得）
（取得したA-Dコンバータの値からフィルタの係数を作成）
（右端のスライド・ボリューム（EXB_SV_ADC_CH7）は音量調整として機能）

表2 拡張基板用に作成したA-Dコンバータ用の関数

関数名	説明
exadc_adc_sample	A-Dコンバータからサンプリング・データを取得し，バッファに格納する．タイマからコールしているので，ユーザ・プログラムからはコール不可
exadc_data_get	取得したサンプリング・データを取得する．引数には0～15までのチャネル番号を指定．チャネル番号は表2(b)のマクロで定義してある

(a) 関数

引数	項目	ノブ・チャネル	ADCチャネル
EXB_EX_ADC_CH0	拡張ピン・ヘッダ	CH0	CH0
EXB_EX_ADC_CH1		CH1	CH1
EXB_EX_ADC_CH2		CH2	CH2
EXB_EX_ADC_CH3		CH3	CH3
EXB_POT_ADC_CH0	ロータリ・ボリューム	CH0	CH4
EXB_POT_ADC_CH1		CH1	CH5
EXB_POT_ADC_CH2		CH2	CH6
EXB_POT_ADC_CH3		CH3	CH7
EXB_SV_ADC_CH0	スライド・ボリューム（一番左）	CH0	CH8
EXB_SV_ADC_CH1		CH1	CH9
EXB_SV_ADC_CH2		CH2	CH10
EXB_SV_ADC_CH3		CH3	CH11
EXB_SV_ADC_CH4		CH4	CH12
EXB_SV_ADC_CH5		CH5	CH13
EXB_SV_ADC_CH6	（一番右）	CH6	CH14
EXB_SV_ADC_CH7		CH7	CH15

(b) exadc_data_getの引数

い方は同じです．接続されているA-Dコンバータのチャネル番号が異なるだけです．

● **A-D変換値取得＆フィルタ係数変換プログラム**

　A-Dコンバータのサンプリング・データの取得は簡単です．あらかじめ筆者が用意した開発プラットホーム用のソースコードを**リスト1**のようにMakefileに追加し，関数を使用できるようにします．
　また，main関数のループの中にボードを初期化する**リスト2**のコードを追加し，エフェクタ処理を行う関数で，ボリュームの値を取得するコードを**リスト3**のように挿入し，フィルタ係数に反映させます．

● **A-Dサンプリング値を取得する関数**

　この拡張基板用の関数を**表2**のように作成しました．A-Dコンバータのサンプリング値は，exadc_adc_read関数という関数で取得し，拡張基板用A-Dコンバータのドライバのバッファに格納します．

　この関数は，タイマで定期的にコールしています．exadc_adc_read関数を1回コールすると1チャネル分のデータを取得し，関数から戻ります．全部で16チャネルあるので，16回コールすると全チャネルのデータ取得が完了します．一度に全チャネル取得しないのは，1回のタイマでの処理時間を短くし，エフェクト処理に影響を与えないようにするためです．幸い，ボリュームのノブ位置情報は高速で取得する必要がないので，1チャネルごと取得し，処理を分散させています．また，ドライバのバッファに格納したA-Dコンバータのデータを取得するためには，exadc_data_get関数を使用します．
　A-Dコンバータのサンプリング値は0～255までの符号なし8ビット・データです．**図5**のようにボリュームのノブが一番上で最大値(255)，ノブが一番下で最小値(0)となります．

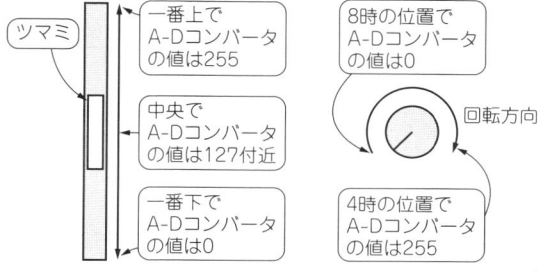

図5 ボリュームMAXでA-Dコンバータの値は255となるように設定した
- (a) スライド・ボリューム
- (b) ロータリ・ボリューム

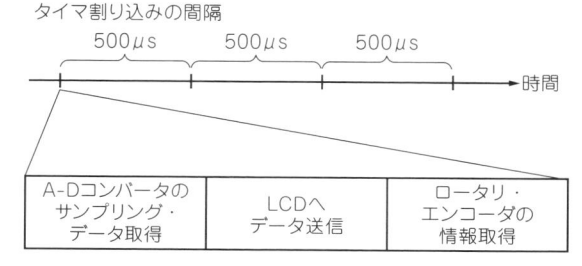

図6 GPタイマ2を使って500μsごとにA-D変換値とLCDへのデータ送信，ロータリ・エンコーダ情報の取得を行うようにして処理の負荷を減らしている

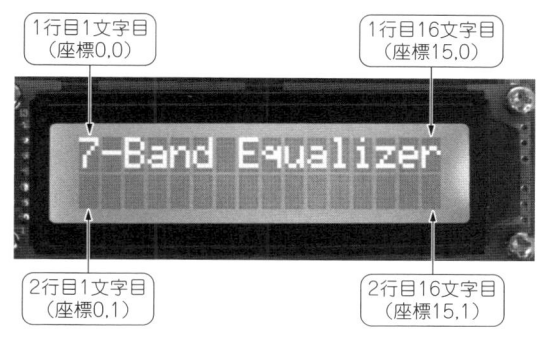

写真2 16文字×2列を表示できるキャラクタLCDの座標位置

表3 拡張基板用に作成したLCDの操作関数

関数名	説明
clcd_locate	文字のカーソル座標を設定する．引数に(x, y)の座標位置を指定．xは0～15，yは0か1を指定する
clcd_putc	LCDに1文字表示する．文字はカーソル位置に表示されるので，場所の指定がある場合はclcd_locate関数で座標を指定してからコールする
clcd_puts	LCDに1ライン表示する．テキストの終了は¥0を設定する．16文字以降は無視される．文字はカーソル位置に表示されるので，場所の指定がある場合はclcd_locate関数で座標を指定してからコールする．自動的には改行しないので，2行に渡って表示したい場合はclcd_locate関数を使用し，2回に分ける
clcd_clear	画面をクリアする．カーソル位置も座標(0,0)にクリアされる
clcd_refresh	LCDにデータを送信する．タイマからコールするので，ユーザ・プログラムからはコール不可

タイマ割り込み

● GPタイマ2で割り込みを行う

　BlackfinのGPタイマ2を使い，A-Dコンバータのサンプリング・データ取得，LCDへのデータ送信および，ロータリ・エンコーダの情報取得を行います．図6のようにGPタイマ2は0.5ms（500μs）ごとに割り込みを発生させ，バックグラウンドで処理を行うことで，信号処理側のプログラムが本来の処理に専念でき，複雑にならないようにしています．

　いくつかの処理が混在する場合は，リアルタイムOSを使ってタスク管理を行うと便利なのですが，本書の目的から逸脱しますので，今回はOSを使わずに実装しました．

LCDの使い方

● LCD表示用の特製関数を利用する

　拡張基板には，2行×16文字表示可能な写真2のキャラクタLCDが付いています．これも用意した関数を使うことで，簡単に英数字，記号，半角カナ文字が表示できます．なお，LCDの初期化やICの使い方については本書では解説しませんので，他の文献を参照してください．

　LCD関係の関数は表3の通りです．clcd_putcおよびclcd_puts関数で文字が表示できます．

ロータリ・エンコーダの使い方

● 一定時間の信号値を取得して回転方向を知る

　ロータリ・エンコーダは，軸を回転させると2種類の信号が変化し，右，左どちらに回しているかわかるスイッチの一種です．可動範囲の決まっているポテンショメータと違い，ストッパが付いておらず，ずっと同じ方向に回すことができます．

　ロータリ・エンコーダのデータシートには，軸を回した時に，AとBという2種類の信号がどのように変化するか書かれています．CWは時計回り，CCWは反時計回りを意味し，AとBの信号を一定時間ごとに取得することで，回転方向が分かります．例えば，

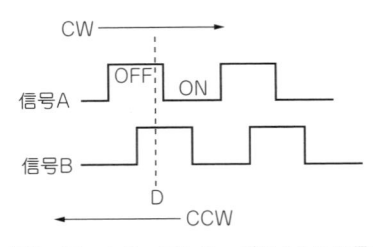

図7 ロータリ・エンコーダはAとBの信号の状態で回転方向を定義する

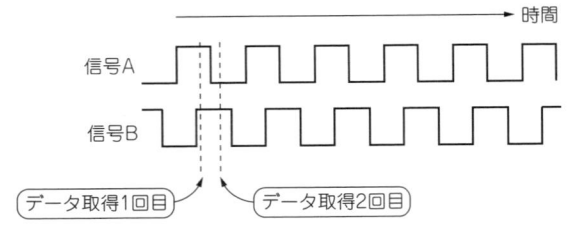

図8 ロータリ・エンコーダを時計回りに回した時の信号の例

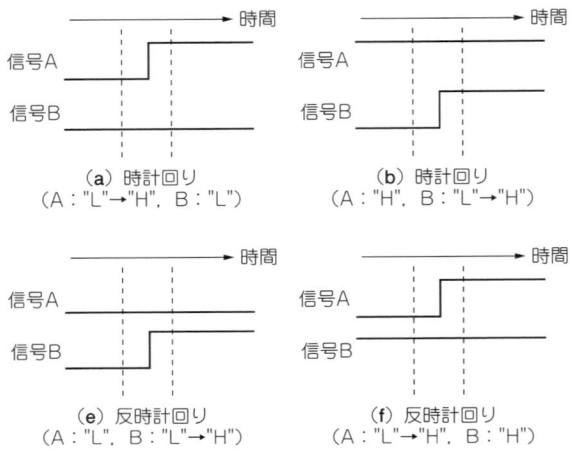

(a) 時計回り（A："L"→"H"，B："L"）
(b) 時計回り（A："H"，B："L"→"H"）
(c) 時計回り（A："H"→"L"，B："H"）
(d) 時計回り（A："L"，B："H"→"L"）
(e) 反時計回り（A："L"，B："L"→"H"）
(f) 反時計回り（A："L"→"H"，B："H"）
(g) 反時計回り（A："H"，B："H"→"L"）
(h) 反時計回り（A："H"→"L"，B："L"）

図9 ロータリ・エンコーダは8種の変化パターンがある

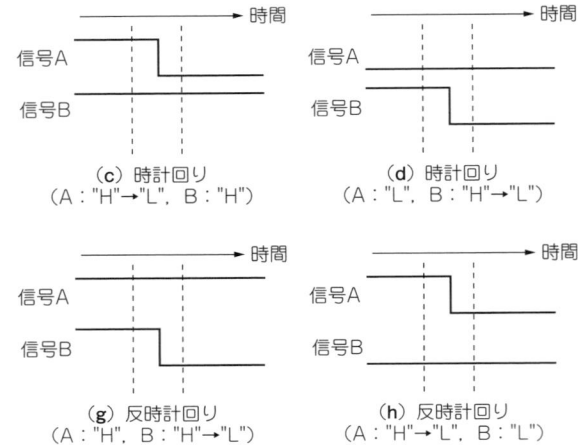

リスト4 ロータリ・エンコーダの回転位置を取得するプログラムの例

```
static int16_t l_roenc_angle_prev = 0;
int16_t l_roenc_angle;
int16_t l_roenc_angle_diff;

l_roenc_angle = roenc_angle_get();
                    /* ロータリ・エンコーダの軸情報取得 */
/* 前回取得値から軸の変化数を計算 */
l_roenc_angle_diff = l_roenc_angle -
                            l_roenc_angle_prev;
/* 前回取得値から軸位置が変化していれば，処理を行う */
if(l_roenc_angle_diff != 0)
{
    /* 処理 */
}
/* 取得値を保存 */
l_roenc_angle_prev = l_roenc_angle;
```

表4 拡張基板用に作成したロータリ・エンコーダ用の読み取り関数

関数名	説　明
roenc_sample	ロータリ・エンコーダの状態を取得する．タイマからコールしているので，ユーザ・プログラムからはコール不可
roenc_angle_get	ロータリ・エンコーダの軸の回転情報を取得する．起動時は値が0．軸を回し，時計回りなら値が増え，反時計回りなら値が減る
roenc_sw_get	ロータリ・エンコーダのプッシュ・スイッチの状態を取得する．押されていない場合は0，押されている場合は0以外を取得できる

図7のようになります．

よって，ロータリ・エンコーダは一定時間ごと，定期的にAとBの信号の状態を取得し，回転方向を取得します．例えば，最初に状態を取得した際，AとBの信号が両方とも"H"(1)で，一定時間後再度取得したら，A信号だけ"L"(0)に変化した場合，図8のように軸が時計回りに回っていることが確認できます．このように，A信号とB信号の"H"と"L"の状態を取得するだけなので，図9のようにA信号とB信号の状態は，回転方向ごとに4種，合わせて8種類のパターン

しかないことが分かります．

このように，AとB信号は定期的に取得しないと意味がありませんから，タイマを使い，一定時間ごとに取得します．

● ロータリ・エンコーダ用の関数

今回は，表4の3種類の関数を用意しました．ユーザ・プログラムからは，roenc_angle_getで軸の回転情報を取得できます．ロータリ・エンコーダの回転位置を取得するコード例をリスト4に示します．

■ 参考文献

(1) 堀江 誠一；Blackfin（ADSP-BF533）活用ハンドブック，CQ出版社．
(2) 三谷 政昭；ディジタル・フィルタ 理論＆設計入門，CQ出版社．
(3) John Lane；DSP Filters Cookbook，pp.223-244，Cengage Learning社．
(4) Hal Chamberlin；Musical Applications of Microprocessors 2nd Edition，pp.489-491，Hayden Books社．
(5) Hazarathaiah Malepati；Digital Media Processing DSP Algorithms Using C，Newnes社．
(6) 三上 直樹；音声信号処理のすべてに通じる！重要テク①…デジタル・フィルタ入門，Interface，2014年3月号，CQ出版社．
(7) ADSP-BF592データシート，アナログ・デバイセズ．
(8) ADSP-BF59x Blackfin Processor Hardware Reference, Rev. 1.2，アナログ・デバイセズ．
(9) Blackfin Processor Programming Reference, Revision 2.2，アナログ・デバイセズ．
(10) Blackfin Embedded Processor Silicon Anomaly List ADSP-BF592，アナログ・デバイセズ．
(11) M25P16 データシート，マイクロン テクノロジー．
(12) CP2114 データシート，シリコン・ラボラトリーズ．
(13) CP2114 Evaluation Kit User's Guide，シリコン・ラボラトリーズ．
(14) CP2110/4 HID-TO-UART API Specification - AN433，シリコン・ラボラトリーズ．
(15) CP2110/4 Interface Specification - AN434，シリコン・ラボラトリーズ．

■ 著者略歴

● 金子 真也（Shinya Kaneko）
乳幼児のときに父親のPCを壊して以来，家の家電製品を分解して壊す破壊神となり，その都度両親の愛の鉄槌を受けながら育つ．学生の時に「分解して構造を理解するから創造できるんだ」と電気パーツ店員の言葉を真に受け，モノづくりにハマる．今では金子システム株式会社にて真面目に勤務しているが，裏で何をしているかわからない酒飲みなオッサン．猫大好き．

● 祖父江 達也（Tatsuya Sofue）
アナログ・デバイセズ株式会社勤務．無限の可能性と車が空を飛ぶ未来を説かれた子供時代と現在との落差に茫漠とする団塊ジュニア．ちなみに，US本社の，とあるDSPコア構想担当は，ボストンの真冬でも短パンと「$\sqrt{-1}$」とプリントされたTシャツを愛用，オフィスの壁には素数で埋め尽くされたポスターが貼ってあるという「数学の権化」のような人物ですが，玄米茶が大好きです．

● 中村 晋一郎（Shinichiro Nakamura）
電気好きな一級建築士だった祖父の影響で幼少より電気仕掛けのシステムに興味を持つ．大学卒業後，業務用映像機器を作るメーカに就職．ハードウェア設計者として参加したプロジェクトで書いた某マイコン向けのリロケータブルなアセンブラ・コードが上司の目に留まり，以降ソフトウェア開発者としてプロジェクトに参加する．CやC++を使ったリアルタイム・システムの設計と実装が主な専門で，ファームウェア，ソフトウェアの開発を中心に十数年の経験を持つ．
プライベートでは，ブログ"CuBeatSystems"で誰かの役に立つ情報を発信する事を試みており，代表作はNatural Tiny Shell（NT-Shell）やkz_h8writeやBlackfin BlueBootなど．誰もやらない地味な開発が割と好み．
http://shinta-main-jp.blogspot.jp/

● 坂口 純一（Junichi Sakaguchi）
1989年（平成元年）三重県生まれ．東海大学理学部物理学科卒業，宇宙物理学研究室RGAAA出身．現在は株式会社ゼネテックにて，制御装置の開発に従事．

付属DPS基板IFX-49の回路

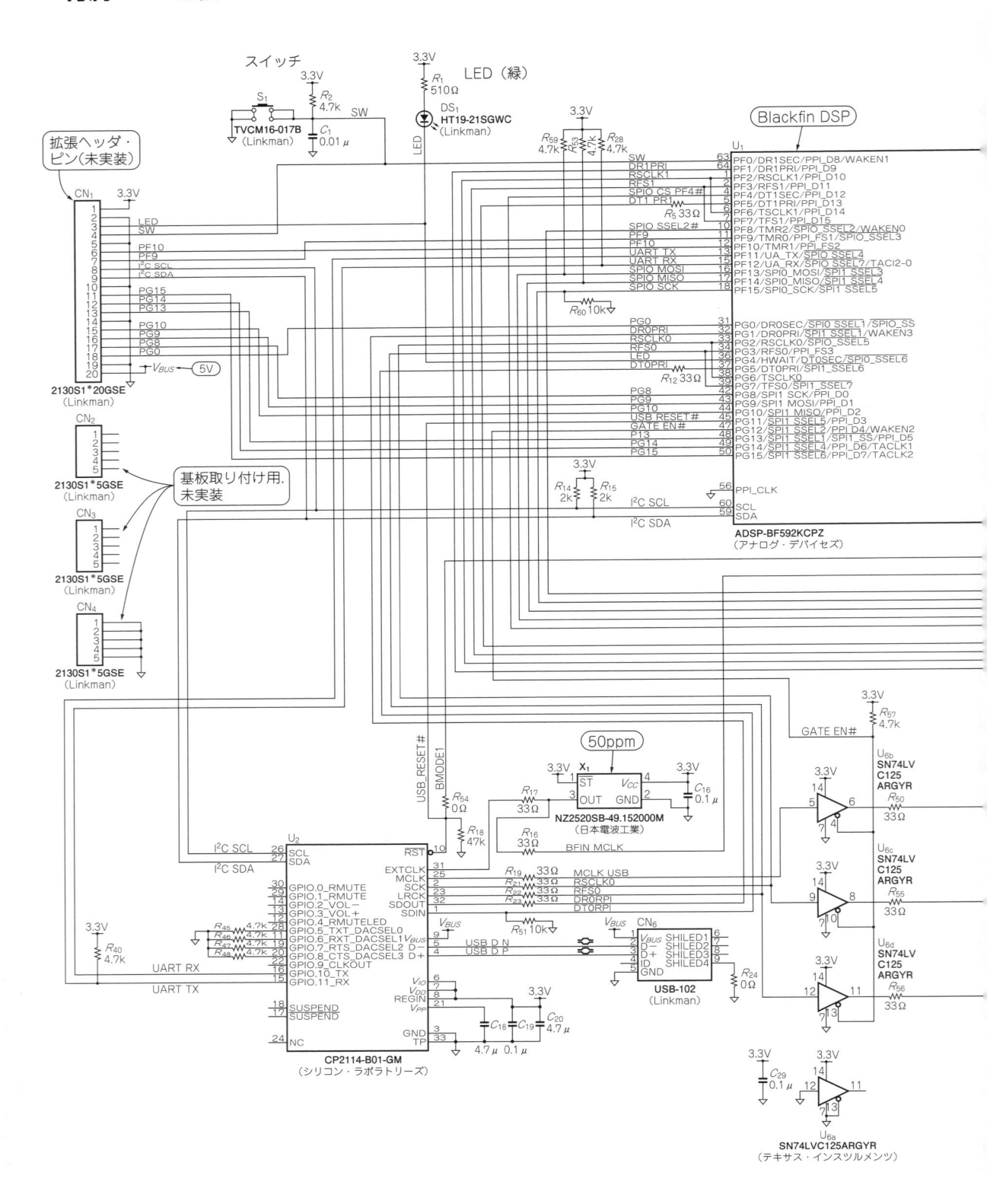

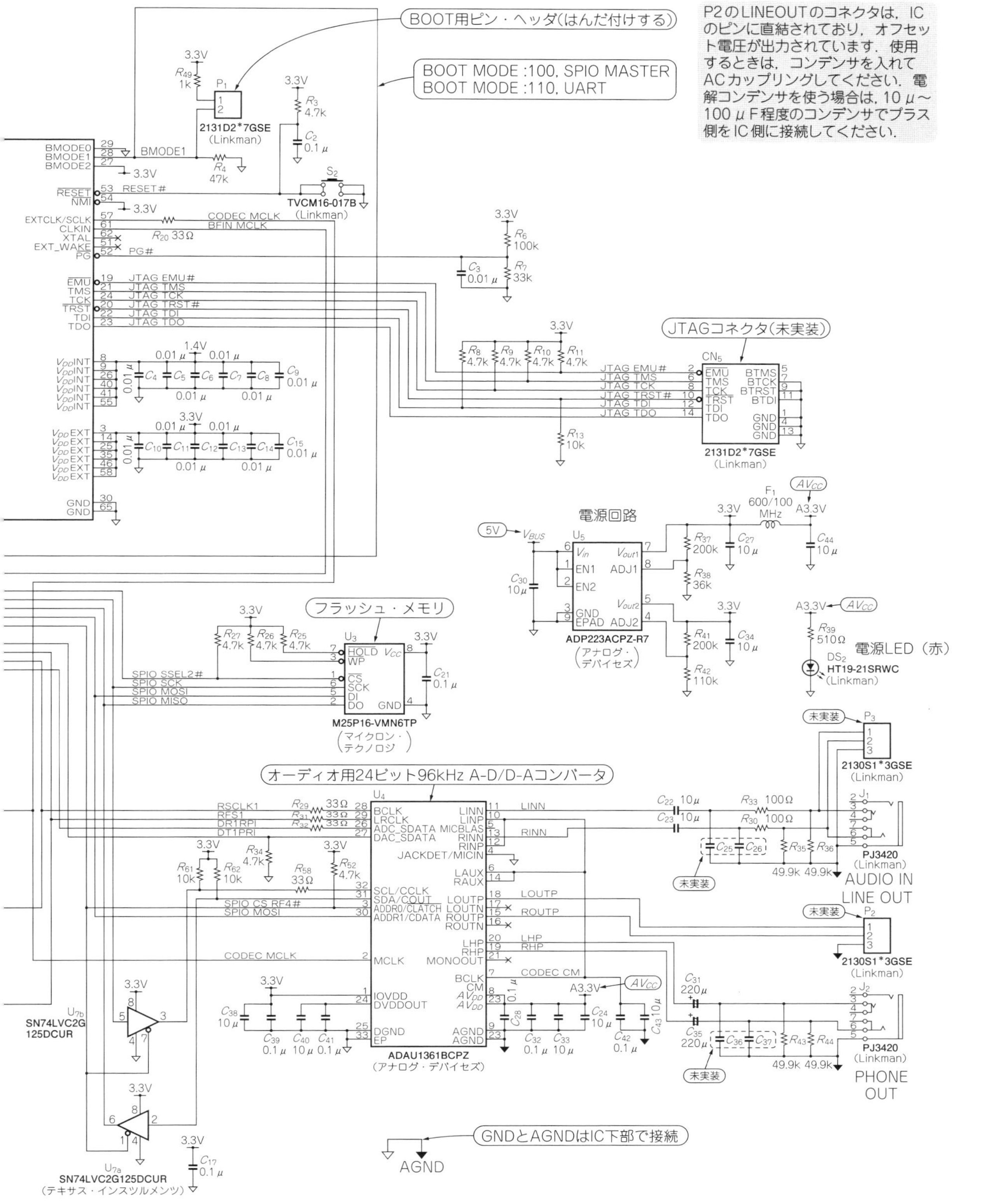

P2のLINEOUTのコネクタは，ICのピンに直結されており，オフセット電圧が出力されています．使用するときは，コンデンサを入れてACカップリングしてください．電解コンデンサを使う場合は，10 μ～100 μF程度のコンデンサでプラス側をIC側に接続してください．
BOOT用ピン・ヘッダ(はんだ付けする)
BOOT MODE :100, SPIO MASTER
BOOT MODE :110, UART
2131D2*7GSE
(Linkman)
TVCM16-017B
(Linkman)
BMODE0
BMODE1
BMODE2
RESET
NMI
EXTCLK/SCLK
CLKIN
XTAL
EXT_WAKE
PG
EMU
TMS
TCK
TRST
TDI
TDO
RESET#
CODEC MCLK
BFIN MCLK
PG#
JTAG EMU#
JTAG TMS
JTAG TCK
JTAG TRST#
JTAG TDI
JTAG TDO
JTAGコネクタ(未実装)
BTMS
BTCK
BTRST
BTDI
GND
電源回路
5V
VBUS
ADP223ACPZ-R7
(アナログ・デバイセズ)
F1
600/100 MHz
AVCC
A3.3V
電源LED（赤）
HT19-21SRWC
(Linkman)
フラッシュ・メモリ
HOLD
WP
CS
SCK
DI
DO
GND
SPIO SSEL2#
SPIO SCK
SPIO MOSI
SPIO MISO
M25P16-VMN6TP
(マイクロン・テクノロジ)
オーディオ用24ビット96kHz A-D/D-Aコンバータ
RSCLK1
RFS1
DR1RPI
DT1PRI
BCLK
LRCLK
ADC_SDATA
DAC_SDATA
JACKDET/MICIN
SCL/CCLK
SDA/COUT
ADDR0/CLATCH
ADDR1/CDATA
MCLK
IOVDD
DVDDOUT
DGND
EP
LINN
LINP
MICBLAS
RINN
RINP
LAUX
RAUX
LOUTP
LOUTN
ROUTP
ROUTN
LHP
RHP
MONOOUT
CM
AGND
SPIO CS RF4#
CODEC CM
ADAU1361BCPZ
(アナログ・デバイセズ)
未実装
2130S1*3GSE
(Linkman)
PJ3420
(Linkman)
AUDIO IN
LINE OUT
PHONE OUT
SN74LVC2G125DCUR
(テキサス・インスツルメンツ)
GNDとAGNDはIC下部で接続
AGND

■初出一覧
　本書の第1章，第2章，第9章は，月刊インターフェースに掲載された下記の記事をそれぞれ再編集して構成しています．
(1) インターフェース2015年4月号，連載　手のひら本格DSPキット！オーディオ信号処理実験室，
　　第1回　DSP搭載！信号処理を学習できる基板「IFX-49」誕生(本書第1章)
(2) インターフェース2015年5月号，連載　手のひら本格DSPキット！オーディオ信号処理実験室，
　　第2回　リアルタイム信号処理向け本格Blackfinプロセッサ(本書第2章)
(3) インターフェース2014年3月号，特集　聞くぅ〜♪最新サウンド技術，
　　第3章　プロなみ製作！？31チャネル・グラフィック・イコライザ(本書第9章)

● 本書記載の社名，製品名について —— 本書に記載されている社名および製品名は，一般に開発メーカーの登録商標です．なお，本文中では™，®，©の各表示を明記していません．

● 本書掲載記事の利用についてのご注意 —— 本書掲載記事は著作権法により保護され，また産業財産権が確立されている場合があります．したがって，記事として掲載された技術情報をもとに製品化をするには，著作権者および産業財産権者の許可が必要です．また，掲載された技術情報を利用することにより発生した損害などに関して，CQ出版社および著作権者ならびに産業財産権者は責任を負いかねますのでご了承ください．

● 本書付属のCD-ROMについてのご注意 —— 本書付属のCD-ROMに収録したプログラムやデータなどは著作権法により保護されています．したがって，特別の表記がない限り，本書付属のCD-ROMの貸与または改変，個人で使用する場合を除いて複写複製(コピー)はできません．また，本書付属のCD-ROMに収録したプログラムやデータなどを利用することにより発生した損害などに関して，CQ出版社および著作権者は責任を負いかねますのでご了承ください．

● 本書に関するご質問について —— 文章，数式などの記述上の不明点についてのご質問は，必ず往復はがきか返信用封筒を同封した封書でお願いいたします．勝手ながら，電話でのお問い合わせには応じかねます．ご質問は著者に回送し直接回答していただきますので，多少時間がかかります．また，本書の記載範囲を越えるご質問には応じられませんので，ご了承ください．

● 本書の複製等について —— 本書のコピー，スキャン，デジタル化等の無断複製は著作権法上での例外を除き禁じられています．本書を代行業者等の第三者に依頼してスキャンやデジタル化することは，たとえ個人や家庭内の利用でも認められておりません．

JCOPY 〈(社)出版者著作権管理機構委託出版物〉
本書の全部または一部を無断で複写複製(コピー)することは，著作権法上での例外を除き，禁じられています．本書からの複製を希望される場合は，(社)出版者著作権管理機構(TEL：03-3513-6969)にご連絡ください．

音遊び！Blackfin DSP基板で
ディジタル信号処理初体験

基板＋部品＋CD-ROM付き

2015年4月15日　初版発行

© 金子 真也／祖父江 達也／中村 晋一郎／
坂口 純一／CQ出版株式会社 2015

著　者　　金子 真也／祖父江 達也／
　　　　　中村 晋一郎／坂口 純一
発行人　　寺前　裕司
発行所　　ＣＱ出版株式会社
〒170-8461　東京都豊島区巣鴨1-14-2
電話　編集　03-5395-2123
　　　販売　03-5395-2141
振替　00100-7-10665

定価は裏表紙に表示してあります
無断転載を禁じます
乱丁・落丁本はお取り替えします
Printed in Japan

編集担当　五月女 祐輔
DTP　　　クニメディア株式会社
表紙デザイン　株式会社コイグラフィー
印刷・製本　大日本印刷株式会社
イラスト　神崎 真理子